Auflösungen

zu den

Aufgaben aus der Physik.

Holzstiche

meist aus dem xylographischen Atelier

Springer Fachmedien Wiesbaden GmbH

Auflösungen

zu den

Aufgaben aus der Physik.

Zum Gebrauche

für

Lehrer und Schüler in höheren Unterrichtsanstalten und besonders beim Selbstunterricht

von

Prof. Dr. C. Fliedner,

Gymnasialprorektor a. D., Inhaber des Roten Adlerordens IV. Klasse.

Achte verbesserte und vermehrte Auflage

bearbeitet von

Prof. Dr. G. Krebs

in Frankfurt a. M.

Mit 122 in den Text eingedruckten Holzstichen.

Springer Fachmedien Wiesbaden GmbH

1897

ISBN 978-3-663-19871-0   ISBN 978-3-663-20210-3 (eBook)
DOI 10.1007/978-3-663-20210-3
Softcover reprint of the hardcover 4th edition 1897

Inhalt.

Auflösungen zu I.

1. $s = 10 \cdot \frac{1}{2} \cdot 60 \cdot 60 = 18\,000\,\text{m} = 18\,\text{km}.$

2. $v = \dfrac{7420}{60 \cdot 60} = 2{,}0611 \ldots \text{m}.$

3.   a) 30 Min. 55 Sek.   b) 17 Min. 40 Sek.

4.   a) In $8\frac{1}{3}$ Minuten.   b) In ungefähr 14 Jahren.   c) 7,4 mal.

5.   0,8 m.

6.   Bezeichnet t die Zeit in Sekunden, welche vom Abgang des ersten Boten bis zum Einholen durch den zweiten verflossen ist, so hat bis dahin der erste Bote einen Weg von $\dfrac{4000}{3600} \cdot t = \dfrac{10}{9} \cdot t$ m, der zweite einen Weg von $\dfrac{4800}{3600}(t - 7200) = \dfrac{4}{3}(t - 7200)$ m zurückgelegt, und da diese Wege einander gleich sein müssen, so hat man die Bestimmungs‑Gleichung $\dfrac{10}{9}t = \dfrac{4}{3}(t - 7200)$, woraus $t = 43\,200$ Sekunden $= 12$ Stunden folgt. Daraus ergiebt sich der von jedem der beiden Boten zurückgelegte Weg $= \dfrac{10}{9} \cdot 43\,200 = 48\,000\,\text{m} = 48\,\text{km}.$

7.   Durch ein Rechteck, in welchem die eine Seite die Geschwindigkeit, die andere Seite die Zeit, der Flächeninhalt aber den Weg ausdrückt.

8. $(6 \cdot 0{,}9 + 7 \cdot 3{,}4 + 5 \cdot 1{,}2 + 3 \cdot 4{,}2) \cdot 60 =$

     $47{,}8 \cdot 60 \qquad = 2868\,\text{m Gesamtweg.}$

     $\dfrac{47{,}8 \cdot 60}{(6 + 7 + 5 + 3)\,60} = 2{,}28\,\text{m mittlere Geschwindigkeit.}$

9.   3,5 m.

10.   0,5 m.

11.   Die resultierende Geschwindigkeit ist $= \sqrt{0{,}3^2 + 0{,}4^2} = 0{,}5^2$; die Richtung der resultierenden Geschwindigkeit bildet mit der Richtung des Kahnes einen Winkel von nahe $36^\circ\,52'$.

12. $v = 11{,}92\,\text{m}.$

13.   Die resultierende Geschwindigkeit $= 17,6$ m; ihre Richtung schließt mit der ersten Seitengeschwindigkeit einen Winkel von $40^0\,30'\,44''$ ein.

14.   Die gesuchte Seitengeschwindigkeit muß $= 20,8$ m und der Winkel, den sie mit der Richtung der Resultierenden bildet, $= 30^0$ sein.

15.   Aus $0,6 : 0,5 = 13,5 : x$ folgt $x = 11,25$ m.

16.   Die Geschwindigkeit zerlege man in zwei, von denen die eine in die Richtung der Bahn fällt und die andere darauf senkrecht steht; die letztere wird aufgehoben und die erstere beträgt $6 \cdot cos\ 27^0\,16' = 5,33$ m.

17.   Es sei AB (Fig. 1) die Längenachse des Schiffes, CD die Richtung des

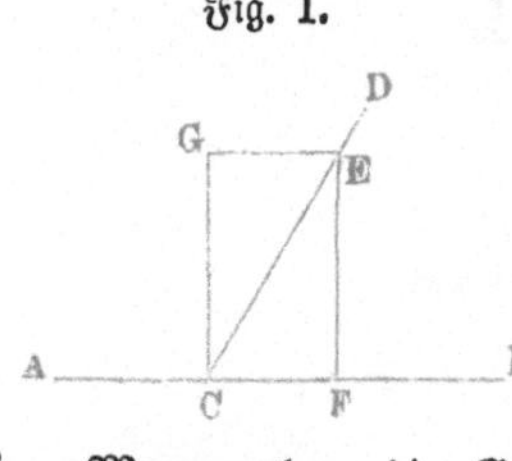

Fig. 1.

Zuges und CE stelle die Geschwindigkeit von 2 m dar. Zerlegt man CE in die beiden aufeinander senkrechten Seitengeschwindigkeiten CF und CG, so ist $CE = 2 \cdot cos\ 60^0 = 1$ m, die Richtung und Geschwindigkeit des Schiffes, da die andere Seitengeschwindigkeit CG durch den Widerstand des Wassers aufgehoben wird.

18.   Man zerlege die Geschwindigkeit CD (Fig. 2) in die beiden Seitengeschwindigkeiten CH und CG, wovon die letztere allein wirksame auf EF

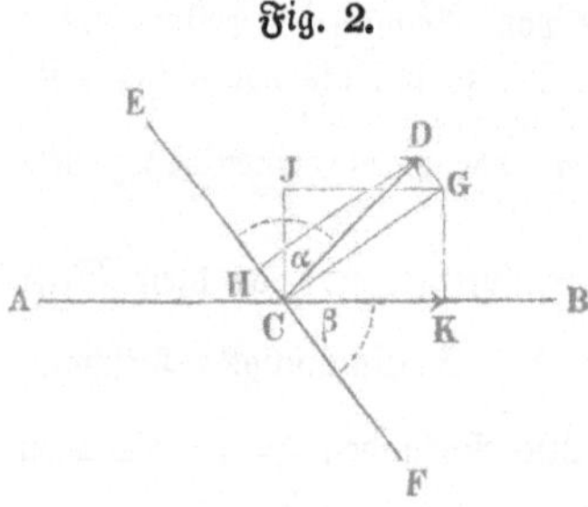

Fig. 2.

senkrecht steht, zerlege CG wieder in die auf der Schiffsrichtung AB senkrechte Komponente CJ, welche durch den Widerstand des Wassers auf die Breitseite des Schiffes aufgehoben wird, und die in die Schiffsrichtung fallende Komponente CK, so ist diese letztere die gesuchte Geschwindigkeit. Durch Rechnung findet sich $CG = HD = c\ sin\ \alpha$ und daraus

$$CK = CG\ cos\ (90 - \beta) = c\ sin\ \alpha \cdot sin\ \beta$$
$$= 0,8365\ \text{m}.$$

19.   Die zweite Frage betreffend, so ergiebt sich, da $sin\ \alpha \cdot sin\ \beta = \dfrac{cos\ (\alpha - \beta) - cos\ (\alpha + \beta)}{2}$ ist, der letztere Ausdruck aber am größten wird, wenn $cos\ (\alpha - \beta) = 1$, also $\alpha - \beta = 0$ oder $\alpha = \beta$ ist, daß die Geschwindigkeit des Schiffes am größten wird, wenn das Segel mit der Windrichtung und mit der Schiffsrichtung gleiche Winkel einschließt.

20.   Durch ähnliche Behandlung wie bei der vorigen Aufgabe findet sich die Geschwindigkeit $= \dfrac{1}{2}\,c = 1$ m.

21.   Aus der Figur zu der Aufgabe ergiebt sich $CG = HD = c\ sin\ 30^0 = 2 \cdot 0,5 = 1$ m, also

$$x = CJ = CG\ cos\ 60^0 = 0,5\ \text{m}; \quad y = CK = CJ\ cos\ 60^0 = 0,25\ \text{m}.$$

22.   Zerlegt man die Geschwindigkeiten c_1 und c_2 nach den Richtungen des Parallelkreises und des Meridians, so findet man, daß das Schiff nach einer Stunde entfernt ist

vom Meridian durch A um $4 \sin 40^0 - 2{,}5 \cos 30^0 = 0{,}4061$ Meilen
nach Westen,

vom Parallelkreise durch A um $4 \cos' 40^0 - 2{,}5 \cos 60^0 = 1{,}8142$ Meilen
nach Norden,

woraus sich die resultierende Geschwindigkeit $= 1{,}859$ Meilen nach Nordwesten, und der Winkel, welchen die resultierende Geschwindigkeit mit dem Parallelkreise einschließt, $= 77^0\, 22'\, 58''$ ergiebt.

Man hätte auch zuerst die resultierende Geschwindigkeit und deren Richtung und alsdann die senkrechten Komponenten berechnen können.

23.   Die resultierende Geschwindigkeit ist

$$= \sqrt{2{,}5^2 + 1{,}9^2 + 2 \cdot 2{,}5 \cdot 1{,}9 \cos 130^0} = 1{,}937 \text{ m},$$ deren Richtung mit der Richtung der letzteren Geschwindigkeit einen Winkel φ einschließt, der sich aus $\sin \varphi = \dfrac{1{,}9 \sin 130^0}{1{,}937} = 0{,}7513$ zu $48^0\, 42'$ bestimmt.

24.   Im ersten Falle $4 \cdot 9{,}81 = 39{,}24$ m, im zweiten $10 \cdot 9{,}81 = 98{,}1$ m.

25. $\dfrac{9{,}81}{2} \cdot 4^2 = 78{,}48$ m und $\dfrac{9{,}81}{2} \cdot 10^2 = 490{,}5$ m. Oder: Am Ende der zehnten Sekunde ist seine Geschwindigkeit $= 10 \cdot 9{,}81 = 98{,}1$ m, also seine mittlere Geschwindigkeit $= \dfrac{98{,}1}{2}$, also der während 10 Sekunden zurückgelegte Weg $= 10 \cdot \dfrac{98{,}1}{2} = 490{,}5$ m.

26. $\dfrac{29{,}43}{3} = 9{,}81$.

27. $t = \dfrac{v}{g} = \dfrac{100}{9{,}81} = 10{,}2$ Sekunden; $s = \dfrac{1}{2} vt = \dfrac{1}{2} \cdot 100 \cdot 10{,}2 = 510$ m, bezw. $2 \cdot 10{,}2$ Sekunden und $3 \cdot 10{,}2$ Sekunden, sowie $4 \cdot 510$ m und $9 \cdot 510$ m.

28. $\dfrac{2 \cdot 1600}{20^2} = 8$ m.

29.   Aus $x : 20\,000 = 1^2 : 120^2$ folgt $x = \dfrac{20\,000}{120^2} = 1{,}39$ m.

30.   Bezeichnen s und s_1 die in $n - 1$ und n Sekunden zurückgelegten Wege, sowie g die Beschleunigung des freien Falles, so ist

$$s_1 - s = \frac{g}{2} \left[n^2 - (n - 1)^2 \right] = \frac{g}{2} (2n - 1).$$

In der zwölften Sekunde $112{,}815$ m.

31. $s = \dfrac{v^2}{2g} = 10\,321$ m; $t = 45{,}87$ Sekunden. (Ein Körper braucht zum Steigen ebensoviel Zeit wie zum Wiederherabfallen!)

32. $v = 50 + 9{,}81 \cdot 6 = 108{,}86$ m; $s = 50 \cdot 6 + \dfrac{1}{2} \cdot 9{,}81 \cdot 36 = 476{,}58$ m.

1*

33. Da die Beschleunigung $p = 4$ cm ist, so sind die durchlaufenen Wege ($\frac{1}{2} p t^2$) bezüglich $= 8, 18, 32, 50$ u. s. w. cm.

34. $p = 6$ cm; $v = 30$ cm.

35. $1{,}638$ g.

36. $v = p \cdot t = 5 \cdot 10 = 50$ m; $s = \frac{1}{2} p t^2 = \frac{1}{2} \cdot 5 \cdot 100 = 250$ m.

37. $v = 4 + 5 \cdot 10 = 54$ m; $s = 4 \cdot 20 + \frac{1}{2} \cdot 5 \cdot 100 = 330$ m.

38. $t = 3{,}0769$ Sekunden; $h = 153{,}6$ m.

39. $p = 57\,857$ m; $t = 0{,}0078$ Sekunden.

40. $v = 10 - 0{,}4 \cdot 20 = 2$ m; $s = 10 \cdot 20 - \frac{1}{2} \cdot 0{,}4 \cdot 20^2 = 120$ m.

41. Aus $10 - 20\,x = 0$ folgt $x = 0{,}5$ m.

42. Aus den beiden Gleichungen $v = c + pt$ und $s = ct + \frac{1}{2} p t^2$ folgt

$$p = \frac{2\,(s - ct)}{t^2} = 0{,}55 \text{ m}; \quad v = \frac{2s - ct}{t} = 8 \text{ m}.$$

43. Der Körper braucht, da er ebenso lange steigt als fällt, 8 Sekunden zum Niederfallen, sein Fallraum ist also $= \frac{1}{2} \cdot 9{,}81 \cdot 8^2 = 313{,}92$, seine Anfangsgeschwindigkeit beim Aufsteigen, die der Erdgeschwindigkeit beim Niederfallen gleich ist, $= 9{,}81 \cdot 8 = 78{,}48$ m.

44. $x = 25 \cdot 4 - \frac{1}{2} \cdot 9{,}81 \cdot 4^2 = 21{,}52$ m.

45. $t = \dfrac{150 - 40}{9{,}81} = 11{,}2$ Sekunden; $s = \dfrac{150^2 - 40^2}{2 \cdot 9{,}81} = 1014{,}3$ m.

46. a) Aus $ct - \frac{1}{2} g t^2 = h$ folgt $t = \dfrac{c \pm \sqrt{c^2 - 2gh}}{g}$, also $t_1 = 5{,}238$ Sekunden, $t_2 = 2{,}102$ Sekunden, wovon t_2 die Zeit angiebt, nach welcher der Körper beim Aufsteigen, t_1 die Zeit, nach welcher er bei Rückkehr die Höhe erreicht.

b) In der Formel $t = \dfrac{c}{g} \pm \sqrt{\dfrac{2\left(\dfrac{c^2}{2g} - h\right)}{g}}$ drückt $\dfrac{c}{g}$ die Zeit des Aufsteigens bis zum Augenblick der Umkehr, $\dfrac{c^2}{2g}$ den während dieser Zeit zurückgelegten Weg, $\dfrac{c^2}{2g} - h$ den Weg, der über der gegebenen Höhe liegt, folglich $\sqrt{\dfrac{2\left(\dfrac{c^2}{2g} - h\right)}{g}}$ die Zeit aus, welche zum Durchlaufen dieses letzteren Wegstücks sowohl beim Aufsteigen als bei der Rückkehr erforderlich ist (Lehrb. §. 5).

47. Ist h die Tiefe des Brunnens, so gebraucht der Schall $\dfrac{h}{m}$ Sekunden, um aus der Tiefe herauf zu gelangen, der Stein aber legt denselben Weg von oben nach unten in $\sqrt{\dfrac{2h}{g}}$ Sekunden zurück, daher die Gleichung $\sqrt{\dfrac{2h}{g}}$ $+ \dfrac{h}{m} = t$, woraus folgt: $h = \dfrac{m}{g}\left(m + gt \pm \sqrt{m(m + 2gt)}\right)$, worin aber von den beiden Ausdrücken nur der mit dem negativen Wurzelausdruck hier anwendbar ist, weil $h < mt$ sein muß.

Hierbei ist der Widerstand der Luft unberücksichtigt gelassen.

48. Ist x die Anzahl der Sekunden, welche der Schall gebraucht, um aus der Tiefe heraufzukommen, also $t - x$ die Fallzeit des Steines, so kann man den Weg, den jeder von ihnen zurücklegt, sowohl durch mx, als auch durch $\frac{1}{2}g(t - x)^2$ ausdrücken, woraus folgt $x = t + \dfrac{m}{g} \pm \dfrac{1}{g}\cdot\sqrt{m(m + 2gt)}$, worin $g = 9{,}81$ m, von welchen beiden Ausdrücken aber hier nur der mit dem negativen Wurzelausdruck anwendbar ist, weil $x < t$ sein muß. Daraus erhält man $x = 5{,}6$ Sekunden und hieraus die Tiefe der Höhle $h = mx = 333 \cdot 5{,}6 = 1865$ m.

49. Ist x die gesuchte Höhe, so gebraucht der Schall $\dfrac{x}{m}$ Sekunden, um zum Beobachter zu gelangen, der Stein aber legt denselben Weg in $\sqrt{\dfrac{2x}{g}}$ Sekunden zurück, daher die Gleichung $\sqrt{\dfrac{2x}{g}} = \dfrac{x}{m} + t$, woraus folgt

$$x = \dfrac{m}{g}\left(m - gt \pm \sqrt{m(m - 2gt)}\right).$$

Hier sind im allgemeinen beide Werte von x möglich, da $\sqrt{m(m - 2gt)} < m - gt$, ein einziger Wert aber nur, wenn $m - 2gt = 0$, also $t = \dfrac{m}{2g}$ ist. Für die gegebenen Werte ist $x_1 = 20\,561$ und $x_2 = 57{,}7$ m.

Wenn aber $t = \dfrac{333}{2\cdot 9{,}81} = 16{,}97$ Sekunden gegeben wäre, so würde man nur den **einen** Wert $5652{,}5$ m erhalten.

50. Durch ein rechtwinkeliges Dreieck, von welchem die eine Kathete die Zeit, die andere Kathete die Endgeschwindigkeit, der Flächeninhalt aber den Weg darstellt.

51. Wenn er auf dem Schiffe von jenem Punkte aus mit der nämlichen Geschwindigkeit rückwärts geht, mit welcher das Schiff vorwärts fährt.

52. a) Ein Punkt A (Fig. 3, a. f. S.) gelange in der Zeit t von A bis A_x und währenddessen ein Punkt B von B bis B_x. Die relative Lage von A und B wird am Anfang durch die Linie AB und nach der Zeit t durch die Linie $A_x B_x$ angegeben. Teilt man nun den Punkten A und B noch eine Bewegung zu, so daß A durch diese allein in der Zeit t nach A' und B nach B' käme, wo $AA' \parallel BB'$, so befindet sich A schließlich in A_y

und B in B_y. Die neue relative Lage wird alsdann durch die Linie $A_y B_y$ angegeben. Da aber $B_x B_y \;\#\; A_x A_y$, so muß auch $A_y B_y \;\#\; A_x B_x$ sein.

     b) Nein!

53.   I. Denkt man sich, jedem der beiden Körper A und B (Fig. 4) werde in dem Augenblick, in welchem sie gleichzeitig ihre Bewegung zu beginnen streben, noch eine Bewegung erteilt, welche der in der Aufgabe gegebenen Bewegung von A der Größe nach gleich, der Richtung nach aber entgegen=

Fig. 3.   Fig. 4.

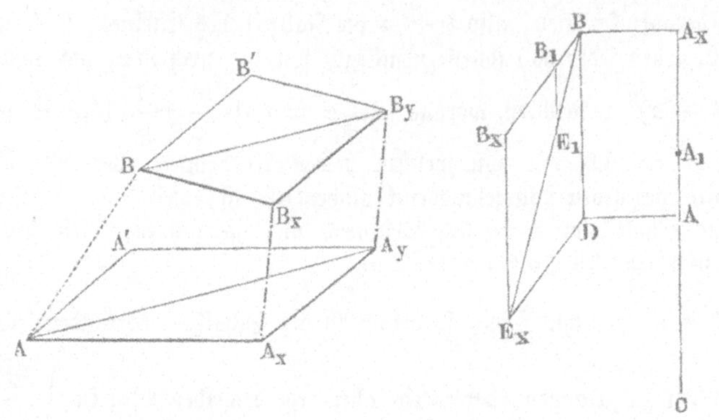

gesetzt sei, also dem Körper A noch die Bewegung AC, dem Körper B noch die Bewegung BD, so würde A in Ruhe bleiben, B aber in der Diagonale BE_x sich bewegen. Diese Linie giebt den relativen Weg des Körpers B in Beziehung auf den Körper A an, sowie $AE_x \;\#\; A_x B_x$ die relative Lage von B gegen A nach der Zeit t.

     II. Ist nach I. leicht auszuführen.

54.   Sind AA_1, $A_1 A_2$ und $A_2 A_3$ die auf einander folgenden Teile der ge= brochenen Linie $AA_1 A_2 A_3$, und zieht man $BB_1 =$ und $\| AA_1$, $B_1 B_2 =$ und $\| A_1 A_2$ und $B_2 B_3 =$ und $\| A_2 A_3$, so ist $BB_1 B_2 B_3$ der Weg, den der Punkt B zurückzulegen scheint.

55.   1) $21^0\,48{,}9'$; 2) 1,5 Sekunden; 3) 6 m.

56.   Ist (Fig. 5) $AC = c_1$, $BD = c_2$ und ist $BDFE$ ein Parallelogramm aus BD und $DF = AC$, sowie aus $\angle D = \beta$, so ist (nach 52) BF die relative Bewegung des Körpers B in Beziehung auf A während einer Sekunde; aus dem Dreieck DFB findet sich $BF = \sqrt{c_1^2 + c_2^2 - 2 c_1 c_2 \cos \beta}$ $= 10{,}624$ m, folglich die relative Bewegung in 60 Sekunden $= 637{,}44$ m.

Ferner erhält man aus demselben Dreieck $\sin DBF = \dfrac{DF \cdot \sin D}{BF}$, also

$\angle DBF =$ nahe 87^0, folglich $\angle FBO = DBF + \beta =$ nahe 132^0, wodurch die Richtung der relativen Bewegung bestimmt ist.

57.   Denkt man sich (Fig. 6) beiden Körpern noch die entgegengesetzte Geschwin= digkeit von A, also c_1, mitgetheilt, so bliebe A in Ruhe und B müßte, wenn er A treffen sollte, in der Richtung BA sich bewegen, würde also in dieser Richtung mit einer Geschwindigkeit BF sich bewegen, die sich aus dem Parallelogramm

$BEFG$ bestimmt, worin die Richtung der Diagonale BF sowie die Seiten $BG = c_1$ und $FG = c_2$ gegeben sind. Nun stellt aber die Diagonale BF die relative Bewegung des Körpers B in Beziehung auf A während der Zeiteinheit (zufolge 52) dar und folglich $BE = c_2$ die Komponente derselben, in

Fig. 6.

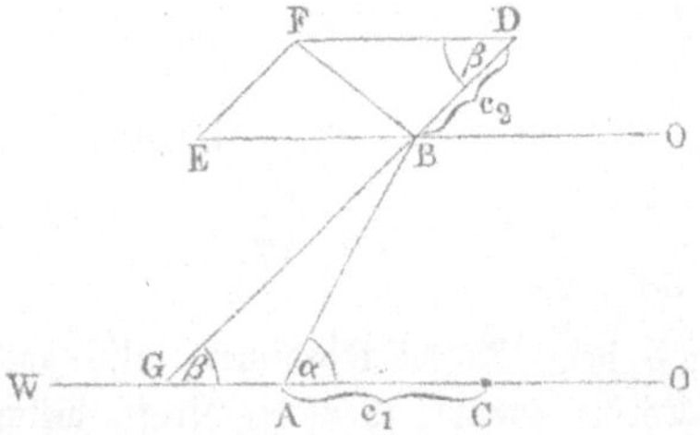

Fig. 5.

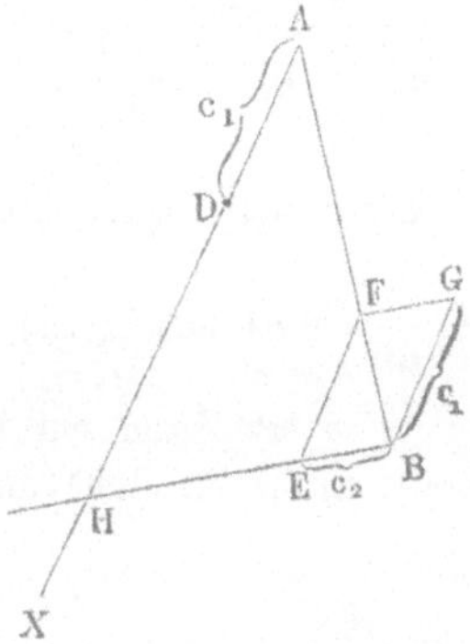

welcher sich B wirklich bewegt. Da aber $EF = c_1$ parallel AH ist, so hat man $\dfrac{c_1}{c_2} = \dfrac{AH}{BH}$, und da, wenn die Geschwindigkeiten zweier Körper wie die zurückgelegten Wege sich verhalten, die dazu nötige Zeit dieselbe ist, so sind AH und BH gleichzeitig zurückgelegte Wege, also H der Punkt, in welchem sich die beiden Körper treffen.

58. Er würde glauben, die Kugel stehe still und die Festung bewege sich nach der Kugel.

Auflösungen zu II.

1. Die (irdische) Einheit der Kraft ist diejenige, mit welcher die Erde an einem Liter Wasser zieht; dieses erlangt dabei eine Beschleunigung von g Meter; soll die Beschleunigung nur 1 m betragen, so muß die Krafteinheit an g Liter Wasser ziehen; folglich ist eine Masse $=$ der von g Liter Wasser die Einheit der Masse. Dies folgt auch aus der Gleichung $Q = Mg$ (wo Q das Gewicht von M bedeutet). Nun ist $M = Q : g$; damit $M = 1$ werde, muß $Q = g$ sein (Fl. §. 14; Kr. §. 156).

2. $M = \dfrac{29{,}43}{9{,}81} = 3$ Masseneinheiten.

3.   a) Aus $P : 80 = 10 : 9{,}81$ folgt $P = 81{,}55\,\text{kg}$.

     b) Aus $15 : 80 = p : 9{,}81$ folgt $p = 1{,}84\,\text{m}$.

4.   Aus $30 : 200 = x : g$ ergiebt sich die Beschleunigung $x = \dfrac{30}{200}\,g$ und

daraus $v = \dfrac{30}{200} \cdot 9{,}81 \cdot 20 = 29{,}43\,\text{m}$.

5. $v_1 = 10 + \dfrac{30}{200} \cdot 9{,}81 \cdot 20 = 29{,}43\,\text{m}$.

6.   Die Beschleunigung der Kraft P ist $= \dfrac{5}{60}\,\text{m}$, also hat man $P : 2000$

$= \dfrac{5}{60} : 9{,}81$ und daraus $P = \dfrac{5}{60} \cdot \dfrac{2000}{9{,}81} =$ nahe $17\,\text{kg}$.

7.   Ist x der Druck auf die Hand beim Aufwärtsbewegen, also auch die Kraft, welche die Hand auf den Körper ausübt, so ist die Kraft, welche die Masse $\dfrac{G}{g}$ aufwärts bewegt, $= x - G$, also ist $x - G = \dfrac{G}{g}\,p$, folglich

$$x = G\left(1 + \frac{p}{g}\right) = 2\left(1 + \frac{0{,}5}{9{,}81}\right) = 2{,}10\,\text{kg}.$$ Bezeichnet dagegen y den Druck auf die Hand beim Abwärtsbewegen, so erhält man aus G

$$- y = \frac{G}{g}\,p, \quad y = G\left(1 - \frac{p}{g}\right) = 1{,}90\,\text{kg}.$$

8.   In beiden Fällen mit der Beschleunigung g der Schwerkraft, wie aus voriger Auflösung hervorgeht.

9.   Da hier die zu bewegende schwere Masse $= 5 + 3 = 8\,\text{kg}$, die bewegende Kraft aber $= 5 - 3 = 2\,\text{kg}$ ist, so folgt aus $2 : 8 = p : g$, $p = {}^{1}/_{4}\,g$.

10.   Aus den beiden Gleichungen $P - q = \dfrac{G + P}{g}\,p$ und $s = \dfrac{1}{2}\,pt^2$ finden sich die beiden Unbekannten p und g, nämlich

$$p = \frac{P - q}{G + P}\,g = \frac{9{,}5 - 1{,}5}{1265 + 9{,}5} \cdot 9{,}81 = 0{,}062\,\text{m},$$

$$g = \frac{G + P}{P - q} \cdot \frac{2\,s}{t^2} = \frac{1265 + 9{,}5}{9{,}5 - 1{,}5} \cdot \frac{2 \cdot 1{,}11}{6^2} = 9{,}82\,\text{m}.$$

11.   Aus der Gleichung $P - q = \dfrac{G + P}{g}\,p$ folgt $G = (P - q)\dfrac{g}{p} - P$

$= (P - q)\dfrac{t^2}{2\,s}\,g - P$. Durch Abziehen des Gewichtes der beiden Metallstücke von G findet sich dann die zur Umdrehung des Rädchens erforderliche Kraft.

12.   Multipliziere die Gleichung $P = Mp$ das eine Mal mit t, das andere Mal mit s und beachte, daß $pt = v$ und $s = \dfrac{v^2}{2\,p}$.

13.   a) Der Zeiteffekt ist $100 . 10 = 1000$ Sekunden-kg, d. h. der Effekt ist derselbe wie der einer Kraft von $1000\,\mathrm{kg}$ während 1 Sekunde,

oder   „   „   „   „   „   500   „   „   2 Sekunden

u. s. w.

(nämlich es wird einer Masse von $\dfrac{m}{n} \cdot \dfrac{1000}{9{,}81}$ Masseneinheiten eine Geschwindigkeit von $\dfrac{n}{m} \cdot 9{,}81\,\mathrm{m}$ erteilt).

  b) Die Arbeit ist $= 100 . 10 = 1000\,\mathrm{mkg}$, d. h. der Effekt ist derselbe, wie der einer Kraft

von $1000\,\mathrm{kg}$, deren Angriffspunkt einen Weg von $1\,\mathrm{m}$,

„   500   „   „   „   „   „   „   2   „

u. s. w. zurücklegt (nämlich es wird einer Masse von $\dfrac{m}{n} \cdot \dfrac{1}{2} \cdot \dfrac{1000}{9{,}81}$ Masseneinheiten eine Geschwindigkeit von $\sqrt{\dfrac{n}{m} \cdot 2 \cdot 9{,}81}\ \mathrm{m}$ erteilt).

14.   Die Aufgabe ist unbestimmt; es muß entweder die Zeit t, während welcher die Geschwindigkeit erlangt ist, oder der bis dahin zurückgelegte Weg s gegeben sein; dann findet sich die Kraft x, in Kilogrammen ausgedrückt, aus $xt = \dfrac{24}{9{,}81} \cdot 1800$, oder aus $xs = \dfrac{1}{2} \cdot \dfrac{24}{9{,}81} \cdot 1800^2$.

15. $75 . 16 + \dfrac{1}{2}\dfrac{75}{9{,}81} \cdot 0{,}25^2 = 1200 + 0{,}239 = 1200{,}239.$

16.   Der Zeiteffekt der auf die Kugel wirkenden Kraft ist (nach II, 13 der Aufg.) $120\,000 \cdot \dfrac{1}{600} = \dfrac{8}{9{,}81}\,v$, woraus $v = 245\,\mathrm{m}$.

17.   Die lebendige Kraft der Kugel ist $= \dfrac{12 . 500^2}{2 . 9{,}81} = 152\,905\,\mathrm{mkg}$. Die Wirkung der Pulverkraft ist nach allen Richtungen dieselbe, auf die Kugel und den Lauf wirken also nach gerade entgegengesetzten Richtungen gleiche Kräfte, und diese wirken auch auf beide gleich lange, nämlich vom Augenblicke der Entzündung an bis zu dem, wo die Kugel die Mündung verläßt; es sind also die Zeiteffekte der auf Kugel und Lauf wirkenden Kräfte, folglich ihre Bewegungsgrößen einander gleich*). Ist x die rückwärts gerichtete Geschwindigkeit des Geschützes in dem Augenblick, in welchem die Kugel mit der Geschwindigkeit von $500\,\mathrm{m}$ den Lauf verläßt, so muß $3600\,x = 12 . 500$, also $x = 1\,{}^2/_3\,\mathrm{m}$ sein**). Die lebendige Kraft des Geschützes ist also $= \dfrac{1}{2} \cdot \dfrac{3600}{9{,}81} \cdot \left(\dfrac{5}{3}\right)^2 = $ nahe $510\,\mathrm{mkg}$.

---

  *) Nicht aber deren Wegeffekte oder Arbeiten, da Kugel und Lauf, auf welche gleiche Kräfte wirken, bis zur Erlangung ihrer Geschwindigkeitsmaxima ungleiche Wege zurücklegen.

  **) Wenn nämlich, was nur näherungsweise richtig ist, die wirkende Kraft konstant angenommen wird.

18.   Die lebendige Kraft der Erdmasse ist $= \dfrac{1}{2} \cdot \dfrac{5 \cdot 10^{24}}{9,81} \cdot 30\,000^2$ mkg, die Arbeit von x Pferdekräften ist $75\,x$ mkg in einer Sekunde, also in 6000 Jahren ... $75\,x \cdot 6000 \cdot 365 \cdot 24 \cdot 60 \cdot 60$ mkg, und aus der Gleichsetzung dieser Ausdrücke folgt $x =$ etwas mehr als 16 Trillionen Pferdekräfte.

19.   Die erforderliche Arbeit ist (nach II, 13 der Aufg.) gleich der lebendigen Kraft der zu bewegenden Masse von $\dfrac{20\,000}{31,25}$ Masseneinheiten, also $= \dfrac{1}{2} \cdot \dfrac{20\,000}{31,25} \cdot 30^2$ $= 0,016 \cdot 20\,000 \cdot 900 = 288\,000$ Fußpfunde.

20.   Der Hammer besitzt im Augenblick des Aufschlagens eine lebendige Kraft $= \dfrac{1}{2} \dfrac{G}{g} v^2 = G h$, wenn $h = \dfrac{v^2}{2\,g}$ ist, also die Höhe bezeichnet, von welcher der Hammer hätte frei herabfallen müssen, um die Geschwindigkeit v zu erlangen. Man kann sich also diese lebendige Kraft erzeugt denken durch die Arbeit, welche das Gewicht G beim Durchlaufen der Strecke h verrichtet. Zu dieser Arbeit kommt nun noch diejenige, welche das Gewicht G während des Einsinkens des Nagels um die Strecke s verrichtet; also ist die durch den Hammer verrichtete Arbeit $G\,(h + s)$. Andernteils ist die durch bloßes Auflegen eines Gewichtes x auf den Nagel verrichtete Arbeit xs; folglich ist $xs = G\,(h + s)$,

also $x = \dfrac{G\,(h + s)}{s} = \dfrac{0,5 \left(\dfrac{10^2}{2 \cdot 9,81} + 0,05 \right)}{0,05} = 51,5$ kg, also mehr als 100 mal so groß wie das Gewicht des Hammers.

21.   Ist x der Druck (in Kilogrammen), welchen die Hand erleidet, also auch die Kraft, welche die Hand gegen den Körper ausübt, so ist die Arbeit dieser Kraft, während ihr Angriffspunkt die Höhe h durchläuft, $= xh$. Diese Arbeit besteht aus zwei Teilen, wovon der eine $= Gh$ zur Überwindung des Widerstandes, nämlich des Körpergewichtes G, der andere zur Erteilung einer gewissen Geschwindigkeit c an die Masse $\dfrac{G}{g}$ dient, also $= \dfrac{1}{2} \dfrac{G}{g} c^2$, oder, wenn man die der Anfangsgeschwindigkeit c entsprechende Steighöhe $\dfrac{c^2}{2\,g}$ mit h_1 bezeichnet, $= G h_1$ ist. Man hat also $xh = Gh + G h_1$ $= G\,(h + h_1)$, woraus $x = G \left(1 + \dfrac{h_1}{h} \right) = 1,5 \left(1 + \dfrac{4}{0,6} \right) = 11,5$ kg sich ergiebt.

22.   Aus $x \cdot 240 = \dfrac{27\,000}{9,81} (14 - 7) = 19\,266$ Sekunden-kg folgt $x = \dfrac{19\,266}{240} = 80,28$ kg.

23.   Der durchlaufene Weg ist $= \dfrac{1}{2} vt = \dfrac{1}{2} \cdot 40 \cdot 180 = 3600$ Fuß, folglich die erforderliche Arbeit $= 75 \cdot 3600 + \dfrac{1}{2} \cdot \dfrac{20\,000}{31{,}25} \cdot 40^2 =$ 782\,000 Fußpfunde (Lehrbuch §. 19, 3).

24.   a) Im Augenblick, wo der Dampf abgelassen wird, ist die Wirkungs=fähigkeit der Lokomotive, durch den Zeiteffekt oder die Bewegungsgröße gemessen, $= \dfrac{20\,000}{31{,}25} \cdot 40 = 25\,600$ Sekunden=Pfunde, also ist die Zeit, während welcher diese Wirkungsfähigkeit durch den 75 Pfd. betragenden Wider=stand erschöpft wird, $= \dfrac{25\,600}{75} = 341\tfrac{1}{3}$ Sekunden, folglich der Weg, den die Lokomotive noch durchläuft, bis sie in Ruhe kommt, $= \dfrac{1}{2} \cdot 40 \cdot 341\tfrac{1}{3}$ $= 6826\tfrac{2}{3}$ Fuß.

   b) Die Arbeit der Dampfkraft ist vom Anfang der Bewegung an bis zum Beginn des Beharrungszustandes nach vor. Aufg. 782\,000 Fuß=Pfde., während des Beharrungszustandes $= 75 \cdot 600 \cdot 40 = 1\,800\,000$ „   „ nach dem Ablassen des Dampfes $= \ldots\ldots\ldots\ldots$ 0 „   „ also die Gesamtarbeit der Dampfkraft $= \ldots\ldots$ 2\,582\,000 Fuß=Pfde.

25.   a) Bezeichnet K die gesuchte mittlere Kraft, so ist die Arbeit, welche sie verrichtet, indem sie der Kugel vom Gewicht G während ihres Weges s von der Ruhe aus die Geschwindigkeit v erteilt (Lehrbuch §. 17), $Ks = \dfrac{1}{2}\dfrac{G}{g} v^2$, folglich $K = \dfrac{1}{2}\dfrac{Gv^2}{gs} = \dfrac{1}{2} \cdot \dfrac{31}{9{,}81} \cdot \dfrac{90\,000}{0{,}80} = 177\,720$ Gramm. Wäre die Bewegung der Kugel im Lauf eine gleichmäßig beschleunigte (der sie sich wenigstens nähern dürfte), so würde K als konstante Kraft zu betrachten sein.

   b) Der Druck der Pulvergase auf die Kugel ist hiernach $\dfrac{177\,720}{31} = 5733$ mal so groß, wie der Druck der Schwerkraft auf dieselbe.

   c) Aus $s = \dfrac{1}{2} vt$ folgt $t = \dfrac{2s}{v} = \dfrac{2 \cdot 0{,}80}{300} = 0{,}0053$ Sekunden.

   d) Die Kugel macht, während sie sich im Lauf befindet, $\dfrac{80}{73{,}2} = 1{,}09$ Rotationen um die Achse des Laufes. Da sie nun während 0,0053 Sekunden infolge der Beschleunigung im Lauf einen Weg zurücklegt, welcher 1,09 Ro=tationen entspricht, und da sie nach dem Verlassen des Laufes während der=selben Zeit in gleichmäßiger Bewegung den doppelten Weg zurücklegt, so muß sie, dem entsprechend, während 0,0053 Sekunden 2 . 1,09 Rotationen, folg=lich in einer Sekunde $\dfrac{2 \cdot 1{,}09}{0{,}0053} = 409$ Rotationen machen.

26. $K = 12 \left(2 - \dfrac{0{,}8}{0{,}7} \right) \left(2 - \dfrac{10}{8} \right) = 7{,}7\,\text{kg}.$

27.   Aus $20 = 15 \left(2 - \dfrac{0{,}7}{0{,}8} \right) \left(2 - \dfrac{z}{6} \right)$ folgt $z = 4{,}9$ Stunden.

28. $z = 3$ Stunden (nahezu).

29.   Bedeutet m eine Masse, l eine Länge und t eine Zeit, so sind die Dimensionen von Geschwindigkeit, Beschleunigung und Kraft bezw.:

$$l \cdot t^{-1}, \quad l \cdot t^{-2}, \quad m \cdot l \cdot t^{-2};$$

denn $c = l : t; \quad p = v : t = (l : t) : t;$

ferner ist $P = mp$, woraus $P = m \cdot l \cdot t^{-2}$. Die Dimensionen der Einheiten vorgenannter Größen schreibt man im Zentimeter-Gramm-Sekunden-System:

$$C\,S^{-1}, \quad C\,S^{-2}, \quad C\,G\,S^{-2},$$

oder   cm $\cdot$ sec^{-1} cm $\cdot$ sec^{-2},   cm $\cdot$ gr $\cdot$ sec^{-2}.

Die Dimensionen von Erg und Sekundenerg sind:

$$C^2\,G\,S^{-2} \quad \text{und} \quad C^2\,G\,S^{-3},$$

oder   cm^2 gr sec^{-2} und   cm^2 gr sec^{-3};

denn Arbeit $=$ Kraft $\times$ Weg (Dyn $\times$ Zentimeter) und Effekt $= \dfrac{\text{Kraft} \times \text{Weg}}{\text{Zeit}} \left(\dfrac{\text{Dyn} \times \text{Zentimeter}}{\text{Sekunde}} \right)$.

30.   Das Kilogrammgewicht, bezw. die Anziehungskraft, welche die Erde auf die Kilogrammmasse ausübt, ist:

$$1000 \cdot 100 \cdot g = 10^5 \cdot g \text{ Dyn,}$$

denn die Erde erteilt der Kilogrammmasse $= 1000\,g$ eine Beschleunigung von g Meter $= 100\,g$ Zentimeter.

Da g nahezu $= 10$ ist, so ist ein Kilogrammgewicht nahezu gleich einer Million Dyn, oder eine irdische Krafteinheit ist nahezu gleich einer Million absoluter Krafteinheiten im $C\,G\,S$-Systeme.

Ein Meterkilogramm $= 100 \cdot 10^5\,g$ Erg $= 10^7\,g$ Erg — im irdischen System gilt als Einheit des Weges, auf dem hin die Arbeit geleistet wird, 1 m, und im absoluten 1 cm. Ein Meterkilogramm ist ungefähr gleich 100 Millionen Erg.

Ein Sekundenmeterkilogramm $= 10^7\,g$ Sekundenerg (in beiden Systemen gilt die Sekunde als Einheit der Zeit).

Eine Pferdekraft oder besser ein Pferdeeffekt (Pferdeleistung) $=$ 75 Sekundenmeterkilogramm $= 75 \cdot 10^7\,g = 736 \cdot 10^7$ Sekundenerg ($g = 9{,}81$).

31. $\dfrac{600 \cdot 100 \cdot 3}{3 \cdot 60 \cdot 75} = 13\tfrac{1}{3}$ Pferdeeffekt $= 13\tfrac{1}{3} \cdot 736 \cdot 10^7$ oder $10^{10}\,g$ Sekundenerg.

---

32.   Unter der Potentialdifferenz zweier Punkte A und B in bezug auf die Erde versteht man die Arbeit, welche die Erde an der Grammmasse leisten muß, um sie durch den lotrechten Abstand zwischen A und B zu bewegen.

Die Potentialdifferenz zwischen A und B ist gleich Null, wenn beide Punkte in gleichem lotrechtem Abstande von der Erdoberfläche liegen.

33.   Die potentielle Energie eines Punktes A im Abstande r von der Erde ist die Arbeit, welche die Erde leistet, wenn sie die Grammmasse von A bis zur Erdoberfläche bewegt.

34.   Ist ein Punkt P mit der Masse m von einem Punkte A mit der Masse 1 um r entfernt, so ist zwischen ihnen wirkende Kraft gleich $m : r^2$. Rückt P von A weg in die Entfernung r_1, so ist die hier wirkende Kraft gleich $m : r_1^2$. Ist nun r_1 von r nur um sehr wenig verschieden, so kann man auf der Strecke $r_1 - r$ ohne merklichen Fehler eine mittlere Kraft $m : r r_1$ wirkend annehmen. Die Arbeit auf dieser Strecke ist alsdann $(m : r r_1) (r_1 - r)$

$$= m \left(\frac{1}{r} - \frac{1}{r_1} \right).$$ Rückt A abermals um ein sehr kleines Stück weiter bis in

die Entfernung r_2, so gilt für die Arbeit auf dieser Strecke $m \left(\dfrac{1}{r_1} - \dfrac{1}{r_2} \right)$ u. s. w. Addiert man alle diese Arbeiten, so erhält man, wenn A schließlich in die

Entfernung r_n gerückt ist, $m \left(\dfrac{1}{r} - \dfrac{1}{r_n} \right)$. Bezeichnet man nun das Poten-

tial in der Entfernung r mit Vr und in der Entfernung V_n mit Vr_n, so

ist $Vr - Vr_n = \dfrac{1}{m} \left(\dfrac{1}{r} - \dfrac{1}{r_n} \right)$. Ist $r_n = \infty$, so ist $Vr_n = 0$ und

$Vr = m : r$.

Nimmt man abstoßende Kräfte positiv, so sind anziehende negativ. Die Arbeit, wie sie das Potential darstellt, ist immer eine Arbeit gegen die Wirkung (bezw. Richtung) der Kräfte; das Potential hat also stets das entgegengesetzte Zeichen wie die Kraft.

Die Potentialdifferenz zwischen zwei um r voneinander entfernten Niveau- flächen ist der auf der Strecke r zu leistenden Arbeit ɡerade und der Größe der zu bewegenden Masse umgekehrt proportional (falls nicht die Masse 1, sondern eine beliebige Masse zu bewegen ist).

35. $Vr = \dfrac{m}{r}$, also $dim\ Vr = \dfrac{G}{C} = G\,C^{-1}$ oder $C^{-1}\,G$.

Auflösungen zu III.

---

1. $R = \sqrt{40^2 + 30^2 + 2 \cdot 40 \cdot 30\ cos\ 45^0} = 64{,}785\ \text{kg};\ sin\ \alpha$
$= \dfrac{30 \cdot sin\ 45^0}{64{,}785}$, also $\alpha = 19^0 6' 49''$; $sin\ \beta = \dfrac{40 \cdot sin\ 45^0}{64{,}785}$, also β
$= 25^0 53' 11''$.

2. $P_2 = R = \dfrac{40 \cdot sin\ 75^0}{sin\ 30^0} = 77{,}274\ \text{kg}.$

3. $\alpha = 133^0 25' 57''$, $\beta = 151^0 2' 42''$ (die Kraft R ist der Richtung nach der Resultierenden von P_1 und P_2 entgegengesetzt).

4. Stellt CD die Resultierende der beiden Kräfte P_1 und P_2 dar, so muß R der Richtung nach der CD entgegengesetzt, der Größe nach aber ihr gleich, also $R = \sqrt{10^2 + 6^2} = 11{,}662$ kg sein.

5. Ein Seil ist nur im Gleichgewicht, wenn es überall gleich stark gespannt,

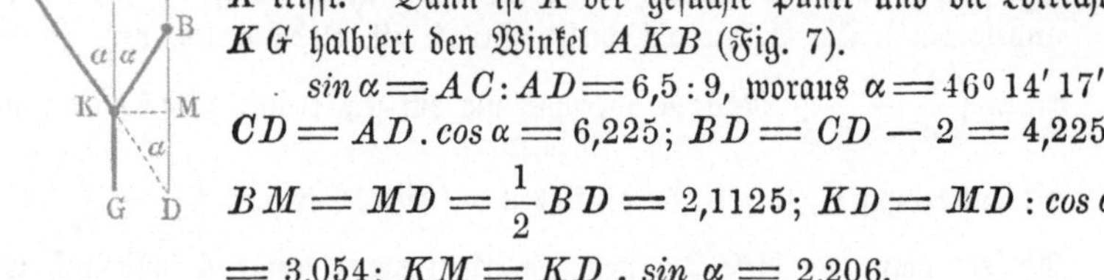

Fig. 7.

ist. Ist nun die Länge l des Seiles bekannt, so mache $AD = l$; ist so D gefunden, dann halbiere BD und ziehe vom Halbierungspunkte M eine Wagrechte, bis sie die AD in K trifft. Dann ist K der gesuchte Punkt und die Lotrechte KG halbiert den Winkel AKB (Fig. 7).

$$sin\,\alpha = AC : AD = 6{,}5 : 9, \text{ woraus } \alpha = 46^0\,14'\,17''.$$
$$CD = AD\,.\,cos\,\alpha = 6{,}225; \quad BD = CD - 2 = 4{,}225;$$
$$BM = MD = \frac{1}{2}\,BD = 2{,}1125; \quad KD = MD : cos\,\alpha$$
$$= 3{,}054; \quad KM = KD\,.\,sin\,\alpha = 2{,}206.$$

Die Seilspannung beträgt $170\,.\,cos\,\alpha = 117{,}58$.

6. $R = \sqrt{30^2 + 24^2 - 2\,.\,30\,.\,24\,.\,cos\,75^0} = 33{,}22$ kg; $sin\,\alpha$ $= \dfrac{24\,.\,sin\,75^0}{33{,}22}$, also $\alpha = 44^0\,55'$, wo α den Winkel bedeutet, den die erste Seitenkraft mit der Mittelkraft bildet. Die Beschleunigung $p = \dfrac{Rg}{G}$ $= \dfrac{33{,}22\,.\,9{,}81}{150} = 2{,}172$ m.

7. Stellt MD (Fig. 8) die Größe der Kraft P dar, und zerlegt man sie in die beiden Seitenkräfte ME und MF, von welchen die erste durch den Widerstand bei A aufgehoben wird, die zweite aber den gesuchten Druck Q darstellt, so hat man nach dem Ziehen von DE und DF aus dem Dreieck MDF:

Fig. 8.

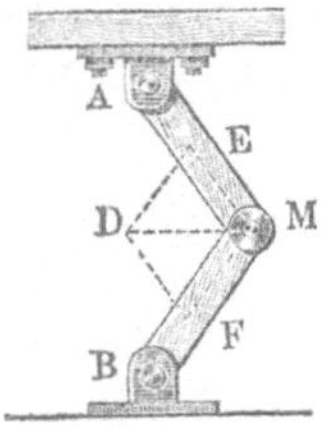

$$\frac{MD}{MF} = \frac{P}{Q} = \frac{sin\,MFD}{sin\,MDF} = \frac{sin\,150^0}{sin\,75^0},$$

woraus $Q = \dfrac{P\,.\,sin\,MDF}{sin\,MFD} = \dfrac{P\,.\,sin\,75^0}{sin\,150^0} = \dfrac{20}{2\,.\,cos\,75^0} = 38{,}637$ kg folgt.

Die größtmöglichste Wirkung wird durch die Kniepresse erzeugt, wenn Winkel $MDF = 90^0$ und Winkel $MFD = 0$, d. h. Winkel $AMF = 180^0$ ist.

8. Die horizontale Komponente von P ist $P_1 = P\,cos\,\alpha = 50\,.\,cos\,40^0$ $= 38{,}3$ kg, die vertikale $P_2 = P\,sin\,\alpha = 50\,sin\,40^0 = 32{,}14$ kg; die letztere sucht den Körper vom Tische abzuziehen, es bleibt folglich der Druck auf den Tisch: $G - P_2 = 37{,}86$ kg.

9. Die durch die vereinte Wirkung der beiden Kräfte P_1 und P_2 statt= findende Beschleunigung p ist der doppelte Weg in der ersten Sekunde, also hier $p = 2\,.\,6{,}5 = 13$ m. Die Mittelkraft läßt sich also ausdrücken durch

$$P = \frac{G}{g} \cdot p = \frac{13 \cdot 110}{9{,}81} = 145{,}77 \,\text{kg}; \text{ daher } P_1 = \frac{P \cdot \sin 77^0}{\sin (52^0 + 77^0)}$$

$$= \frac{145{,}77 \cdot \sin 77^0}{\sin 51^0} = 182{,}76 \,\text{kg} \text{ und } P_2 = \frac{145{,}77 \cdot \sin 52^0}{\sin 51^0} =$$

$147{,}81 \,\text{kg}.$

10.   Man suche aus zwei der gegebenen und durch Linien dargestellten Kräften die Mittelkraft, aus dieser und der dritten wieder die Mittelkraft u. s. w.

Es ist aber

die Mittelkraft Q der Kräfte P_1 und $P_2 = 34{,}992 \,\text{kg}$,

Winkel $P_1 M Q = 33^0 \, 30' \, 36''$;

die Mittelkraft R der Kräfte Q und $P_3 = 44{,}14 \,\text{kg}$,

Winkel $P_1 M R = 56^0 \, 15' \, 31{,}8''$;

die Mittelkraft P der Kräfte R und P_4, d. h. die Resultierende der vier gegebenen Kräfte $= 30{,}237 \,\text{kg}$, sowie

Winkel $P_1 M P = 89^0 \, 18' \, 2{,}3''$.

Man kann dabei das Verfahren in folgender Weise abkürzen:

Man braucht nur (Fig. 9) das Polygon $M P_1 Q R P M$ zu bilden, indem man die Seiten $M P_1$, $P_1 Q$, $Q R$, $R P$ den gegebenen Komponenten P_1, P_2, P_3, P_4 parallel und gleich macht, so ist die letzte, das Polygon schließende Seite $M P$ das Maß der gesuchten Mittelkraft. Ein anderes Verfahren in Aufgabe 12.

11.   Man findet $P = 14{,}6 \,\text{kg}$, sowie Winkel $P_1 M P = 86^0 \, 42' \, 37''$.

12.   a) Durch Zeichnung: Man lege (Fig. 10) durch den Angriffspunkt M der Kräfte beliebig eine Linie $M x$*), nehme diese als Abscissenachse an, sowie die Normale $M y$ als Ordinatenachse, zerlege jede der gegebenen Kräfte nach

Fig. 9.   Fig. 10.

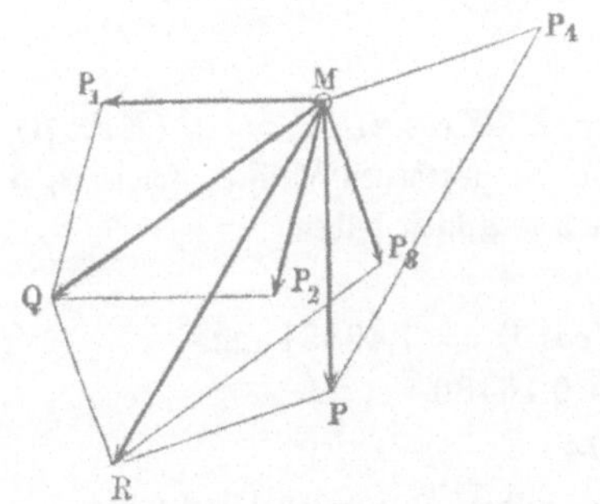
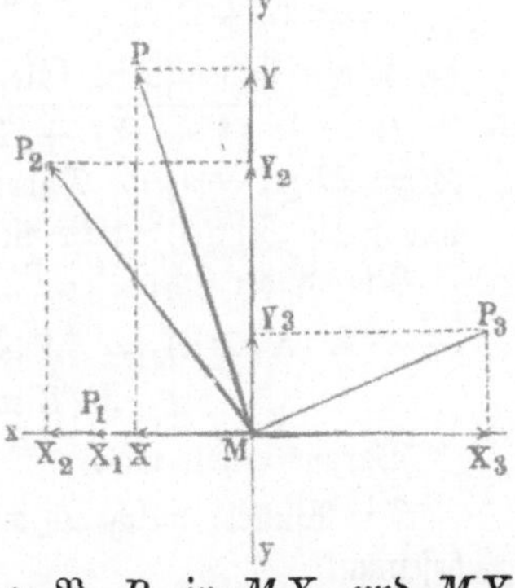

diesen beiden Richtungen in Seitenkräfte, z. B. P_2 in $M X_2$ und $M Y_2$, addiere (algebraisch) die Komponenten auf beiden Achsen, und suche zu diesen Summen $M X$ und $M Y$ die Mittelkraft $M P$, so findet man diese $= 78 \,\text{kg}$, sowie den Winkel, den ihre Richtung mit P_1 bildet, $= 73\frac{1}{2}^0$.

b) Durch Rechnung: Denkt man sich in die Richtung der Kraft P_1 die Achse $M x$ und normal darauf die Achse $M y$ gelegt, so hat man, wenn man

---

*) Der Einfachheit wegen ist sie hier in die Richtung der Kraft P_1 selbst gelegt.

die Winkel, welche die Kräfte P_1, P_2, P_3 mit der Achse Mx einschließen, mit α_1, α_2, α_3 bezeichnet, also $\alpha_1 = 0$, $\alpha_2 = 56^0$, $\alpha_3 = 56^0 + 104^0 = 160^0$ ist, und wenn die Summe der Komponenten auf der Achse Mx durch X, auf der Achse My durch Y ausgedrückt wird,

$$X = 30 \,.\, cos\, 0^0 + 70 \,.\, cos\, 56^0 + 50 \,.\, cos\, 160^0 = 22{,}16 \text{ kg.}$$
$$Y = 30 \,.\, sin\, 0^0 + 70 \,.\, sin\, 56^0 + 50 \,.\, sin\, 160^0 = 75{,}13 \text{ kg.}$$

Bezeichnet man den Winkel, den die Mittelkraft mit der Achse Mx einschließt, mit φ, so ist

$$tang\, \varphi = \frac{Y}{X} = \frac{75{,}13}{22{,}16} = 3{,}3903, \text{ also } \varphi = 73^0\, 34',$$

die Mittelkraft

$$P = \sqrt{X^2 + Y^2} = \frac{X}{cos\, \varphi} = \frac{Y}{sin\, \varphi} = 78{,}33 \text{ kg.}$$

13.　　　$X = 4{,}193 \text{ kg}$, $Y = 8{,}4546 \text{ kg}$.

$$P = \sqrt{X^2 + Y^2} = 9{,}4372 \text{ kg,}$$

$$tang\, \varphi = \frac{Y}{X} = \frac{8{,}4546}{4{,}193}, \text{ also } \varphi = 63^0\, 37'\, 16'',$$

wo φ die Neigung von P gegen die Achse der X bedeutet.

14.　　　Legt man die Abscissenachse in die Richtung der ersten Kraft und den Anfangspunkt der Koordinaten in die Mitte des Körpers, so sind $\alpha_1 = 0$, $\alpha_2 = 160^0$, $\alpha_3 = 314^0\, 48'$ die Winkel, welche die Richtungen der Kräfte mit der Abscissenachse bilden, und es ist

$$X = 300 \,.\, cos\, 0^0 + 500 \,.\, cos\, 160^0 + 241 \,.\, cos\, 314^0\, 48'$$
$$= 300 - 469{,}8 + 169{,}8 = 0.$$
$$Y = 300 \,.\, sin\, 0^0 + 500 \,.\, sin\, 160^0 + 241 \,.\, sin\, 314^0\, 48'$$
$$= 0 + 171 - 171 = 0;$$

die Kräfte sind also im Gleichgewicht.

15.　　　$R = \sqrt{X^2 + Y^2 + Z^2}$, wo $X = \Sigma\, (K\, cos\, \alpha)$, $Y = \Sigma\, (K\, cos\, \beta)$, $Z = \Sigma\, (K\, cos\, \gamma)$. Dabei bedeuten K die gegebenen Kräfte, sowie α, β und γ die Winkel, welche die Kräfte mit den Achsen bilden.

Nun findet sich:

$$\Sigma\, (K\, cos\, \alpha) = 3{,}24492; \;\; \Sigma\, (K\, cos\, \beta) = 1{,}48831 \text{ und}$$
$$\Sigma\, (K\, cos\, \gamma) = -\, 0{,}16480.$$

Daraus erhält man:　　　$R = 3{,}574$.

Die Winkel, welche R mit den Achsen bildet, sind durch die Gleichungen bestimmt:

$$cos\, (R, X) = \frac{X}{R}; \;\; cos\, (R, Y) = \frac{Y}{R}; \;\; cos\, (R, Z) = \frac{Z}{R},$$

oder $R, X = 24^0\, 46{,}3'$; $R, Y = 65^0\, 23{,}3'$ und $R, Z = 92^0\, 38{,}7'$.

16.　　　a) Man verbinde (Fig. 11) die Angriffspunkte A und B der beiden parallelen Kräfte P_1 und P_2, mache $AE = P_2$ sowie $BF = P_1$ und

verbinde die Punkte E und F durch eine gerade Linie, so ist der Durch=
schnittspunkt V der gesuchte Punkt. Denn aus den ähnlichen Dreiecken
$A E V$ und $B E V$ folgt: $A V : B V = A E : B F$,
d. h. $= P_2 : P_1$.

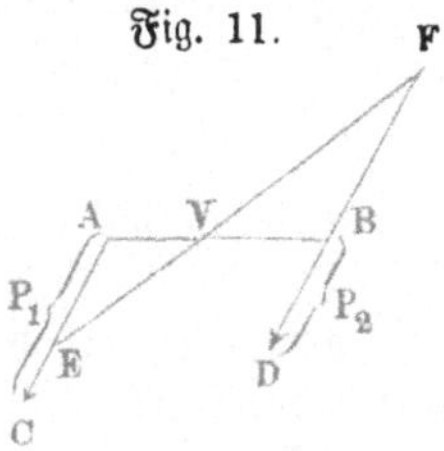

b) Ähnliches Verfahren; der Mittelpunkt
liegt, wenn die Kräfte ungleich sind, in der
Verlängerung der Verbindungslinie ihrer An=
griffspunkte auf der Seite der größeren Kraft.
Sind die Kräfte gleich, so haben sie keine Resul=
tierende.

Fig. 11.

17. Zwischen zwei parallelen Kräften P_1 und P_2, ihrer Resultierenden P,
sowie der Entfernung a der Angriffspunkte der beiden parallelen Kräfte
und den Entfernungen p_1 und p_2 ihrer Angriffspunkte von ihrem Mittel=
punkte hat man die Gleichungen: $P = P_1 + P_2$; $P_1 p_1 = P_2 p_2$;
$a = p_1 + p_2$, mittels welcher, wenn von den sechs Größen drei bekannt
sind, die drei andern gefunden werden können.

Für den vorliegenden Fall findet sich:

$$P = P_1 + P_2 = 12\,\mathrm{kg}; \quad p_1 = \frac{P_2 a}{P_1 + P_2} = \frac{7 \cdot 2}{12} = 1\tfrac{1}{6}\,\mathrm{m}.$$

$$p = \frac{P_1 a}{P_1 + P_2} = \frac{5 \cdot 2}{12} = \tfrac{5}{6}\,\mathrm{m}.$$

18. Aus Aufgabe 16 folgt: $a = \dfrac{(P_1 + P_2)\, p_1}{P_2} = 3\tfrac{1}{5}\,\mathrm{m}.$

19. Denkt man sich die Angriffspunkte der Kräfte in die Durchschnittspunkte
ihrer Richtungen mit einer auf diese senkrechten Linie versetzt, so folgt aus

Aufgabe 17: $P_1 = \dfrac{P p_2}{p_1 + p_2} = \dfrac{18 \cdot 9}{14} = 11\tfrac{4}{7},$

$$P_2 = \frac{P p_1}{p_1 + p_2} = \frac{18 \cdot 5}{14} = 6\tfrac{3}{7}.$$

20. $P_2 = 5,\ p_2 = 6.$

21. Bezeichnen P_1, P_2 parallele Kräfte, P ihre Resultierende, sowie p_1, p_2,
p die Abstände der Angriffspunkte dieser Kräfte von der Ebene, so ist
$P p = P_1 p_1 + P_2 p_2$ (Fl. §. 25, 3; Kr. §. 166), und aus dieser in Ver=
bindung mit $P = P_1 + P_2$ folgt

$$p = \frac{P_1 p_1 + P_2 p_2}{P_1 + P_2}.$$ In der vorliegenden Aufgabe hat man also

$$p = \frac{11 \cdot 2 + 15 \cdot 3}{11 + 15} = 2{,}578\,\mathrm{m}.$$

22. $p = \dfrac{P_1 p_1 + P_2 p_2 + P_3 p_3 + \cdots}{P_1 + P_2 + P_3 + \cdots}$

$$= \frac{4 \cdot 3 + 8 \cdot 4 + 5 \cdot 5 + 3 \cdot 7 + 2 \cdot 9}{4 + 8 + 5 + 3 + 2} = 4{,}909\,\mathrm{dm}.$$

23. $p = \dfrac{4 \cdot 3 + 8 \cdot 4 + 5 \cdot 5 - 3 \cdot 7 - 2 \cdot 9}{4 + 8 + 5 + 3 + 2} = 1{,}36\,\mathrm{dm}.$

24. $$x = \frac{18 \cdot 25 + 20 \cdot 39 - 30 \cdot 32 + 24 \cdot 16 - 18 \cdot 13}{18 + 20 - 30 + 24 + 18} = {}^{420}/_{50} = 8{,}4.$$

$$y = \frac{18 \cdot 13 + 20 \cdot 24 - 30 \cdot 41 + 24 \cdot 39 - 18 \cdot 20}{18 + 20 - 30 + 24 + 18} = {}^{60}/_{50} = 1{,}2.$$

$$R = 50.$$

25.   Er würde im Anfangspunkte der Koordinaten liegen, da in diesem Falle $x = 0$, $y = 0$ sich ergiebt.

26.   Man verlängere (Fig. 12) die Richtungen AP_1 und BP_2 der beiden Kräfte bis zum Schneidepunkte C, schneide von da aus die Stücke CD und

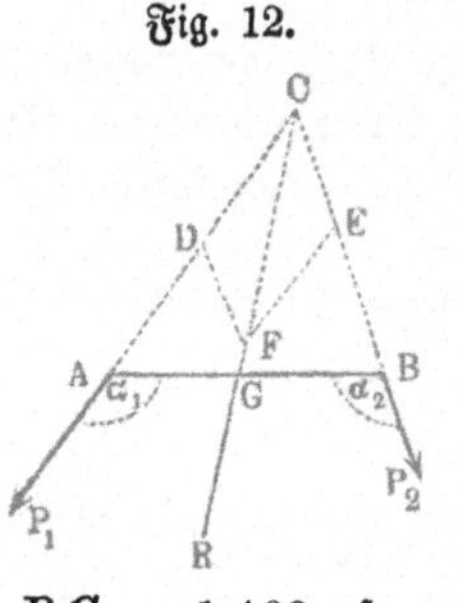

Fig. 12.

CE proportional den Kräften P_1 und P_2 ab und vollende das Parallelogramm $CDFE$, so stellt die Diagonale CF desselben die gesuchte Resultierende dar, deren Angriffspunkt man in jeden beliebigen Punkt ihrer Richtung, z. B. in den Punkt G verlegen kann.

Um die Größe und Lage der Resultierenden durch Rechnung zu finden, ergiebt sich aus dem Dreieck ABC, da in demselben AB, sowie die beiden anliegenden Winkel gegeben sind, $AC = 2{,}022$, $BC = 1{,}469$; ferner berechnet sich aus dem Dreieck CDF der Winkel $DCF = 36^0 \, 52'$, sowie der Winkel $FCE = 53^0 \, 8'$ und $R = CF = 15$. Der Angriffspunkt G in der Linie AB findet sich sodann durch die Linie AG, die sich aus dem Dreieck ACG, worin jetzt AC und die beiden anliegenden Winkel bekannt sind, $= 1{,}265$ ergiebt, oder aus dem Dreieck BCG durch $BG = 1{,}235$.

27. $$R = \sqrt{20^2 + 34^2 + 2 \cdot 20 \cdot 34 \, cos \, 70^0} = 44{,}96 \, \text{kg}.$$

Bezeichnet φ den Winkel, den die Mittelkraft R mit P bildet, so ist

$$sin \, \varphi = \frac{34 \cdot sin \, 70^0}{44{,}96}, \quad \text{also } \varphi = 45^0 \, 17',$$

und wenn a den Abstand der Mittelkraftsrichtung vom Punkte O bezeichnet

$$\varphi = \frac{20 \cdot 4 + 34 \cdot 1}{44{,}96} = 2{,}536 \, \text{m}.$$

28.   Bezeichnet x die Summe der der Achse Ox parallelen Komponenten, sowie Y die Summe der darauf senkrechten Komponenten, so ist

$$X = 26 \cdot cos \, 26^0 \, 30' + 22{,}5 \cdot cos \, 35^0 + 15 \cdot cos \, 124^0 = 33{,}3,$$
$$Y = 26 \cdot sin \, 26^0 \, 30' + 22{,}5 \cdot sin \, 35^0 + 15 \cdot sin \, 124^0 = 36{,}94,$$

woraus sich die Größe der Resultierenden ergiebt

$$R = \sqrt{33{,}3^2 + 37{,}33^2} = 49{,}73 \, \text{kg},$$

sowie $tang \, \varphi = \dfrac{Y}{X} = \dfrac{37{,}33}{33{,}3}$,   woraus $\varphi = 47^0 \, 58'$.

Der Abstand der Resultierenden vom Punkte O ist:

$$a = \frac{26 \cdot 6 + 22{,}5 \cdot 5 - 15 \cdot 8}{46{,}92} = 2{,}98.$$

Auflösungen zu IV.

1.   Im Halbierungspunkte der Linie.

2.   Die Halbierungspunkte D, E und F (Fig. 13) sind die Schwerpunkte der Dreieckseiten a, b und c. Teilt man die Strecke DE so, daß $DG : EG = b : a$, so ist G der Schwerpunkt der beiden den Winkel C einschließenden Seiten a und b. Teilt man ferner die Strecke GF so, daß $GS : FS = c : (a + b)$, so ist S der Schwerpunkt vom Umfang des Dreiecks ABC.

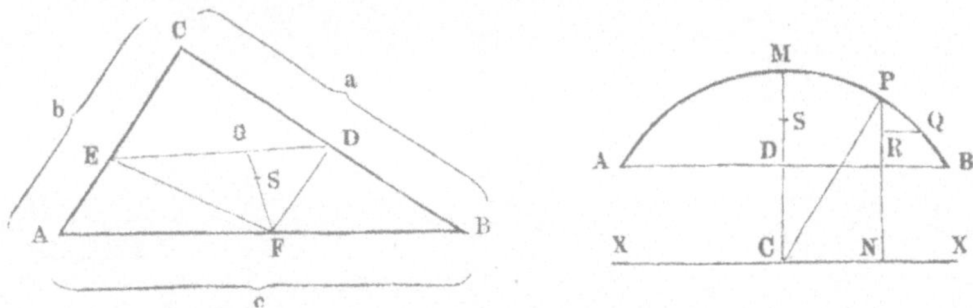

Fig. 13.   Fig. 14.

(Man findet auch den Punkt S, wenn man zwei Winkel des Dreiecks DEF halbiert; S ist also der Mittelpunkt des in das Dreieck DEF zu beschreibenden Kreises.)

3.   Im Mittelpunkte der Figur.

4.   Ist M (Fig. 14) die Mitte des Bogens $AB = b$, so liegt der Schwerpunkt S innerhalb des Halbmessers CM in einer Entfernung $CS = x$ vom Mittelpunkte, die sich auf folgende Weise bestimmt. Man denke sich den Bogen in unendlich viele Teile geteilt, und die statischen Momente derselben in Bezug auf eine durch C gehende, mit AB parallele Linie XX bestimmt. Ist PQ ein solcher unendlich kleiner Teil des Bogens und PN dessen Abstand von XX, so ist sein statisches Moment $= PQ . PN$ (Lehrbuch §. 25, 3). Zieht man PC, sowie $QR \parallel AB$, so erhält man zwei ähnliche Dreiecke PQR und CPN, in welchen die Schenkel der beiden Winkel PQR und CPN senkrecht aufeinander stehen, woraus $PQ . PN = QR . CP = QR . r$ folgt, d. h. das statische Moment des Bogenstückes PQ in Bezug auf die Linie XX ist gleich dem Produkt aus dem Halbmesser und der Projektion des Bogenstückes auf die Sehne AB. Dasselbe gilt für jedes andere Bogenstück, so daß also die Summe der statischen Momente aller Bogenstücke gleich ist dem Produkt aus dem Halbmesser und der Sehne $AB = s$, also $= r . s$. Ist nun S der Schwerpunkt des Bogens AB, d. h. der Mittelpunkt der auf die Massenteile des Bogens b wirkenden parallelen Schwerkräfte, und setzt man $CS = x$, so muß $xb = rs$, los=

$x = \dfrac{r\,s}{b}$ sein, die Entfernung des Schwerpunktes vom Mittelpunkte des Bogens ist also die vierte Proportionale zum Bogen, der zugehörigen Sehne und dem Halbmesser.

In vorliegender Aufgabe ist, da sich die Länge des Kreisbogens b aus den für r und s gegebenen Werten $= 49{,}74$ cm berechnet *), $x = \dfrac{27 \cdot 43}{49{,}74} = 23{,}34$ cm.

5. Halbiert man die Seite $A\,B$ (Fig. 15) und verbindet den Halbierungs⸗punkt D mit C, so ist $C\,D$ eine Schwerlinie des Dreiecks. Zieht man eine

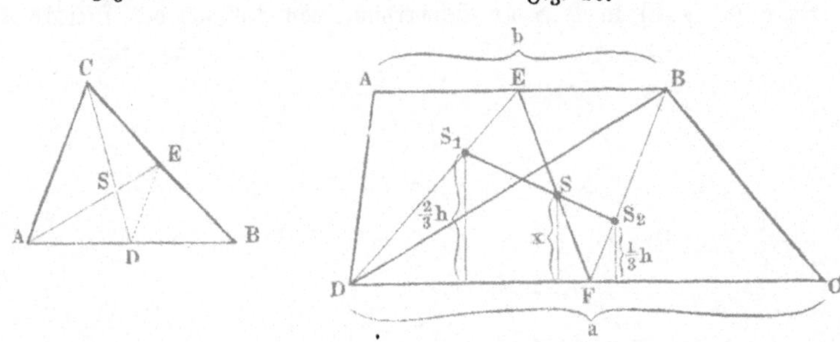

Fig. 15.   Fig. 16.

zweite Schwerlinie $A\,E$, so ist der Durchschnittspunkt S der Schwerpunkt des Dreiecks. (Die dritte Schwerlinie geht gleichfalls durch den Punkt S.)

Zieht man $D\,E$, so ist $D\,E = \dfrac{1}{2}\,A\,C$, und daraus läßt sich mittels der ähnlichen Dreiecke $D\,S\,E$ und $C\,S\,A$ darthun, daß $D\,S = \dfrac{1}{2}\,C\,S = \dfrac{1}{3}\,D\,C$ oder $C\,S = \dfrac{2}{3}\,C\,D$.

6. Der Schwerpunkt S liegt (Fig. 16) im Durchschnittspunkte der Schwer⸗linie $E\,F$ mit der Verbindungslinie der Schwerpunkte S_1 und S_2 der beiden Dreiecke $A\,B\,D$ und $B\,C\,D$. Seine Entfernung x von der größeren a der beiden parallelen Seiten bestimmt sich, wenn b die kleinere Seite und h die Höhe des Trapezes bezeichnet, aus: $\dfrac{(a+b)\,h}{2} \cdot x = \dfrac{b\,h}{2} \cdot \dfrac{2}{3}\,h + \dfrac{a\,h}{2} \cdot \dfrac{1}{3}\,h$, nämlich $x = \dfrac{a + 2\,b}{a + b} \cdot \dfrac{h}{3}$ (Lehrb. §. 31, 3).

7. Verbindet man die Schwerpunkte der beiden Dreiecke, in welche das Viereck durch die eine der beiden Diagonalen geteilt wird, und ebenso die Schwer⸗punkte der beiden durch Ziehen der anderen Diagonale entstehenden Dreiecke,

---

*) Der zugehörige Zentriwinkel β findet sich aus $r\,\sin\,\dfrac{1}{2}\,\beta = \dfrac{1}{2}\,s$, nämlich $\beta = 105^{0}\,33'\,20''$ und daraus $b = \dfrac{r \cdot \beta \cdot \pi}{180^{0}} = 49{,}74$ cm.

so ist der Durchschnittspunkt dieser zwei Verbindungslinien der Schwerpunkt des Vierecks.

8. In dem Viereck $A\,B\,C\,D$ ist $A\,C = A\,D = 0{,}6$ m; ferner $B\,C = B\,D = 0{,}65$ m und $C\,D = 1$ m (Fig. 17).

Nun ist $A\,M = \sqrt{0{,}6^2 - 0{,}5^2} = 0{,}3316$ und $B\,M = \sqrt{0{,}65^2 - 0{,}5^2} = 0{,}4153$.

Ist nun S_1 der Schwerpunkt des einen und S_2 der des andern Dreiecks, so gilt:

$$M\,S_1 = 0{,}1105 \text{ und } M\,S_2 = 0{,}1384.$$

Nun verhalten sich die Gewichte der Dreiecke wie deren Inhalte; außerdem verhalten sich die Inhalte wie die Höhen $A\,M$ und $B\,M$, weil die Dreiecke gleiche Grundlinie haben. Der Schwerpunkt S des ganzen Vierecks teilt die Linie $S_1\,S_2$ im umgekehrten Verhältnis von $A\,M$ und $B\,M$ oder von $M\,S_1$ und $M\,S_2$ (da diese gleich $\tfrac{1}{3}\,A\,M$ und $\tfrac{1}{3}\,B\,M$). Trägt man nun von S_2 eine Strecke nach M hin ab, welche gleich $0{,}1105$ ist, so erhält man S, welches um $0{,}1384 - 0{,}1105 = 0{,}0279$ m von M absteht.

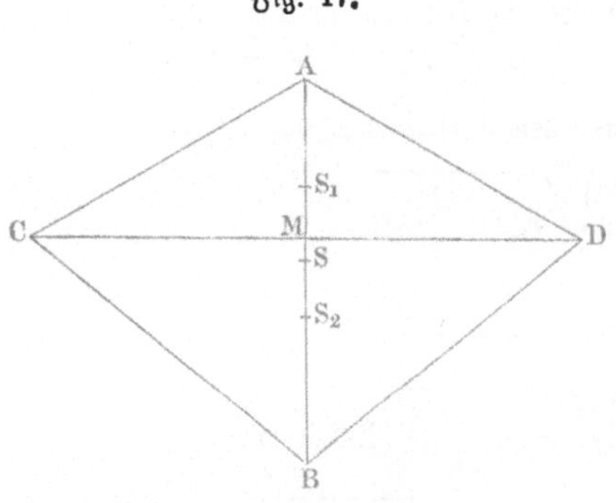

Fig. 17.

9. Man zerlege das Vieleck in Dreiecke, bestimme nach Aufgabe 5 die Schwerpunkte derselben, denke sich diese als die Angriffspunkte paralleler Kräfte, deren relative Größen durch die Flächeninhalte der Dreiecke ausgedrückt werden können, so ist der Mittelpunkt dieser parallelen Kräfte der gesuchte Schwerpunkt.

10. Die Schwerlinie des Kreisausschnittes $A\,B\,C$ (Fig. 18) fällt mit der Halbierungslinie des Winkels $A\,B\,C$ zusammen. Denkt man sich den Aus-

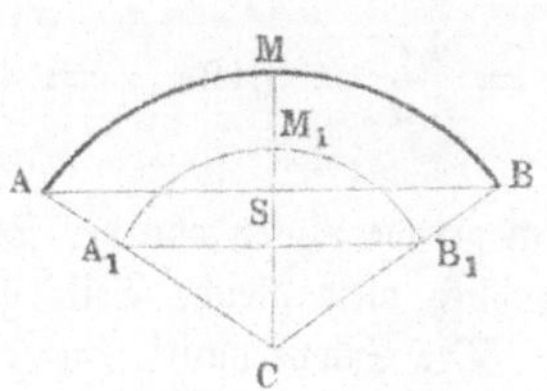

Fig. 18.

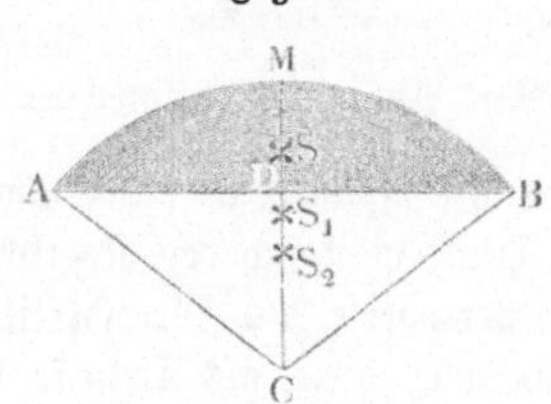

Fig. 19.

schnitt durch Ziehen von Radien in unendlich viele Teile geteilt, so kann man diese als Dreiecke betrachten. Die Schwerpunkte aller dieser Dreiecke liegen (Aufgabe 5) in einem Kreisbogen, dessen Halbmesser $C\,A_1 = \tfrac{2}{3}\,C\,A = \tfrac{2}{3}\,r$, und dessen zugehörige Sehne $A_1\,B_1 = \tfrac{2}{3}\,A\,B = \tfrac{2}{3}\,s$ ist;

zufolge Aufgabe 4 ist also die Entfernung des Schwerpunktes S vom Mittel-

punkt $C = \dfrac{\dfrac{2}{3}r \cdot \dfrac{2}{3}s}{\dfrac{2}{3}b} = \dfrac{2}{3} \cdot \dfrac{rs}{b}$, wenn nämlich b den aus den Werten von

r und s berechneten Bogen AB bezeichnet. In vorliegender Aufgabe be-

rechnet sich $b = 47,3$ cm, also ist $x = \dfrac{2}{3} \cdot \dfrac{36,44}{47,3} = 22,3$ cm.

11.   Sind (Fig. 19, a. v. S.) S, S_1, S_2 die Schwerpunkte und bezeichnen F, F_1, F_2 die Flächeninhalte beziehungsweise des Kreisabschnittes AMB, des Kreisaus-schnittes $AMBC$ und des Dreiecks ABC, so ist $F_1 \cdot CS_1 = F \cdot CS + F_2 \cdot CS_2$ (III, 21) oder $F \cdot CS = F_1 \cdot CS_1 - F_2 \cdot CS_2$.

Nun ist $F_1 = \dfrac{1}{2}rb$, wenn b den Bogen AB bezeichnet;

$$F_2 = \frac{1}{2}s\sqrt{r_2 - \frac{1}{4}s^2};$$

$$CS_1 = \frac{2}{3}\frac{rs}{b} \quad \text{(Aufg. 10)};$$

$$CS_2 = \frac{2}{3}\sqrt{r^2 - \frac{1}{4}s^2} \quad \text{(Aufg. 5)};$$

folglich $F \cdot CS = \dfrac{1}{2}rb \cdot \dfrac{2}{3}\dfrac{rs}{b} - \dfrac{1}{2}s\sqrt{r_2 - \dfrac{1}{4}s^2} \cdot \dfrac{2}{3}\sqrt{r^2 - \dfrac{1}{4}s^2}$

$$= \frac{1}{12}s^3,$$

also $CS = \dfrac{s^3}{12\,F}$, worin $F = F_1 - F_2 = \dfrac{1}{2}rb - \dfrac{1}{2}s\sqrt{r^2 - \dfrac{1}{4}s^2}$.

In vorliegender Aufgabe berechnet sich der Kreisabschnitt $F = 224,5$ qcm, also $x = \dfrac{44^3}{12 \cdot 224,5} = 31,6$ cm.

12.   Aus Aufgabe 10 folgt $x = \dfrac{2}{3} \cdot \dfrac{r \cdot 2r}{b} = \dfrac{4r}{3\pi} = 0,424 \cdot r = 4,664$ cm vom Mittelpunkte in der Schwerlinie.

13.   Denkt man sich den Kegelmantel durch gerade Linien von der Spitze nach der Peripherie des Grundkreises in unendlich viele gleiche Teile geteilt, so kann man diese als Dreiecke betrachten. Die Schwerpunkte dieser Dreiecke liegen in der Peripherie eines Kreises, dessen Ebene um $^2/_3$ der Höhe des Kegels von seiner Spitze entfernt ist; der Mittelpunkt dieses Kreises ist der Schwerpunkt des Mantels.

14.   Denkt man sich die Kugelzone durch Ebenen, die dem Grundkreise parallel sind, in unendlich viele Teile von gleicher Höhe geteilt, so haben alle diese Elementarzonen gleichen Flächeninhalt und ihre Schwerpunkte liegen in der Senkrechten, die im Mittelpunkte des Grundkreises auf diesem senkrecht steht,

d. h. in der Höhe der Kugelzone. Da jeder dieser Schwerpunkte einer gleich großen Masse entspricht, so ist der **Halbierungspunkt der Höhe** der Schwerpunkt der Kugelzone.

Dasselbe gilt von der Kugelschale oder Kalotte.

15. In Fig. 20 sei M der nach Aufgabe 5 bestimmte Schwerpunkt des Dreiecks ABC, sowie N der Schwerpunkt des Dreiecks DBC. Denkt man sich die Pyramide durch Ebenen parallel mit der Grundfläche ABC geschnitten, so entstehen Dreiecke, von denen sich geometrisch nachweisen läßt, daß sie dem $\triangle ABC$ ähnlich sind und daß ihre Schwerpunkte sämtlich auf die Linie DM fallen; also muß auch der Schwerpunkt der Pyramide in DM liegen. Ebenso läßt sich zeigen, daß dieser Schwerpunkt auch in der Linie AN liegen muß; folglich muß er in den Durchschnittspunkt S der beiden in der Ebene des $\triangle ADE$ befindlichen Schwerlinien DM und AN fallen. Zieht man MN, so ist, weil $ME = \frac{1}{3} AE$ und $NE = \frac{1}{3} DE$, $MN \parallel AD$, also

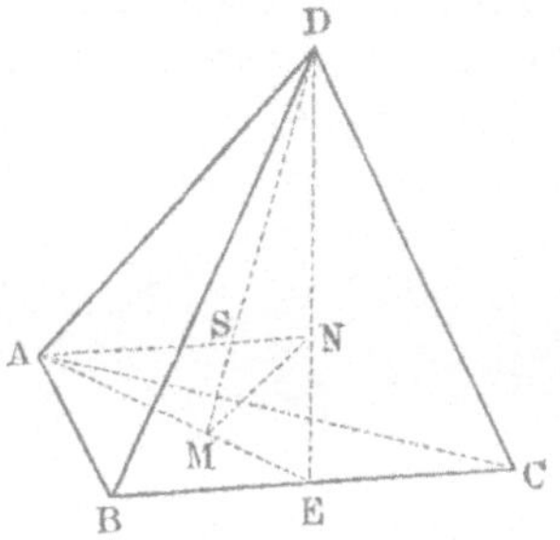

$$MN = \frac{1}{3} AD \text{ und } \triangle MNS \backsim \triangle ASD, \text{ folglich } MS = \frac{1}{3} DS$$

$= \frac{1}{4} MD$. Der Schwerpunkt einer dreiseitigen Pyramide liegt also in der Geraden, welche den Schwerpunkt der Grundfläche mit der gegenüberliegenden Spitze verbindet, und zwar um $^3/_4$ dieser Geraden von der Spitze entfernt.

16. Denkt man sich die vielseitige Pyramide mittels Ebenen, welche durch die Spitze gehen, in dreiseitige Pyramiden zerlegt, so liegen nach voriger Aufgabe die Schwerpunkte derselben in einer Ebene, die um $^1/_4$ der Höhe von der Grundfläche entfernt ist. In dieser Ebene liegt also auch der Schwerpunkt der vielseitigen Pyramide, und da derselbe auch in der Verbindungslinie des Schwerpunktes der Grundfläche mit der gegenüberliegenden Spitze liegen muß, was sich wie das Gleiche in voriger Aufgabe beweisen läßt, so ergiebt sich für die Bestimmung des Schwerpunktes der vielseitigen Pyramide die nämliche Regel, wie für die der dreiseitigen Pyramide.

Für die Bestimmung des Schwerpunktes eines Kegels gilt dieselbe Regel.

17. Man kann sich den Kugelausschnitt $AMBC$ (Fig. 21, a. f. S., die einen durch den Mittelpunkt und die Schwerlinie gehenden Durchschnitt desselben darstellt) als eine Summe von unendlich vielen Pyramiden denken, deren gemeinschaftliche Spitze der Kugelmittelpunkt C ist und deren Grundflächen die Kugelmütze AMB bilden. Die Schwerpunkte aller dieser Pyramiden stehen nach voriger Aufgabe um $^3/_4$ des Kugelhalbmessers von C ab, liegen also in einer zweiten Kugelmütze AM_1B_1 vom Halbmesser $CA_1 = \frac{3}{4} CA = \frac{3}{4} r$, deren Schwerpunkt folglich der Schwerpunkt des Kugelausschnittes ist. Ist S

der Schwerpunkt, so ist, wenn h die Höhe der äußeren Kugelmütze AMB, also $\frac{3}{4}h$ die Höhe der Kugelmütze $A_1 M_1 B_1$ bezeichnet,

$$M_1 S = \frac{1}{2}\left(\frac{3}{4}h\right) \text{ (Aufg. 14), folglich } CS = CM_1 - M_1 S = \frac{3}{4}r$$

$$- \frac{1}{2}\left(\frac{3}{4}h\right) = \frac{3}{4}\left(r - \frac{1}{2}h\right) = \frac{3}{8}(2r - h).$$

18.   Sind (Fig. 22) S, S_1 und S_2 die Schwerpunkte beziehungsweise des Kugelabschnittes AMB, des Kugelausschnittes $AMBC$ und des Kegels

Fig. 21.
Fig. 22.

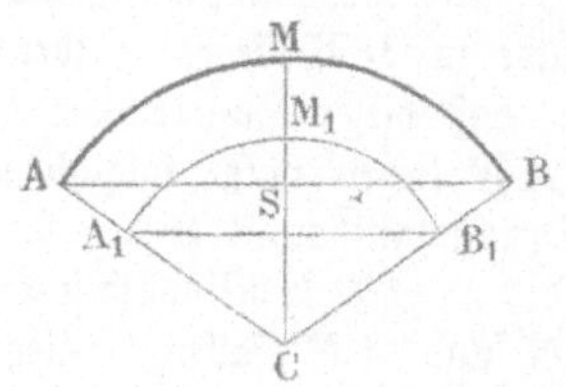

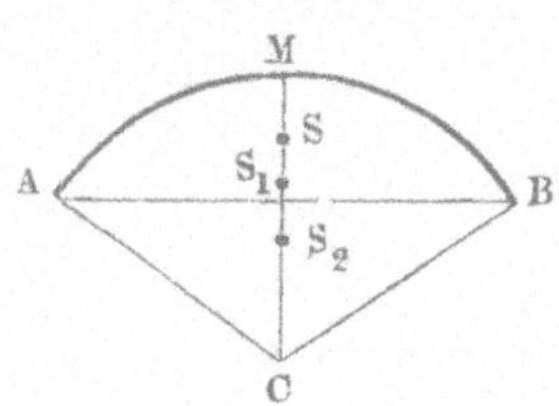

ABC, und bezeichnen K, K_1 und K_2 deren körperliche Inhalte, so muß $K_1 . CS_1 = K . CS + K_2 . CS_2$, oder $K . CS = K_1 . CS_1 - K_2 . CS_2$ sein. Nun ist aber

$$K_1 = \frac{2}{3}r^2\pi h;$$

$$K_2 = \frac{1}{3}(2r - h)\, h\pi\,(r - h);$$

$$CS_1 = \frac{3}{8}(2r - h) \text{ (Aufgabe 17)}; \quad CS_2 = \frac{3}{4}(r - h) \text{ (Aufgabe 16)};$$

$$\text{also } K . CS = \frac{2}{3}r^2\pi h \cdot \frac{3}{8}(2r - h) - \frac{1}{3}(2r - h)\,h\pi\,(r - h)$$

$$\cdot \frac{3}{4}(r - h) = \frac{1}{4}\pi h^2 (2r - h)^2,$$

folglich, da $K = \frac{1}{3}\pi h^2 (3r - h)$ ist,

$$CS = \frac{\frac{1}{4}\pi h^2 (2r - h)^2}{\frac{1}{3}\pi h^2 (3r - h)} = \frac{3}{4} \cdot \frac{(2r - h)^2}{3r - h}.$$

19.   Sowohl aus Aufgabe 17 als aus 18 folgt $CS = \frac{3}{8}r = \frac{3}{8}\cdot 2{,}4 = 0{,}9$ cm.

20.   Das Gewicht Q des Körpers ist $lbhs = 288$ kg. Liegt der Körper auf der Seitenfläche lb, so ergiebt sich die Stabilität bezüglich der Umdrehung um die Kante l, d. h. die äußerste Kraft, welche parallel mit der Kante b

auf den Schwerpunkt wirken kann, ohne daß der Körper umgeworfen wird, aus der Gleichung $P \cdot \dfrac{h}{2} = Q \cdot \dfrac{b}{2}$, also $P = \dfrac{Qb}{h} = \dfrac{288{,}8}{5} = 460{,}8$ kg.

Liegt der Körper auf der Seitenfläche bh, so ergiebt sich die Stabilität bezüglich der Kante $b \cdot \cdot \cdot \cdot = \dfrac{Qh}{l} = 120$ kg.

21.   Zieht man in Fig. 20 eine Gerade von E durch S und trifft sie die MN in H_1 und die AD in H (welche Punkte in der Figur nicht gezeichnet sind), so gilt: $SH_1 = \dfrac{1}{3} SH$ und $EH_1 = \dfrac{2}{3} EH$, also ist

$$EH_1 + SH_1 = \frac{1}{3}(EH + SH); \quad \text{oder} \quad ES = \frac{1}{3}(ES + 2SH),$$

woraus folgt, daß $ES = SH$. Zieht man noch durch S eine Parallele zu AD (und MN), so ergiebt sich leicht, daß $AH = HD$ (und $MH_1 = H_1 N$). Nun ist aber die Mitte H von AD der Schwerpunkt der zwei gleichen in A und D befindlichen Massen und ebenso ist E der Schwerpunkt der in B und C befindlichen gleichen Massen; der Gesamtschwerpunkt muß also in der Mitte von EH, d. h. in S liegen. (Eine Linie, welche durch die Mitten von AB und DC gezogen wird, geht ebenso durch S und wird von diesem Punkte halbiert.)

22.   1) Inhalt des Kegelstumpfes:

$$\frac{1}{3}\,\pi \cdot 3{,}6 \cdot (2{,}4^2 + 2{,}4 \cdot 1{,}5 + 1{,}5^2) = 43{,}769.$$

2) Höhe des Ergänzungskegels:

Aus $x : x + 3{,}6 = 1{,}5 : 2{,}4$ folgt $x = 6$.

3) Höhe des ganzen Kegels:

$$6 + 3{,}6 = 9{,}6.$$

4) Inhalt des Ergänzungskegels:

$$\frac{1}{3}\,\pi \cdot 6 \cdot 1{,}5^2 = 14{,}137.$$

5) Inhalt des ganzen Kegels: 57,906; folgt durch Addition von 1) und 4).

6) Der Schwerpunkt des Ergänzungskegels liegt über der unteren Grundfläche des Stumpfes:

$$^1/_4 \cdot 6 + 3{,}6 = 5{,}1.$$

7) Der Schwerpunkt des ganzen Kegels liegt über der unteren Grundfläche des Stumpfes:

$$^1/_4 \cdot 9{,}6 = 2{,}4.$$

8) Der Schwerpunkt des Stumpfes liegt über dessen unterer Grundfläche:

$$x \cdot 43{,}769 + 5{,}1 \cdot 14{,}137 = 2{,}4 \cdot 57{,}906, \quad \text{woraus } x = 1{,}53.$$

9) Inhalt des ausgehöhlten Cylinders:

$$\pi \cdot 1{,}2^2 \cdot 3{,}6 = 16{,}286.$$

10) Inhalt des ausgehöhlten Stumpfes:

$$43{,}769 - 16{,}286 = 27{,}483.$$

11) Schwerpunkt des ausgehöhlten Stumpfes:

$$x \cdot 27{,}483 + 1{,}8 \cdot 16{,}286 = 1{,}53 \cdot 43{,}769, \quad \text{woraus } x = 1{,}37.$$

12) Gewicht des ausgehöhlten Stumpfes:

$$27{,}483 \cdot 2{,}4 = 65{,}959.$$

13) Gewicht des Bleicylinders:

$$8{,}143 \cdot 11{,}5 = 93{,}645.$$

14) Gewicht des Stumpfes und Cylinders:

$$159{,}604.$$

15) Schwerpunkt des ausgehöhlten Stumpfes und Cylinders:

$$1{,}37 \cdot 65{,}959 + 0{,}9 \cdot 93{,}645 = x \cdot 159{,}604, \quad \text{woraus } x = 1{,}09.$$

23.   1) Inhalt der Röhrenwand:

$$\pi \cdot 250 \,(1{,}5^2 - 0{,}75^2) = 1325{,}363.$$

2) Inhalt der Kugelwand:

$$\tfrac{4}{3}\,\pi\,(5^3 - 4{,}5^3) = 141{,}896.$$

3) Inhalt von Röhren- und Kugelwand: 1467,259.

4) Schwerpunkt der Röhre (bis zum unteren Ende der Kugel): 135 mm.

5) Schwerpunkt der Kugel: 5 mm.

6) Schwerpunkt von Kugel und Röhre:

$$x \cdot 1467{,}259 = 141{,}896 \cdot 5 + 1325{,}363 \cdot 135\,x, \quad \text{also } x = 122{,}4 \text{ mm.}$$

7) Gewicht der Kugel	400,147
8) Gewicht des Weingeistes in der Kugel	332,083
9) Gewicht von Kugel und Weingeist	732,230
10) Gewicht von 150 mm der Röhre	2242,515
11) Gewicht des Weingeistes in 150 mm der Röhre	230,613
12) Gewicht von Weingeist + 150 mm der Röhre	2473,128
13) Gewicht von Kugel + Weingeist + 150 mm der Röhre	3205,358
14) Gewicht von 100 mm der Röhre	1495,010
15) Gesamtgewicht des Ganzen	4700,368

16) Schwerpunkt des Ganzen, soweit es mit Weingeist gefüllt ist:

$$x \cdot 3205{,}358 = 2473{,}128 \cdot 85 + 732{,}230 \cdot 5\,x, \quad \text{also } x = 66{,}7 \text{ mm.}$$

17) Schwerpunkt des Ganzen:

$$x \cdot 4700{,}368 = 3205{,}358 \cdot 66{,}7 + 1495{,}010 \cdot 210\,x, \quad \text{also } x = 112{,}3 \text{ mm.}$$

Auflösungen zu V.

1. Am zweiten Arme müssen $\dfrac{0{,}3 \cdot 30}{0{,}5} = 18$ kg hängen und der Druck auf den Stützpunkt ist also $= 30 + 18 = 48$ kg.

2. $\dfrac{3 \cdot 500}{800} = 1^7/_8$ m.

3. P muß etwas größer sein als 200 kg; während aber die Kraft fünfmal so groß ist wie die Last, ist der Weg der Last fünfmal so groß wie der der Kraft.

4. Bezeichnet man die gesuchte Entfernung mit x, so ist, jenachdem man den Stützpunkt oder einen der Angriffspunkte der Kräfte als Drehpunkt (oder Mittelpunkt der Momente) nimmt: 1) $P(a - x) = Q \cdot x$, oder 2) $P \cdot a = (P + Q)x$, oder 3) $Q \cdot a = (P + Q) \cdot (a - x)$, und aus jeder dieser Gleichungen ergiebt sich $x = \dfrac{P \cdot a}{P + Q}$.

5. Bezeichnen wir das Gewicht am Hebelarm a mit x, so haben wir, jenachdem wir den Stützpunkt oder die Aufhängepunkte der Gewichte als Mittelpunkt der Momente annehmen, entweder

1) $x \cdot a = (Q - x) \cdot b$, oder 2) $Q \cdot b = x(a + b)$, oder 3) $Q \cdot a = (Q - x) \cdot (a + b)$, und aus jeder dieser Gleichungen folgt

$$x = \frac{Q \cdot b}{a + b}, \quad Q - x = \frac{Q \cdot a}{a + b}.$$

6. Nimmt man (Fig. 23) die Momente von B aus, so hat man, wenn der Druck in A mit D' bezeichnet wird,

Fig. 23.

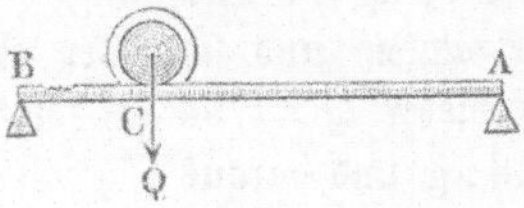

$$Q \cdot BC = D' \cdot AB, \text{ also } D' = \frac{Q \cdot BC}{AB}.$$

Nimmt man dagegen die Momente von A aus und bezeichnet den Druck in B mit D'', so hat man

$$Q \cdot AC = D'' \cdot AB, \text{ also } D'' = \frac{Q \cdot AC}{AB}.$$

7. Die Last muß vom stärkeren Träger $1^7/_{13}$ m, vom schwächeren $2^6/_{13}$ m entfernt sein, und in diesem Falle hat jener $61^7/_{13}$ kg, dieser $38^6/_{13}$ kg zu tragen.

8. Aus $99 \cdot 3 \cdot \sin 30^0 = 100 \cdot \dfrac{5}{3} \cdot \sin B$ folgt $\sin B = 0{,}891 = \sin 63^0$, also $B = 63^0$.

9.   Setzen wir die gesuchte Entfernung $= x$, so haben wir, die Momente vom Endpunkte genommen,

$$(3 + 5 + 7 + 9)\, x = 3 \cdot 0 + 5 \cdot 1 + 7 \cdot 2 + 9 \cdot 3,$$

also $x = \dfrac{5 + 7 \cdot 2 + 9 \cdot 3}{3 + 5 + 7 + 9} = \dfrac{23}{12}\, m = 1{,}92\, \text{m}$ (ungefähr).

10.   Nimmt man (Fig. 24) die Momente vom Punkte M aus, so erhält man als Gleichgewichtsbedingung unmittelbar: $P \cdot AM = Q \cdot MB + G \cdot MD$. Nimmt man dagegen die Momente von A aus, so erhält man $(P + Q + G) \cdot AM = G \cdot AD + Q \cdot AB$, welche Gleichung in die vorige übergeht. Der Druck ist $= P + Q + G$.

11.   Aus $30 \cdot \dfrac{1}{3} = 2 \cdot \frac{1}{6} + x \cdot \dfrac{2}{3}$ folgt $x = 14\frac{1}{2}\, \text{kg}$.

12.   Bezeichnet x die Entfernung des Unterstützungspunktes vom Aufhänge= punkte des Gewichtes von 16 kg, so folgt aus $16 \cdot x = (6 - x) \cdot 8 + (3 - x) \cdot 18$, $x = 2^3/_7\, \text{kg}$.

13.   Aus $P \cdot 1 = 50 \cdot 0{,}3 + 1\frac{1}{2} \cdot \frac{1}{2}$ folgt $P = 15^3/_4\, \text{kg}$.

14.   Bezeichnet man (Fig. 25) den Druck auf das Ventil mit Q, so hat man $Q \cdot 5 = 5 \cdot 50 + 1 \cdot 20$, also $Q = 54\, \text{kg}$. Gewöhnlich reduziert man,

Fig. 24.   Fig. 25. 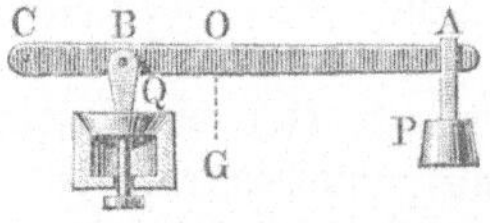   Fig. 26.

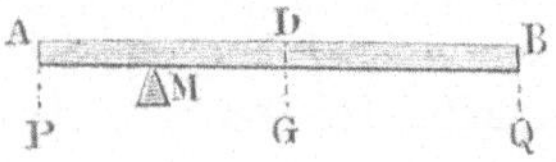

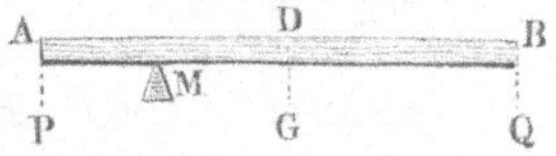

der einfacheren Berechnung des Dampfdruckes wegen, das Gewicht des Hebels auf den Endpunkt A desselben und addiert dann dies reduzierte Gewicht zu dem von P, so daß man dann den Hebel als mathematischen betrachten kann. Das vom Hebelarm CO auf den Hebelarm CA reduzierte Gewicht G wird aber $= G \cdot \dfrac{CO}{CA}$, also in unserem Beispiel $x = 1 \cdot \dfrac{2}{5} = \dfrac{2}{5}\, \text{kg}$; man kann also, wenn man für $P = 5\, \text{kg}$ jetzt $5^2/_5\, \text{kg}$ in Rechnung bringt, den Hebel CA als mathematischen Hebel betrachten und statt der obigen Gleichung $Q \cdot 5 = 5^2/_5 \cdot 50$ setzen, woraus wieder $Q = 54\, \text{kg}$ folgt.

15. $P \cdot 0{,}75 = 30 \cdot 0{,}6 + 6 \cdot 0{,}25 = 26\, \text{kg}$ und daraus

$$D = \sqrt{(Q + G)^2 + P^2} = \sqrt{36^2 + 26^2} = \sqrt{1972} = 44{,}4\, \text{kg}.$$

16.   Denken wir uns E als Drehpunkt, so folgt aus $V \cdot 4 = 200 \cdot 3{,}5 + 75 \cdot 1{,}5 + 100 \cdot 1 - 150 \cdot 0{,}7$, $V = 201{,}9$, also $W = 200 + 75 + 100 + 150 - 201{,}9 = 323{,}1$, welcher Wert sich aber auch, wenn man D als Drehpunkt betrachtet, aus der Momentengleichung $W \cdot 4 = 200 \cdot 0{,}5 + 75 \cdot 2{,}5 + 100 \cdot 3 + 150 \cdot 4{,}7$ ergiebt.

17.   Man bestimmt zuerst (Fig. 26) den Schwerpunkt D des Hebels, hängt dann an das eine Ende A desselben ein bekanntes Gewicht P und bringt ihn nun ins Gleichgewicht, indem man ihn in M unterstützt, so ist das Gewicht G desselben $= \dfrac{A\,M}{M\,D} \cdot P$.

18. Im Falle des Gleichgewichtes hat man vor dem Einsinken des Körpers vom unbekannten Gewicht Q ins Wasser $Pb = Qa$, woraus man Q bestimmen könnte, was aber die Aufgabe nicht fordert.

Nach dem Einsenken in Wasser hat man, wenn p das Gewicht des verdrängten Wassers bezeichnet,

$$Pc = (Q - p)\,a.$$

Dividiert man die erste dieser Gleichungen durch die zweite, so erhält man $\dfrac{b}{c}$

$$= \frac{Q}{Q - p} \text{ und daraus } \frac{Q}{p}, \text{ d. h. } s = \frac{b}{b - c}.$$

19. Bezeichnet p den Gewichtsverlust des Glaskörpers im Wasser, p_1 den in der andern Flüssigkeit und sind bezüglich c und d die Hebelarme, an welchen das Laufgewicht wirken muß, um das Gleichgewicht beim Einsenken in Wasser und in Schwefelsäure herzustellen, so erhält man wie in 18 die Gleichungen

$$\frac{Q}{p} = \frac{b}{b - c} \text{ und } \frac{Q}{p_1} = \frac{b}{b - d} \text{ und aus diesen durch Division } \frac{p_1}{p}, \text{ d. h.}$$

$$s_1 = \frac{b - d}{b - c}.$$

20. Eine gute Krämerwage muß

1) **stabil** sein; der Wagebalken muß für sich und bei gleicher Belastung sich im stabilen Gleichgewicht befinden.

2) Sie muß **richtig** sein, d. h. bei gleicher Belastung der beiden Schalen muß Gleichgewicht bestehen und dabei der Wagebalken eine horizontale, also der auf dem Wagebalken senkrechte Zeiger eine vertikale Lage annehmen. Das erstere wird durch gleiche Länge, überhaupt genaue Symmetrie der beiden Arme des Wagebalkens erreicht, das letztere dadurch, daß der Schwerpunkt des Wagebalkens unter den Drehpunkt zu liegen kommt; denn fiele der Schwerpunkt mit dem Drehpunkte zusammen, so würde der Wagebalken trotz gleicher Belastung der Schalen die verschiedensten Lagen annehmen können.

3) Sie muß **empfindlich** sein, d. h. die Lage des Wagebalkens im Zustande des Gleichgewichtes muß sich sofort merklich ändern, wenn ein kleines Übergewicht in die eine Schale gelegt wird. Zu diesem Zwecke muß sich der Drehpunkt des Wagebalkens mit den Aufhängepunkten der Wagschalen in einer geraden Linie oder um wenig darüber befinden, der Schwerpunkt des Wagebalkens darf nur sehr wenig unter dem Drehpunkte desselben liegen, die Arme des Wagebalkens müssen möglichst lang, sein Gewicht aber darf nur gering sein.

4) Sie darf nicht **träge** sein, d. h. ihr Wagebalken muß im Zustande des Gleichgewichtes seine horizontale Lage schnell wieder einnehmen, wenn man sie aus derselben gebracht hat. Dies wird durch die möglichste Verminderung der Zapfenreibung erreicht, weshalb man den Zapfen aus Stahl in Form einer Schneide verfertigt und auf einer Stahlplatte oder auf einem Edelstein spielen läßt.

21. $\dfrac{n}{2\,m\,.\,1000\,.\,1000}$, da man die Empfindlichkeit einer Wage durch Angabe eines Bruches ausdrückt, der das geringste noch einen merklichen Ausschlag gebende Gewicht zum Zähler und das Gewicht der größten noch zulässigen Belastung zum Nenner hat.

22. I. Man bringe den Körper K durch Tariergewichte genau ins Gleichgewicht, nehme ihn dann aus der Schale und ersetze ihn durch soviel Gewichtsstücke, daß wieder Gleichgewicht entsteht, so geben offenbar die letzteren Gewichtsstücke das Gewicht des Körpers an.

II. Man bringt den Körper K erst an dem einen Hebelarm der Wage, dessen Länge wir mit a bezeichnen wollen, ins Gleichgewicht mit einem am andern Hebelarm von der Länge $= b$ befindlichen Gewicht $= P_1$, sodann bringe man, nach Wegnahme von P_1, den Körper K an den andern Hebelarm und stelle mit Hilfe eines Gewichtes $= P_2$ das Gleichgewicht wieder her. Bezeichnet man das (richtige) Gewicht des Körpers K mit Q, so hat man

$$\text{aus der ersten Wägung } P_1 : Q = a : b$$
$$\text{aus der zweiten } \quad \text{„} \quad Q : P_2 = a : b$$
$$\overline{\text{folglich } P_1 : Q = Q : P_2}$$
$$\text{also} \quad Q = \sqrt{P_1\,.\,P_2}.$$

23. $\sqrt{2\,.\,2\tfrac{1}{4}} = 2{,}121\,\mathrm{kg}.$

24. Für den Fall, daß die Wagschale (Fig. 27) unbelastet ist, und das Laufgewicht in C sich befindet, hat man $Q\,.\,MA = P\,.\,MC + G\,.\,MD.$

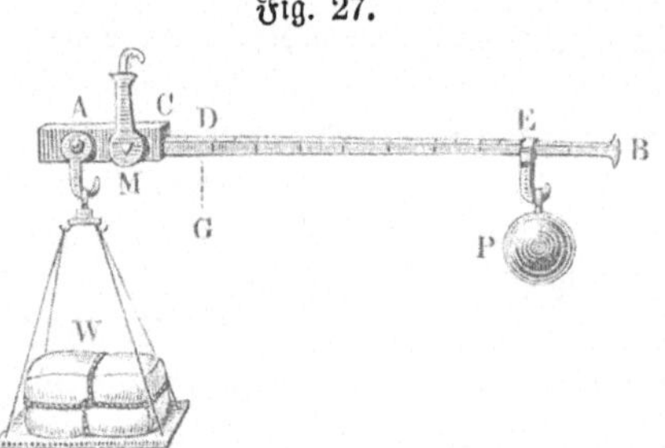

Legt man das Gewicht W einer Ware auf die Wagschale und muß man deshalb zur Herstellung des Gleichgewichtes das Laufgewicht nach E schieben, so ist jetzt

$$(Q + W)\,.\,MA = P\,(MC + CE) + G\,.\,MD.$$

Zieht man von dieser die vorige Gleichung ab, so erhält man

$$W\,.\,MA = P\,.\,CE \text{ oder } \frac{W}{P} = \frac{CE}{MA}.$$

Im Zustande des Gleichgewichtes ist also das Gewicht des Läufers sovielmal in dem Gewichte der Ware enthalten, wie die Strecke MA in der Strecke CE.

25. Aus der in voriger Aufgabe gefundenen Bedingungsgleichung folgen die beiden nachstehenden Einteilungsmethoden:

I. Man bestimme den Punkt C (Fig. 27), in welchem das Laufgewicht der (unbelasteten) Wagschale das Gleichgewicht hält, teile den kürzeren Hebelarm MA in ebensoviele gleiche Teile, als das Laufgewicht Kilogramme enthält, und trage diese Teile von C aus so oft als möglich auf CB ab.

II. Nach Bestimmung des Punktes C, wie bei voriger Methode, bringe man das Laufgewicht an den äußersten Punkt B des längeren Hebel= armes und stelle durch Auflegung einer Last, deren Gewicht W_n man kennt, auf die Wagschale das Gleichgewicht her. Sovielmal nun W_n Kilogramme enthält, in soviele gleiche Teile hat man die Strecke CB zu teilen.

26. a) Die im vorhergehenden näher betrachtete Schnellwage mit konstantem Gewicht an veränderlichem Hebelarm (Schnellwage mit Laufgewicht);

b) die mit veränderlichem Gewicht an konstantem Hebelarm (Schnellwage mit verjüngtem Gewicht, gewöhnlich Dezimalwage);

c) die mit konstantem Gewicht bei veränderlichem Stützpunkt des Wage= balkens (Schnellwage mit festem Gewicht oder dänische Schnellwage).

27. Es sei Q das Gewicht der auf einer beliebigen Stelle der Brücke DE (Fig. 28) liegenden Last und Q_1 und Q_2 seien die Drücke, welche sie bezüglich auf die Punkte D und E ausübt.

Das Moment des auf D, also auch auf den Punkt B wirkenden Drucks Q_1 in Beziehung auf den Dreh= punkt M ist

Fig. 28.

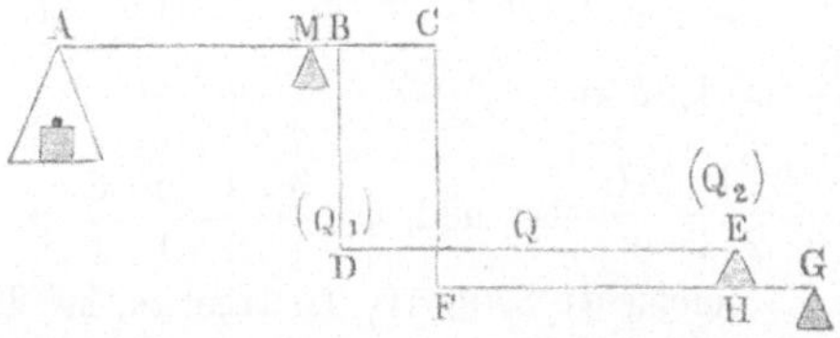

$$Q_1 \cdot MB.$$

Der in E auf den Hebel FG wirkende Druck Q_2 zerlegt sich in zwei auf die Punkte G und F wirkende Drücke, wovon der erstere durch den Widerstand des festen Drehpunktes G aufgehoben wird, während der auf F wirkende $= Q_2 \cdot \dfrac{GH}{GF}$ ist. Dieser letztere Druck wirkt am Hebel MC, sein Moment in Beziehung auf den Drehpunkt M ist also

$$Q_2 \cdot \frac{GH}{GF} \cdot MC.$$

Wenn nun die beiden an B und C angreifenden Kräfte gerade so wirken sollen, als ob das auf der Brücke liegende Gewicht Q am Punkte B wirkte, so muß

$$Q_1 \cdot MB + Q_2 \cdot \frac{GH}{GF} \cdot MC = Q \cdot MB,$$

$$\text{d. h.} = (Q_1 + Q_2) \cdot MB$$

sein, woraus die gesuchte Bedingungsgleichung, nämlich $\dfrac{GH}{GF} = \dfrac{MB}{MC}$ folgt.

Wenn also MC z. B. viermal so groß ist wie MB, so muß auch GF viermal so groß sein wie GH.

28. Weil in der Regel der Hebelarm MA zehnmal so groß ist wie MB, also die Lasten mit zehnmal geringeren Gewichten gewogen werden können.

29. $P = \dfrac{200 \cdot 0,12}{0,8} = 30\,\mathrm{kg}.$

30. $8\,\mathrm{dm}.$

31.   Aus $80\,x = 320 \cdot 5$ folgt $x = 20\,\mathrm{cm}.$

32.   Um der Last Q das Gleichgewicht zu halten, muß am Umfange des Well=
rades a die Kraft $Q \cdot \dfrac{r}{R_1}$ wirken, und um diese Kraft am Getriebe c mittels
der Kurbel P hervorzubringen, muß an dieser die Kraft $K = Q \cdot \dfrac{r \cdot r_1}{R_1 \cdot R}$

$= Q \cdot \dfrac{r}{R} \cdot \dfrac{r_1}{R_1} = 2000 \cdot \dfrac{6 \cdot 5}{30 \cdot 40} = 50\,\mathrm{kg}$ wirken; um aber die Last Q
zu h e b e n, muß K größer sein, als die gefundene Zahl. — Der Quotient
$\dfrac{r_1}{R_1} = \dfrac{5}{40}$ giebt das Verhältnis der Anzahl Zähne an, welche Getriebe und
Wellrad haben müssen; je nach der Stärke dieser Zähne können also 5 und
40, oder 10 und 80 u. s. w. der Aufgabe Genüge leisten.

33. $Q = K \cdot \dfrac{R_1}{r_1} \cdot \dfrac{R_2}{r_2} \cdot \dfrac{R_3}{r_3} = 20\,000\,\mathrm{kg}.$ Die Quotienten $\dfrac{R_1}{r_1}$ u. s. w.
geben die Verhältnisse der Anzahl Zähne der Räder und Getriebe an.

34. $P = \dfrac{1}{4} \cdot \dfrac{6}{30} \cdot \dfrac{8}{24} \cdot \dfrac{8}{32} = 1,25\,\mathrm{kg}.$

35.   Aus $\dfrac{Q}{P} = \dfrac{7200}{20} = \dfrac{8 \cdot 9 \cdot 10 \cdot 10}{1 \cdot 2 \cdot 2 \cdot 5}$ oder auch $= \dfrac{3 \cdot 4 \cdot 5 \cdot 6}{1 \cdot 1 \cdot 1 \cdot 1}$ u. s. w.
folgt, daß, wenn die Räder die Halbmesser 8, 9, 10, 10 erhalten, die Wellen
die Halbmesser 1, 2, 2, 5 erhalten müssen, oder wenn 3, 4, 5, 6 die Halb=
messer der Räder sind, jede Welle einen Halbmesser $= 1$ u. s. w.

36.   Bezeichnen n und N die bezüglichen Umdrehungszahlen des ersten und dritten
Rades während einer bestimmten Zeit, so hat man $\dfrac{n}{N} = \dfrac{7}{42} \cdot \dfrac{5}{55} = \dfrac{1}{66}.$

37. $\dfrac{24}{3} \cdot \dfrac{27}{3} = 24.$

38.   Bezeichnet
n_1 die Anzahl der Zähne des ersten Getriebes,
n_2 „   „   „   „   „ zweiten   „
N_1 „   „   „   „   „ Rades, in welches das erste Getriebe eingreift,
N_2 „   „   „   „   „   „ in welches das zweite Getriebe ein=
greift, so hat man $\dfrac{720}{12} = \dfrac{N_1 \cdot N_2}{n_1 \cdot n_2}$, man braucht also 720 und 12 nur je
in zwei Faktoren zu zerlegen und hat dann z. B., wenn man für N_1 und
N_2 die Zahlen 24 und 30 nimmt, für n_1 und n_2 die Zahlen 3 und 4 zu nehmen.

39. $P = \dfrac{8 - 5}{2 \cdot 20} \cdot 140 = 10,5\,\mathrm{kg}.$

40. $P = \dfrac{10 - 8}{2 \cdot 10} \cdot 172 = 17,2\,\mathrm{kg}.$

41. $\dfrac{160 + 10}{2} = 85\,\text{kg}.$

42. $\dfrac{160 + 10}{2 \cdot cos\ 30^0} = \dfrac{170}{2 \cdot 0{,}866} = $ nahe $98{,}15\,\text{kg}.$

43. $P = \dfrac{Q}{2^n} = 39{,}06\,\text{kg};$ die Kraft muß aber einen $2^8 = 256\,$mal so großen Weg zurücklegen wie die Last.

44. $P = \dfrac{1}{2^n}\,[Q + (2^n - 1)\,G] = \dfrac{Q - G}{2^n} + G = 49\,\text{kg}.$

45. $Q = 2^n \cdot (P - G) + G = 396\,\text{kg}.$

46. $n = \dfrac{log\,(Q - G) - log\,(P - G)}{log\ 2} = 3.$

47. $P = \dfrac{600}{2 \cdot 4} = 75\,\text{kg};$ der Weg der Kraft ist aber achtmal so groß als der der Last.

48. a) $P = \dfrac{Q + G}{2\,n}.$ b) $P = \dfrac{Q + G}{2\,n + 1}.$

49. a) $P = 152\,\text{kg}.$ b) $P = 135^{1}/_{4}\,\text{kg}.$

50. $Q = m \cdot P - G = 548\,\text{kg}.$

51. a) $P = Q \cdot \dfrac{h}{l} = 300\,\text{kg},\ D = Q \cdot \dfrac{b}{l} = 400\,\text{kg}.$

b) $P = Q \cdot \dfrac{h}{b} = 375\,\text{kg},\ D = Q \cdot \dfrac{l}{b} = 625\,\text{kg}.$

52. a) $P = 460\,\text{kg},\ C = 300\,\text{kg}.$

b) $P = 858^{2}/_{3}\,\text{kg},\ D = 1045^{1}/_{3}\,\text{kg}.$

53. a) $P = Q\ sin\ A = 200 \cdot sin\ 30^0 = 100\,\text{kg}.$

$D = Q\ cos\ A = 200 \cdot cos\ 30^0 = 173{,}2\,\text{kg}.$

b) $P = Q\ 200 \cdot sin\ 19^{1}/_{2}{}^0 = 66{,}76\,\text{kg}.$

$D = 200 \cdot cos\ 19^{1}/_{2}{}^0 = 188{,}55\,\text{kg}.$

c) $P = 50{,}08\,\text{kg},\ D = 193{,}63\,\text{kg}.$

d) $P = 141{,}42\,\text{kg},\ D = 141{,}42\,\text{kg}.$

e) $P = 173{,}2\,\text{kg},\ D = 100\,\text{kg}.$

54. a) $P = Q\ tang\ A = 200 \cdot tang\ 30^0 = 115{,}47\,\text{kg}.$

$D = \dfrac{Q}{cos\ A} = \dfrac{200}{cos\ 30^0} = 230{,}95\,\text{kg}.$

b) $P = 200 \cdot tang\ 19^{1}/_{2}{}^0 = 70{,}82\,\text{kg}.$

$D = \dfrac{200}{cos\ 19^{1}/_{2}{}^0} = 212{,}17\,\text{kg}.$

c) $P = 51{,}72\,\text{kg},\ D = 206{,}58\,\text{kg}.$

d) $P = 200\,\text{kg},\ D = 282{,}84\,\text{kg}.$

e) $P = 346{,}41\,\text{kg},\ D = 400\,\text{kg}.$

55. $P = 13 \cdot \dfrac{1}{300} = 0{,}0433\,\text{Ztr}.$

56.   Zerlegt man (Fig. 29) das durch SE dargestellte Gewicht Q in die beiden Seitenkräfte $SF = Q\,cos\,\alpha$ und $SH = Q\,sin\,\alpha$, wovon die erstere

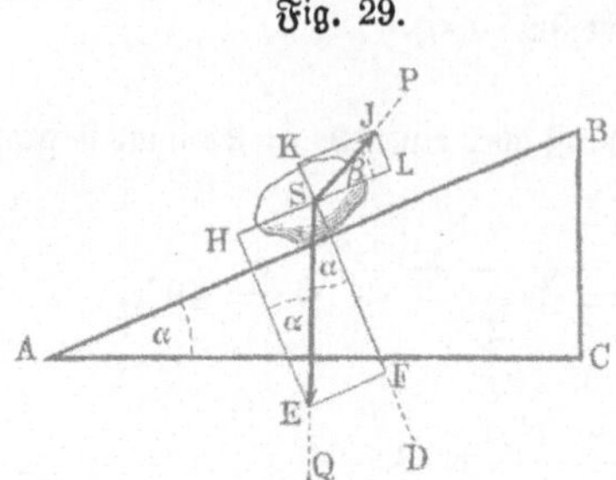

Fig. 29.

auf der schiefen Ebene senkrecht steht und durch deren Widerstand aufgehoben wird, die andere ihr parallel ist; zerlegt man ferner die durch SJ dargestellte Kraft in ähnlicher Weise in die Komponenten $SK = P\,sin\,\beta$ und $SL = P\,cos\,\beta$, so ergiebt sich, daß im Falle des Gleich= gewichtes $SL = SH$ oder $P\,cos\,\beta = Q\,sin\,\alpha$, also

$$\text{I.}\quad P = Q\,\frac{sin\,\alpha}{cos\,\beta} = 391{,}622\ \text{kg}$$

sein muß, D aber $= SF - SK = Q\,cos\,\alpha - P\,sin\,\beta$, oder für P seinen Wert aus I. gesetzt,

$$= Q\,\frac{cos\,\alpha\,cos\,\beta - sin\,\alpha\,sin\,\beta}{cos\,\beta}\text{, also}$$

$$\text{II.}\quad D = Q\,\frac{cos\,(\alpha + \beta)}{cos\,\beta} = 148{,}275\ \text{kg}.$$

57.   a) $\beta = 0$ gesetzt, wird $P = Q\,sin\,\alpha = 300$ kg; $D = Q\,cos\,\alpha = 400$ kg.

b) $\beta = -\alpha$ gesetzt, wird $P = Q\,\dfrac{sin\,\alpha}{cos\,(-\alpha)} = Q\,\dfrac{sin\,\alpha}{cos\,\alpha} = Q\,tang\,\alpha = 375$ kg.

$$D = \frac{Q}{cos\,\alpha} = 625\ \text{kg}.$$

c) Für β negativ und zwar $= -40^0$ wird $P = Q\,\dfrac{sin\,\alpha}{cos\,(-\beta)} = Q\,\dfrac{sin\,\alpha}{cos\,\beta} = 391{,}622$ kg

$$D = Q\,\frac{cos\,(\alpha - \beta)}{cos\,\beta} = 500 \cdot \frac{cos\,(-3^0\,1'\,50'')}{cos\,40^0} = 651{,}73\ \text{kg}.$$

Die Endwerte in a) und b) sind die nämlichen wie die in Aufgabe 52 gefundenen.   Warum?

58. $P : 60 = 6 : 24$, also $P = 15$ kg.

59.   Da die Höhe des Keiles $= \sqrt{24^2 - 3^2} = 23{,}7118$ cm ist, so hat man $P_1 : 60 = 6 : 23{,}7118$, also $P_1 = 15{,}1186$ kg.

60.   a) Aus $P : Q = h : 2\,r\,\pi$ (vergl. 52, b) folgt $P = Q\,\dfrac{h}{2\,r\,\pi} = 3{,}183$ kg.

b) Wegen $P_1 r_1 = Pr$ erhält man aus a) $P_1 = Q\,\dfrac{h}{2\,r_1\,\pi} = 0{,}796$ kg.

61.   Bezeichnet x die Kraft, welche von der Schraube auf die Zähne des Rades ausgeübt wird, so hat man:

$$P : x = h : 2\,r\,\pi \quad \text{nach voriger Aufgabe}$$
$$x : Q = r_2 : r_1$$

folglich $P : Q = h r_2 : 2 r r_1 \pi = 1 : 188{,}4.$

62. Es ist nur nötig, den Beweis für den Hebel und die schiefe Ebene zu führen, weil alle andern Maschinen sich auf diese zurückführen lassen.

a) Sind P und Q zwei an einem Hebel im Gleichgewicht befindliche Kräfte, sowie a und b ihre Hebelarme, so beschreiben die Angriffspunkte von P und Q bei einer Drehung des Hebels um einen sehr kleinen Winkel die kleinen Bogen α und β; auch kann man annehmen, daß die Kräfte während der sehr kleinen Drehung auf den Hebelarmen senkrecht bleiben; die kleinen Bogen, d. h. die Wege der Angriffspunkte, fallen also in die Richtungen der Kräfte. Nun verhält sich:

$$\alpha : \beta = a : b$$

und

$$P : Q = b : a,$$

also

$$P : Q = \beta : \alpha.$$

b) Stehen zwei Kräfte P und Q (Fig. 29) einer schiefen Ebene im Gleichgewicht, wobei wir den allgemeinen Fall voraussetzen, daß P mit der Länge der schiefen Ebene den Winkel β bildet, und bewegen wir den auf der schiefen Ebene liegenden Körper über die ganze Länge aufwärts, so sind die Projektionen des Weges auf die Richtungen der Kräfte Q und P bezw.

$$l \cdot sin\,\alpha \quad \text{und} \quad l \cdot cos\,\beta;$$

also gilt:

$$Q \cdot l \cdot sin\,\alpha = P \cdot l \cdot cos\,\beta,$$

woraus

$$P = Q \cdot \frac{sin\,\alpha}{cos\,\beta}.$$

Auflösungen zu VI.

---

1. a) $v = 9{,}81 \cdot sin\ 30^0 \cdot 8 = 9{,}81 \cdot 0{,}5 \cdot 8 = 39{,}24\ \text{m};\ s = \tfrac{1}{2}$ $\cdot 9{,}81\ sin\ 30^0 \cdot 64 = 156{,}96\ \text{m}.$

b) $v = \sqrt{2 \cdot 9{,}81 \cdot sin\ 15^0 \cdot 10} = 7{,}126\ \text{m}.$

2. a) $t = \sqrt{\dfrac{2 \cdot 10}{9{,}81 \cdot \frac{1}{10}}} = 4{,}52\ \text{Sekunden}.$

$v = \sqrt{2 \cdot 10 \cdot 9{,}81 \cdot 0{,}1} = 4{,}43\ \text{m}.$

b) $v = \sqrt{2 \cdot 9{,}81 \cdot \frac{1}{10} \cdot 36} = 8{,}404\ \text{m}.$

3. Aus $20 = 9{,}81 \cdot \sin 30^0 \cdot \dfrac{t}{2}$ folgt $t = 8{,}155$ Sekunden und daraus

$$s = \frac{1}{2} \cdot 20 \cdot \frac{8{,}155}{2} = 40{,}775 \, \text{m}.$$

4. Aus der Formel $s = \dfrac{1}{2} g \sin \alpha \, t^2$ findet sich $g = \dfrac{2 s}{t^2 \sin \alpha}$ und daraus

ergeben sich im vorliegenden Falle die bezüglichen Werte 9,867; 9,753; 9,791 m, also als arithmetisches Mittel derselben 9,804 m.

5. $x = \dfrac{366{,}09}{\sin 32^0 24' \cdot (4{,}25)^2} = 38$ Fuß, also die Beschleunigung $= 76$ Fuß.

6.   a) Die erforderliche Zeit zum Durchlaufen

$$\text{von } AB = s \text{ (Fig. 30) ist} = \sqrt{\frac{2 s}{g}}$$

$$„ \quad AC = s_1 \qquad „ = \sqrt{\frac{2 s_1}{g \sin \alpha}}$$

$$„ \quad CB = s_2 \qquad „ = \sqrt{\frac{2 s_2}{g \cos \alpha}};$$

aber es ist $s_1 = s \cdot \sin \alpha$, $s_2 = s \cdot \cos \alpha$, folglich sind die drei Ausdrücke einander gleich.

     b) Die Endgeschwindigkeit in B (Fig. 31) ist $= \sqrt{2 g s}$

$$„ \qquad „ \qquad „ \; C \qquad „ = \sqrt{2 g \sin \alpha_1 \cdot s_1}$$

$$„ \qquad „ \qquad „ \; D \qquad „ = \sqrt{2 g \sin \alpha_2 \cdot s_2};$$

aber es ist sowohl $s_1 \sin \alpha_1$ als auch $s_2 \sin \alpha_2 = s$.

Fig. 30.   Fig. 31.

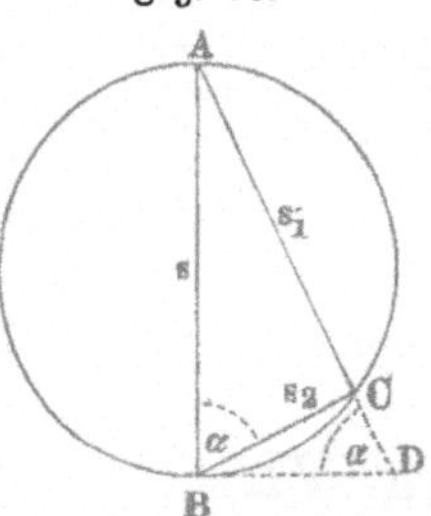
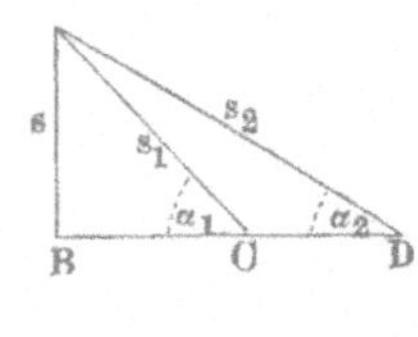

7.   Bezeichnet t die zum Herabfallen auf der schiefen Ebene erforderliche Zeit, t_1 diejenige zum Herabfallen von der senkrechten Höhe und t_2 diejenige zum Durchlaufen der Basis, so soll $t = t_1 + t_2$ sein.

     Setzt man die Länge der schiefen Ebene $= 1$, also ihre Höhe $= \sin \alpha$, ihre Basis $= \cos \alpha$, so findet man

$$t = \sqrt{\frac{2}{g \sin \alpha}}; \; t_1 = \sqrt{\frac{2 \sin \alpha}{g}} = \sqrt{\frac{2}{g \sin \alpha}} \cdot \sin \alpha;$$

$$t_2 = \sqrt{\frac{\cos \alpha^2}{2 g \sin \alpha}} = \sqrt{\frac{2}{g \sin \alpha}} \cdot \frac{\cos \alpha}{2}$$

Substituiert man diese Werte in die obige Gleichung und dividiert durch $\sqrt{\dfrac{2}{g\,sin\,\alpha}}$, so erhält man $1 = sin\,\alpha + \tfrac{1}{2}\,cos\,\alpha$, woraus $cos\,\alpha = 0{,}8$, also $\alpha = 36^0\,52'\,11''$ folgt.

Die Länge der schiefen Ebene verhält sich also zur Basis und Höhe wie $1 : cos\,\alpha : sin\,\alpha = 1 : 0{,}8 : \sqrt{1 - 0{,}8^2}$, d. h. wie $5 : 4 : 3$.

8. Bei einer schiefen Ebene von der Basis a und dem Neigungswinkel α ist die Zeit zum Herabgleiten:

$$t = \sqrt{\frac{2\,a}{g\,sin\,\alpha \cdot cos\,\alpha}} = \sqrt{\frac{4\,a}{g\,sin\,2\,\alpha}},$$

sie ist also am kleinsten, wenn $sin\,2\,\alpha$ am größten, d. h. $= 1$, also $2\,\alpha = 90^0$ oder $\alpha = 45^0$ ist.

9. Man mache (Fig. 32) nach einem verjüngten Maßstabe $A\,x_1 = c = 6\,\mathrm{m}$,

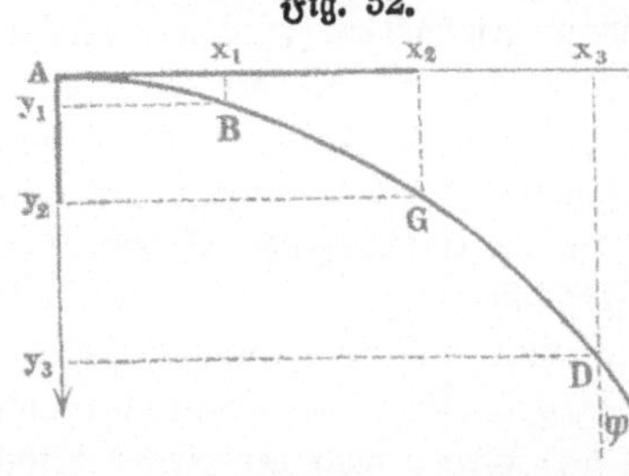

Fig. 32.

$A\,y_1 = \tfrac{1}{2}\,p = 1\,\mathrm{m}$, ziehe durch x_1 und y_1 die Parallelen $x_1\,B$ und $y_1\,B$, so giebt B den Punkt an, in welchem sich der Körper nach 1 Sekunde befindet. Macht man ferner $A\,x_2 = 2\,c = 12\,\mathrm{m}$, $A\,x_3 = 3\,c = 18\,\mathrm{m}$, sowie $A\,y_2 = 4 \cdot \dfrac{p}{2} = 4\,\mathrm{m}$, $A\,y_3 = 9 \cdot \dfrac{p}{2} = 9\,\mathrm{m}$ und

zieht die entsprechenden Parallelen, so bestimmen sich C und D als diejenigen Punkte der Kurve, in welchen sich der Körper nach 2 und 3 Sekunden befindet u. s. w.

10. Die Abscisse x in horizontaler, die Ordinate y in vertikaler Richtung genommen, ist $x = 19{,}62 \cdot 4 = 78{,}48\,\mathrm{m}$, $y = \dfrac{9{,}81}{2} \cdot 4^2 = 78{,}48\,\mathrm{m}$.

11. a) Um $\dfrac{9{,}81}{2} \cdot \left(\dfrac{1}{4}\right)^2 = 0{,}3\,\mathrm{m}$ ungefähr, die Geschwindigkeit der Kugel möge sein, welche sie wolle.

b) Aus $\dfrac{4}{3} = \dfrac{1}{2} \cdot 9{,}81\,t^2$ folgt $t = 0{,}52$ Sekunden.

12. a) Nimmt man die horizontale Richtung als Abscissen-, die vertikale als Ordinatenachse, so hat man $x = ct$, $y = \dfrac{1}{2}\,g\,t^2$.

b) $v = \sqrt{c^2 + g^2\,t^2}$.

c) Der Winkel φ, den die resultierende Geschwindigkeit mit der vertikalen Richtung bildet, bestimmt sich aus $tang\,\varphi = \dfrac{c}{g\,t}$.

13. a) Eliminiert man aus den beiden Gleichungen $x = ct$ und $y = \dfrac{1}{2}\,g\,t^2$

die Veränderliche t, so erhält man $x^2 = \dfrac{2\,c^2}{g}\,y$, woraus man erkennt, daß die Bahn des Körpers eine **Parabel** ist.

b) $x^2 = \dfrac{2 \cdot (19{,}62)^2}{9{,}81} \cdot y$ oder $x^2 = 78{,}48\,y$.

14.   Aus der in Aufgabe 13 gefundenen Gleichung, welche die Gestalt des ausströmenden Wasserstrahles ausdrückt, folgt $c = x \sqrt{\dfrac{g}{2\,y}}$, und da hier $y = 0{,}6\,\mathrm{m}$, $x = 1{,}75\,\mathrm{m}$, so ergiebt sich die gesuchte Geschwindigkeit $c = 4{,}95\,\mathrm{m}$.

15.   a) Vermöge der erhaltenen gleichbleibenden Geschwindigkeit würde der Körper in der Richtung $A\,V$ (Fig. 33) während der Zeit t den Weg $c\,t$, vermöge seines Fallens in der Richtung $A\,Y$ aber den Weg $\frac{1}{2}\,g\,t^2$ zurücklegen; er wird sich also wegen der Gleichzeitigkeit der beiden Bewegungen nach der Zeit t in einem Punkte befinden, der sich als der dem Punkte A gegenüberliegende Eckpunkt eines Parallelogramms darstellt, dessen den Winkel $90^0 + \alpha$ einschließende Seiten $c\,t$ und $\frac{1}{2}\,g\,t^2$ sind.

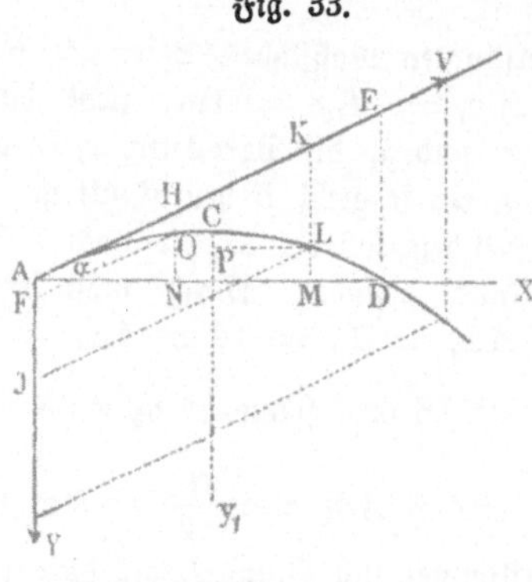

Fig. 33.

Ist nun $A\,K = c\,t$ und $K\,L = A\,J = \frac{1}{2}\,g\,t^2$, also L der Punkt, in welchem sich der Körper nach der Zeit t befindet, so sind die Koordinaten dieses Punktes L

$$A\,M = c\,t \cos \alpha$$
$$M\,L = M\,K - K\,L = c\,t \sin \alpha - \tfrac{1}{2}\,g\,t^2.$$

Denken wir uns t als veränderlich und bezeichnen die Koordinaten jedes beliebigen Punktes der Wurfbahn bezüglich mit x und y, die Abscissen x von A an auf der Horizontalen $A\,X$, die Ordinaten y von der Horizontalen nach oben genommen, so erhalten wir

$$\text{I.}\quad x = c\,t \cos \alpha$$
$$\text{II.}\quad y = c\,t \sin \alpha - \tfrac{1}{2}\,g\,t^2.$$

b) Eliminiert man t aus den vorstehenden Gleichungen I. und II., so erhält man

$$\text{III.}\quad y = x \tan \alpha - x^2 \frac{g}{2\,c^2 \cos^2 \alpha} \quad \text{(Gleichung der Wurfbahn)}.$$

16.   a) Setzt man in der Gleichung III. $y = 0$, so ergiebt sich daraus x $(= A\,D$ in Fig. 33), also die Wurfweite $W = \dfrac{2\,c^2 \sin \alpha \cos \alpha}{g} = \dfrac{c^2 \sin 2\,\alpha}{g}$.

(Da die Gleichung III. eine quadratische ist, so hat sie noch eine zweite, hier aber unbrauchbare Wurzel, nämlich 0.)

b) Setzt man in der Gleichung I. für t die Wurfzeit T und für x den in

a) für W gefundenen Ausdruck $\dfrac{2\,c^2\,sin\,\alpha\,cos\,\alpha}{g}$, so erhält man

$$\text{die Wurfzeit } T = \frac{2\,c\,sin\,\alpha}{g}.$$

c) Setzt man in der Gleichung II. statt x die halbe Wurfzeit ($\frac{1}{2}\,T$), also $\dfrac{c\,sin\,\alpha}{g}$, so erhält man y, d. h. die Wurfhöhe $H = \dfrac{c^2\,sin^2\,\alpha}{2\,g}$.

Um sich zu überzeugen, daß dieser Ausdruck die größte vom Körper erreichbare Höhe angiebt, und daß die Wurfbahn nach Erreichung dieser Höhe in derselben Weise fällt, wie sie vorher gestiegen war, setze man in der Gleichung II. statt t zuerst $T + t_1$ und sodann $T - t_1$, substituiere in beiden Gleichungen für T den oben gefundenen Wert $\dfrac{2\,c\,sin\,\alpha}{g}$, so findet man aus beiden für y den nämlichen Wert, nämlich $\dfrac{c^2\,sin^2\,\alpha}{2\,g} - \dfrac{1}{2}\,g\,t_1^2 = H - \dfrac{1}{2}\,g\,t_1^2$, welcher Ausdruck ein Maximum wird, wenn $t_1 = 0$, also die zur Erreichung dieser Höhe erforderliche Zeit $\frac{1}{2}\,T$ ist.

17.   a) Nach voriger Aufgabe ist die Wurfweite $W = \dfrac{c^2}{g}\,sin\,2\,\alpha$; nun ist aber $sin\,2\,\alpha = sin\,(180^0 - 2\,\alpha) = sin\,[2\,(90^0 - \alpha)]$, folglich W auch $= \dfrac{c^2}{g}\,sin\,[2\,(90^0 - \alpha)]$.

b) Nein. Die den komplementären Elevationswinkeln entsprechenden Wurfweiten verhalten sich wie $sin\,\alpha : cos\,\alpha$, und die Wurfhöhen wie $sin^2\,\alpha : cos^2\,\alpha$.

18.   Aus Auflösung zu 16 a) folgt, daß bei gleicher Geschwindigkeit W am größten sein muß, wenn $sin\,2\,\alpha$ am größten, d. h. wenn $\alpha = 45^0$, also $sin\,2\,\alpha = 1$ ist. Da nun in diesem Falle $W = \dfrac{c^2}{g}$, $H = \dfrac{c^2}{2\,g}\left(\sqrt{\dfrac{1}{2}}\right)^2 = \dfrac{c^2}{4\,g}$, so ergiebt sich die Wurfweite viermal so groß als die Wurfhöhe.

19. $W = 141{,}25\,\text{m}$; $H = 20{,}4\,\text{m}$; $T = 4{,}08$ Sekunden.

$W = 163{,}1\,\text{m}$; $H = 40{,}78\,\text{m}$; $T = 5{,}76$ Sekunden.

20.   In einer Höhe von $800 \cdot 2{,}5 \cdot sin\,15^0 - \frac{1}{2} \cdot 9{,}81 \cdot (2{,}5)^2 = 517{,}6 - 30{,}66 = 486{,}94\,\text{m}$.

21.   Aus $sin\,\alpha = \sqrt{\dfrac{2 \cdot 9{,}81 \cdot 400}{120^2}} = 0{,}73824$ folgt $\alpha = 47^0 35'$.

22.   a) Aus Aufgabe 16 a) folgt $sin\,2\,\alpha = \dfrac{e\,g}{c^2}$ und daraus $\alpha = 7^0 49{,}5'$.

b) Die Gleichung III. der Aufgabe 15, b) wird, wenn man darin $1 + tg^2\alpha$ statt $\dfrac{1}{cos^2\alpha}$ setzt, $y = x\,tg\,\alpha - x^2\,\dfrac{g\,(1 + tg^2\alpha)}{2\,c^2}$, woraus

folgt $tg^2\alpha - \dfrac{2\,c^2}{g\,x}\,tg\,\alpha = -1 - \dfrac{2\,c^2 y}{g\,x^2}$,

$$\text{also I.}\quad tg\,\alpha = \frac{c^2}{g\,x} \pm \sqrt{\left(\frac{c^2}{g\,x}\right)^2 - 1 - 2\cdot\frac{c^2}{g\,x}\cdot\frac{y}{x}}.$$

Wenn man nun der Aufgabe gemäß $x = e$, $y = e\,tg\,\beta$ gesetzt und den Wert von $\dfrac{c^2}{g\,e} = n$ berechnet hat, so ist

$$\text{II.}\quad tg\,\alpha = n \pm \sqrt{n^2 - 1 - 2\,n\,tg\,\beta}.$$

Aus der Gleichung folgen zwei Werte für α, im Falle aber $n^2 - 1 - 2\,n\,tg\,\beta = 0$, also $tg\,\beta = \dfrac{n^2 - 1}{2\,n}$ ist, nur einer, und die Gleichung wird unmöglich, wenn $tg\,\beta > \dfrac{n^2 - 1}{2\,n}$.

Für $\beta = 0$ wird $2\,n\,tg\,\beta = 0$, also $tg\,\alpha = n \pm \sqrt{n^2 - 1}$.

Für einen negativen Wert von β, d. h. wenn der zu bewerfende Punkt unter der Horizontalen $A\,X$ liegt, wird $tg\,\beta$ negativ, also die Gleichung:

$$tg\,\alpha = n \pm \sqrt{n^2 - 1 + 2\,n\,tg\,\beta}.$$

In Anwendung auf die numerischen Werte der Aufgabe erhält man $n = 3{,}7068$, $n^2 = 13{,}7403$, $2\,n\,tg\,\beta = 0{,}6486$, und mit diesen Werten

für $\beta = 5^0$ . . . . . $\alpha_1 = 82^0\,4{,}5'$ (Bogenschuß); $\alpha_2 = 12^0\,56{,}5'$ (scharfer Schuß);

für $\beta = 0$ . . . . . $\alpha_1 = 82^0\,10{,}5$; $\alpha^2 = 7^0\,49{,}5'$,

welche zwei Winkel, wovon der letztere schon oben in a) gefunden ist, zu 90^0 sich ergänzen (siehe Aufgabe 17, a), was im vorigen und nachfolgenden Fall nicht stattfinden kann,

für $\beta = -5^0$ . . . . $\alpha_1 = 82^0\,17{,}1'$; $\alpha_2 = 2^0\,43{,}9'$.

c) unter b) erledigt.

23. $\quad H = \dfrac{30^2\cdot sin^2\,60^0}{2\cdot 9{,}81} = 45{,}87\cdot sin^2\,60^0 = 34{,}4\ \text{m}$,

$\quad W = 2\cdot 45{,}87\cdot sin\,120^0 = 79{,}45\ \text{m}$.

24. Sie sind einander gleich, wie überhaupt die Wurf= oder Sprungweiten bei zwei Elevationswinkeln, die sich einander zu 90^0 ergänzen (siehe 17).

25. Setzt man in der Gleichung $g = x\,tg\,\alpha - x^2\,\dfrac{g}{2\,c^2\,cos\,\alpha^2}$

$$y = H - y_1 = \frac{c^2}{2\,g}\,sin^2\,\alpha - Y_1$$

$$x = \frac{1}{2}\,W + x_1 = \frac{c^2\,sin\,\alpha\,cos\,\alpha}{g} + x_1$$

(d. h. bezüglich des Punktes L in Fig. 33 $y = ML = BC - CP$; $x = AM = AB + PL$), so erhält man $x_1^2 = \dfrac{2\,c^2\,\cos^2 \alpha}{g}\, y_1$, woraus man erkennt, daß die Wurfbahn eine Parabel ist. Man kann aber natür= lich dafür $x^2 = \dfrac{2\,c^2\,\cos^2 \alpha}{g}\, y$ schreiben, wenn man sich merkt, daß bei dieser Form der Gleichung die Koordinaten x und y vom Scheitelpunkte der Wurf= bahn genommen sind. Die Gleichung geht für $\alpha = 0$ in die schon in 13 gefundene über.

<hr>

Auflösungen zu VII.

---

1.   Die Lineargeschwindigkeit ist $= \dfrac{2\,\pi\,r}{t}$, die Winkelgeschwindigkeit $= \dfrac{2\,\pi}{t}$, da man unter Winkelgeschwindigkeit die Geschwindigkeit eines Körpers in einem Kreise vom Halbmesser $= 1$ versteht ($4{,}7124$ m; $1{,}5708$ m).

2. $v = \dfrac{3 \cdot 3{,}1416 \cdot 40}{60} = 6{,}283$ m.

3.   Die erstere $= \dfrac{5400 \cdot 7420}{24 \cdot 60 \cdot 60} = 466{,}25$ m,

die letztere $= \dfrac{2 \cdot 3{,}1416}{24 \cdot 60 \cdot 60} = 0{,}0000727$.

4.   Aus $\dfrac{n\,d\,\pi}{60} = c$ folgt $d = \dfrac{60\,c}{n\,\pi} = 1{,}43$ m.

5. $F = \dfrac{c^2}{r} \cdot \dfrac{G}{g} = \dfrac{3^2}{0{,}5} \cdot \dfrac{109}{9{,}81} = 200$ g. Der Faden muß also ein Ge= wicht von wenigstens 200 g tragen können, wenn er durch die Gegenwirkung der rotierenden Masse nicht zerrissen werden soll. Die Zentripetalbeschleuni= gung beträgt $\dfrac{3^2}{0{,}5} = 18$ m.

6. $F = \dfrac{3^2}{2} \cdot \dfrac{65{,}4}{9{,}81} = 30$ kg, oder die Zentripetalkraft ist $\dfrac{50}{109}$ mal so groß wie das Gewicht des Körpers.

7.   Aus $F = \dfrac{c^2}{r} \cdot \dfrac{G}{g}$ folgt, wenn man der Bedingung der Aufgabe gemäß

$F = G$ setzt, $\dfrac{c^2}{r\,g} = 1$; also muß $F = G$ sein, wenn entweder $c = \sqrt{r\,g}$

oder $r = \dfrac{c^2}{g}$ oder $g = \dfrac{c^2}{r}$ ist.

In der vorhergehenden Aufgabe würde also die Ablenkungskraft dem Gewicht des Körpers gleich sein, wenn entweder $r = 0{,}9174$ m, oder $c = 4{,}4295$ m, oder $g = 4{,}5$ m wäre.

8. Bezeichnen wir die Zentrifugalkraft der ersten Kugel mit F_1, die der zweiten mit F_2, so haben wir

$$F_1 = \frac{c^2}{r} \cdot \frac{G}{g} = \frac{\left(\dfrac{2\,r\,\pi}{t}\right)^2}{r} \cdot \frac{G}{g} = \frac{4\,\pi^2 r}{t^2} \cdot \frac{G}{g} = \frac{4\,\pi^2 \cdot 0{,}15 \cdot 6}{t^2 g} \ \text{Gramm},$$

$$F_2 = \frac{4\,\pi^2 \cdot x \cdot 2}{t^2 g} \ \text{Gramm, wo } x \text{ die gesuchte Entfernung bezeichnet. Nun}$$

muß der Bedingung der Aufgabe gemäß $F_1 = F_2$, also $0{,}15 \cdot 6 = x \cdot 2$ sein, woraus $x = 0{,}45$ m folgt.

9. Wenn der Wagen nicht aus den Schienen getrieben werden soll, darf offenbar das Drehungsmoment der Zentrifugalkraft am Wagen höchstens dem der Schwerkraft (beide Momente auf die äußere Bahnschiene bezogen) gleich sein. Das Drehungsmoment der Zentrifugalkraft am Wagen ist $= 1{,}2 \cdot \dfrac{v^2}{72} \cdot \dfrac{G}{g}$, das Drehungsmoment der Schwerkraft $= 0{,}75\,G$. Aus der Gleichsetzung dieser beiden Momente ergiebt sich $v^2 = \dfrac{72 \cdot 1{,}5 \cdot 9{,}81}{2 \cdot 1{,}2}$ $= 436{,}45$, also $v = 20{,}9$ m.

10. Bezeichnet c die Geschwindigkeit des Körpers, so hat man (Lehrbuch §. 45)

$$f_0 = \frac{c^2}{r} = \frac{4\,\pi^2 r}{t^2} = 0{,}0339 \ \text{m}.$$

11. Bezeichnet g_0 die beobachtete Beschleunigung der Schwerkraft am Äquator, G aber die Beschleunigung der Erdanziehung, welche am Äquator stattfinden würde, wenn sich die Erde nicht drehte (in welcher also noch die Ablenkungskraft enthalten ist), so findet sich mittels des in der vorhergehenden Aufgabe gefundenen Wertes von f_0

$$G = g_0 + f_0 = 9{,}7806 + 0{,}0339 = 9{,}8145 \ \text{m},$$
$$\text{und } \frac{f_0}{g_0} = \frac{0{,}0339}{0{,}7806} = \frac{1}{288{,}5},$$

die Beschleunigung der Schwerkraft ist also am Äquator nahe 289 mal so groß wie die Zentripetalbeschleunigung.

12. Für diesen Fall müßte die Zentripetalbeschleunigung f_0 der Beschleunigung der Schwerkraft gleich, also der vorhergehenden Aufgabe gemäß 289 mal so groß sein, wie sie wirklich ist, folglich müßte, da $f_0 = \dfrac{c^2}{r}$ ist, r aber unverändert bleibt, c^2 289 mal, d. h. c müßte 17 mal so groß sein, als dies jetzt der Fall ist.

13. Nach dem Vorhergehenden müßte die Geschwindigkeit des Körpers wenig=
stens 17 mal so groß sein, als die Umdrehungsgeschwindigkeit der Erde, d. h.
$17 \cdot 469$ m.

14. Bezeichnet r den Halbmesser der als kugelförmig angenommenen Erde
und t ihre Umlaufszeit, so ist die Beschleunigung der Ablenkungskraft eines
Körpers (Fig. 34)

$$\text{an einem Punkte } A \text{ des Äquators} = \frac{4\pi^2 r}{t^2} = f_0,$$

$$\text{also an einem Punkte } B \text{ in der Breite } \varphi = \frac{4\pi^2 r \cos\varphi}{t^2} = f_0 \cos\varphi.$$

Stellt nun BE die Beschleunigung G der Anziehungskraft der Erde, d. h.
derjenigen, welche an der Oberfläche der Erde stattfinden würde, wenn sie sich

Fig. 34.

nicht drehte (in welcher also noch die Ab=
lenkungskraft enthalten ist), sowie BD die
Beschleunigung der Ablenkungskraft am
Punkte B dar, so ergiebt sich durch Zer=
legung von BE in die beiden Komponenten
BD und BF diese letztere BF als die
Beschleunigung g_φ der Schwerkraft im
Punkte B*). Fällt man FG senkrecht
auf BE, so ist $EG = EF \cdot \cos\varphi$
$= BD \cdot \cos\varphi$, oder, da $BD = f_0 \cos\varphi$
ist, $EG = f_0 \cos^2\varphi$. Wegen der Klein=
heit des Winkels EBF**) kann man
$BF = BG = BE - EG$ setzen;
also ist $g_\varphi = G - f_0 \cos^2\varphi = G - f_0 + f_0 \sin^2\varphi$, oder, da
$G - f_0 = g_0$, d. h. der Beschleunigung der Schwerkraft am Äquator ist,
$g_\varphi = g_0 + f_0 \sin^2\varphi$, woraus $g_\varphi - g_0 = f \sin^2\varphi$ folgt, was zu be=
weisen war.

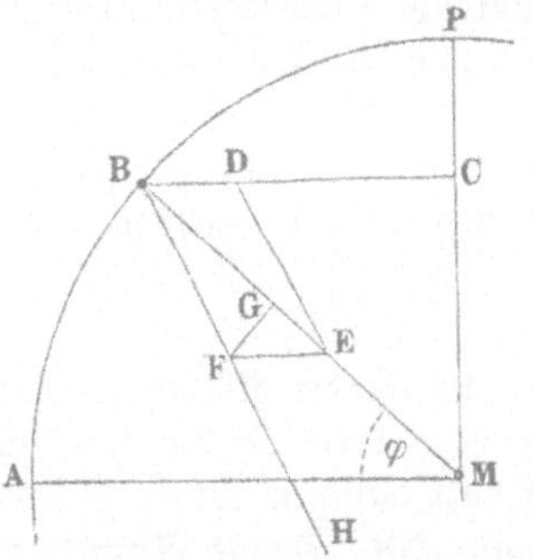

15. Aus der vorhergehenden Auflösung folgt $g_\varphi = g_0 \left(1 + \dfrac{f_0}{g_0} \sin^2\varphi\right)$,

oder, da $\dfrac{f_0}{g_0} = \dfrac{1}{289}$ (Aufgabe 11), $g_\varphi = g_0 \left(1 + \dfrac{1}{289} \sin^2\varphi\right)$, und

daraus für $\varphi = 90^0$, $g_{90} = g_0 \left(1 + \dfrac{1}{289}\right)$, also die Zunahme der

Schwere am Pole $= \dfrac{1}{289} g_0$.

16. Aus der Formel der Aufgabe ergiebt sich, weil $\sin 90^0 = 1$, $g_{90} = g_0$
$(1 + 0{,}0052)$, also ist die Zunahme der Schwere am Pol $= 0{,}0052\, g_0$

---

*) Nämlich desjenigen Teiles der Anziehungskraft der Erde, in welcher die Ab=
lenkungskraft nicht mehr steckt.

**) $\angle\, EBF$ ist in der Breite von 45^0, wo er seinen größten Wert hat, nur
nahe $= 6$ Minuten (Lehrbuch §. 94, 2).

oder nahe $= \frac{1}{200}\, g_0$, woraus bei Vergleichung mit dem Resultat der vorigen Aufgabe hervorgeht, daß die Erde nicht eine kugelförmige, sondern eine abgeplattete Gestalt haben muß.

17. Da $sin^2\ 45^0 = 0{,}5$ ist, $g_{45} = g_0\ (1 + 0{,}0026) = 9{,}8060\ \text{m}$.

18. Die Geschwindigkeit des Mondes in seiner Bahn ist

$$= \frac{2\,\pi\ .\ 60\,r}{27{,}3\ .\ 24\ .\ 60\ .\ 60} = c,\ \text{ also } f = \frac{c^2}{60\,r} = 0{,}002712\ \text{m}.$$

19. Die Beschleunigung des Falles der Erde gegen die Sonne oder die Zentripetalbeschleunigung der Erde ist $= \dfrac{(4{,}12)^2}{21\,000\,000}$ Meilen $= \dfrac{(4{,}12)^2\ .\ 7420}{21\,000\,000}$

$= 0{,}006\ \text{m}$, also würde der Fallraum während der ersten Sekunde $= 0{,}003\ \text{m}$, folglich während der ersten Minute $= 0{,}003\ .\ 60^2 = 10{,}8\ \text{m}$.

20. Die Beschleunigung des Falles des Mondes gegen die Erde ist (nach Aufgabe 18) $= 0{,}002712$, also sein Fallraum während der ersten Minute $= {}^1/_2\ .\ 0{,}002712\ .\ 60^2 = 4{,}88\ \text{m}$. Da nun die Sonne 400 mal so weit von der Erde entfernt ist als der Mond, also jeder Massenteil der Sonne von der Erde 160 000 mal so wenig angezogen wird, als ein gleicher des Mondes, so ist der Fallraum der Sonne nach der Erde während der ersten

Minute $= \dfrac{4{,}88}{160\,000} = 0{,}0000305\ \text{m}$.

21. Da sich die Massen zweier aneinander anziehenden Körper zu einander umgekehrt verhalten, wie ihre Beschleunigungen oder wie die vom Anfang der Bewegung an während gleicher Zeiten zurückgelegten Wege, so hat man im vorliegenden Falle $M : 1 = 10{,}8 : 0{,}0000305$, woraus $M = 354\,100$

(s. Auflösungen zu 19 und 20), $D = \dfrac{M}{V} = \dfrac{354\,100}{1\,400\,000} = {}^1/_4$ beiläufig.

22. Wäre der Halbmesser der Sonne gleich dem der Erde, so würde die Anziehung auf der Sonnenoberfläche 360 000 mal so groß sein (wenn wir 360 000 für 354 100 nehmen), wie auf der Erdoberfläche, weil nach voriger Auflösung die Masse der Sonne 360 000 mal so groß ist, wie die der Erde. Da aber der Sonnenhalbmesser 112 mal so groß ist, wie der Erdhalbmesser, also ein Körper an der Sonnenoberfläche 112 mal so weit von ihrem Mittelpunkte (in welchem wir uns ihre Masse vereinigt denken können) entfernt ist, als vorhin angenommen wurde, so wird die Anziehung an der Sonnenoberfläche 112^2 oder 12 544 mal so gering, wie die oben angegebene, also nur $\dfrac{360\,000}{12\,544}$ oder 28 mal stärker sein, wie die an der Erdoberfläche, d. h. ein Körper wird an der Oberfläche der Sonne 28 mal so viel Gewicht haben, wie an der Oberfläche der Erde.

23. Bezeichnet x die Beschleunigung, welche die Erdmasse M jeder Masseneinheit des Steines zu erteilen strebt, und m die Masse des Steines, so drückt $m\,x$ die Kraft aus, mit welcher der Stein von der Erdmasse angezogen wird (II, 3). Ist dagegen y die Beschleunigung, welche der Stein jeder Massen-

einheit der Erde zu erteilen strebt, so giebt My die Kraft an, mit welcher die Erde vom Stein angezogen wird. Folglich muß nach dem Gravitationsgesetz $My = mx$ sein, d. h. die Beschleunigungen der beiden Körper verhalten sich umgekehrt wie ihre Massen. Daraus folgt $y = \dfrac{m}{M} x$. Da nun m gegen M verschwindend klein ist, so muß auch y gegen x, also die Bewegung der Erde gegen die des Steines verschwindend klein sein.

24. Nein! Das angeführte Gesetz bezieht sich nur auf außerhalb der Erde befindliche Körper, da nur auf diese die Anziehung der ganzen Erdkugel im Sinne der Bewegung nach dem Mittelpunkte zu wirkt, während ein im Innern der Erde befindlicher Körper nur durch einen Teil der Kugelmasse in dieser Richtung, durch den übrigen Teil aber in entgegengesetzter Richtung angezogen wird. Die Erde von überall gleicher Dichte vorausgesetzt, so läßt sich nachweisen, daß die Anziehung auf einen in ihrem Innern befindlichen materiellen Punkt derjenigen einer kleineren Erdkugel gleich ist, welche die Entfernung jenes Punktes vom Erdmittelpunkte zum Halbmesser hat. Im Mittelpunkte der Erde wird daher ein Körper gar kein Gewicht haben.

25. Aus $\dfrac{g}{x} = \dfrac{(r+h)^2}{r^2} = \left(1 + \dfrac{h}{r}\right)^2$ oder hinlänglich genau $= 1 + 2\,\dfrac{h}{r}$

folgt $x = g\left(1 - \dfrac{2\,h}{r}\right).$

26. Er würde seine größte Geschwindigkeit im Mittelpunkte der Erde haben und mit der nämlichen Geschwindigkeit, mit welcher er in die Erde eintrat, sie wieder verlassen.

27. Bezeichnet β die Beschleunigung, welche von zwei um die Längeneinheit voneinander entfernte Masseneinheiten jede der andern erteilt, so ist $M\beta$ die Kraft, welche von der Sonnenmasse M jeder in der Entfernung $= 1$ befindlichen Masseneinheit und $\dfrac{M\beta}{e^2}$ die Kraft, welche ihr in der Entfernung $= e$ erteilt wird*). $\dfrac{M\beta}{e^2}$ drückt also die Größe der Beschleunigung, folglich $m \cdot \dfrac{M\beta}{e^2}$ die bewegende Kraft aus, welche auf die Erdmasse m durch die Anziehung der Sonne wirkt (II, 3), und zwar in Kilogrammen, wenn β und e in Metern, sowie M und m in den Masseneinheiten der Aufgabe 4 in II. gegeben sind.

Durch ähnliche Schlüsse findet man $\dfrac{m\beta}{e^2}$ als die Beschleunigung und $M \cdot \dfrac{m\beta}{e^2}$ als die Kraft, welche auf die Sonnenmasse M wirkt.

Während also die anziehenden Kräfte der Sonne und der Erde einander

---

*) Die Massen der Sonne und der Erde werden hier in ihren Mittelpunkten konzentriert gedacht, da sich beweisen läßt, daß eine aus konzentrischen Schichten bestehende solide Kugel auf einen äußeren materiellen Punkt gerade so wirkt, als ob ihre Masse in ihrem Mittelpunkte vereinigt wäre.

gleich sind, verhalten sich die Beschleunigungen, welche sie durch die Anziehung erhalten, umgekehrt wie ihre Massen. Wenn also die beiden Himmels=körper plötzlich ohne Bewegung einander gegenüberständen, so würden sie sich in der Art gegeneinander bewegen, daß sie in gleicher Zeit Strecken zurück=legten, welche den Massen umgekehrt proportional wären, sie würden folglich in einem Punkte zusammentreffen, dessen Entfernungen von ihrer anfäng=lichen Stellung gleichfalls in jenem Verhältnis ständen. Bezeichnet x die Entfernung dieses Punktes vom Mittelpunkte der Sonne, so folgt aus

$$\frac{x}{e-x} = \frac{m}{M} \cdots x = \frac{me}{M+m}.$$ Dieser Punkt ist der Schwerpunkt bei=der Massen.

28. Bezeichnet x die gesuchte Entfernung der Masse m von der Masse M_1, so ergiebt sich nach voriger Aufgabe $\frac{m M_1 \beta}{x^2}$ als die bewegende Kraft, welche die Masse m von der Masse M_1 erhält, und $\frac{m M_2 \beta}{(d-x)^2}$ als die, welche die Masse m nach der Masse M_2 treibt, und aus der Gleichsetzung dieser beiden Ausdrücke ergiebt sich $x = \frac{M_1 \pm \sqrt{M_1 M_2}}{M_1 - M_2} \cdot d$; man findet also zwei Punkte, in welchen die Masse m gleich stark von den beiden Massen M_1 und M_2 an=gezogen wird, wovon der eine in der Verlängerung der Verbindungslinie der beiden Massen, der andere zwischen den beiden Massen liegt; aber natürlich kann die Masse m nur im letzteren Punkte in Ruhe bleiben.

29. Da die gesuchte Entfernung x kleiner sein muß, als die Entfernung zwischen Erde und Mond, so muß von den beiden in voriger Aufgabe gefundenen Werten von x der mit dem negativen Wurzelausdruck genommen werden, also

$$x = \frac{M_1 - \sqrt{M_1 M_2}}{M_1 - M_2} d = \frac{1 - \sqrt{1 \cdot \frac{1}{81}}}{1 - \frac{1}{81}} \cdot 60 = 54 \text{ Erdhalbmesser.}$$

30. Nach dem dritten Keplerschen Gesetz hat man $U^2 : u^2 = D^3 : d^3$ und daraus $d = \sqrt[3]{\frac{u^2 D^3}{U^2}} = 20 \cdot 10^6 \sqrt[3]{\frac{224{,}72^2}{365{,}262^2}} = $ nahe $14{,}5$ Millionen Meilen.

Auflösungen zu VIII.

1.   a) Man denke sich die Stange (Linie) in sehr viele gleiche Teile geteilt, bilde die Produkte aus jedem dieser Teilchen mit dem Quadrate seiner Entfernung von der Drehachse und addiere diese Produkte. Ist n die Anzahl der gleichen Teilchen, so ist $\dfrac{M}{n}$ die Masse, $\dfrac{b}{n}$ die Länge eines solchen, also, wenn das Trägheitsmoment der Stange mit $\mathfrak{M}$ bezeichnet wird,

$$\mathfrak{M} = \frac{M}{n}\left[\left(1\cdot\frac{b}{n}\right)^2 + \left(2\cdot\frac{b}{n}\right)^2 + \left(3\cdot\frac{b}{n}\right)^2 + \cdots + \left(n\cdot\frac{b}{n}\right)^2\right]$$

$$= \frac{M\,b^2}{n^3}\left(1^2 + 2^2 + 3^2 + \cdots + n^2\right)$$

oder, da, wenn n unendlich groß, $\dfrac{1}{n^3}\left(1^2 + 2^2 + 3^2 + \cdots + n^2\right) = \dfrac{1}{3}$ ist *),

$$\text{I.} \quad \mathfrak{M} = \tfrac{1}{3}\,M\,b^2,$$

d. h. die Masse $\tfrac{1}{3}\,Mb^2$, in einer der Längeneinheit gleichen Entfernung von der Achse, oder die Masse $\tfrac{1}{3}\,M$ am Ende der Stange b, oder die Masse M am Dreharm $b\sqrt{1/3}$, in einem Punkte konzentriert, leistet einer drehenden Kraft denselben Widerstand, wie die Masse M bei ihrer Verteilung auf der Stange.

   b) Man muß die Trägheitsmomente der beiden Teile b_1 und b_2 der Stange in Beziehung auf die Drehachse bestimmen und diese addieren.

Da die Masse des einen Teiles $= \dfrac{b_1}{b_1 + b_2}\,M$, die des andern $= \dfrac{b_2}{b_1 + b_2}\,M$ ist, so erhält man (nach I.)

$$\mathfrak{M} = \tfrac{1}{3}\,\frac{b_1}{b_1 + b_2}\,Mb_1^2 + \tfrac{1}{3}\,\frac{b_2}{b_1 + b_2}\,Mb_2^2 = \tfrac{1}{3}\,M\,\frac{b_1^3 + b_2^3}{b_1 + b_2}$$

oder

$$\text{II.} \quad \mathfrak{M} = \tfrac{1}{3}\,M\,(b_1^2 - b_1 b_2 + b_2^2).$$

   c) Aus II. folgt, weil hier $b_1 = b_2 = \tfrac{1}{2}b$ ist,

$$\text{III.} \quad \mathfrak{M} = \tfrac{1}{3}\,M\,(\tfrac{1}{2}\,b)^2 = \tfrac{1}{12}\,M\,b^2.$$

---

*) Denn $\dfrac{1}{n^3}\left(1^2 + 2^2 + 3^2 + \cdots + n^2\right)$ ist $= \dfrac{1}{n^3}\cdot\dfrac{n\,(n + 1)\,(2\,n + 1)}{1\,.\,2\,.\,3} =$

$\dfrac{1}{3} + \dfrac{1}{2\,n} + \dfrac{1}{6\,n^2}$; für $n = \infty$ werden aber die beiden letzten Summanden $= 0$.

2.   **a)** Denkt man sich die Länge b der Stange in n sehr kleine Teile geteilt, so ist $\dfrac{M}{n}$ die Masse und $\dfrac{b}{n}$ die Länge jedes dieser Teilchen und

das erste derselben ist von O entfernt um die Strecke $OA = a$,

„ zweite „ „ „ „ „ „ „ „ „ „ „ $OC = \sqrt{a^2 + \left(\dfrac{b}{n}\right)^2}$,

„ dritte „ „ „ „ „ „ „ „ „ $OD = \sqrt{a^2 + \left(2\dfrac{b}{n}\right)^2}$,

„ $n$te „ „ „ „ „ „ „ „ „ „ $ON = \sqrt{a^2 + \left((n-1)\dfrac{b}{n}\right)^2}$

folglich ist das gesuchte Trägheitsmoment

$$\mathfrak{M} = \frac{M}{n}\left[a^2 + \left(a^2 + \frac{b^2}{n^2}\right) + \left(a^2 + 4\cdot\frac{b^2}{n^2}\right) + \left(a^2 + 9\cdot\frac{b^2}{n^2}\right) + \cdots \right.$$
$$\left. + \left(a^2 + (n-1)^2\frac{b^2}{n^2}\right)\right]$$
$$= \frac{M}{n}\left[na^2 + \left(1^2 + 2^2 + 3^2 + \cdots + (n-1)^2\right)\frac{b^2}{n^2}\right]$$
$$= M\left[a^2 + \left(1^2 + 2^2 + 3^2 + \cdots (n-1)^2\right)\frac{b^2}{n^3}\right),$$

oder, da, wenn n unendlich groß, $\left(1^2 + 2^2 + 3^2 + \cdots + (n-1)^2\cdot\dfrac{1}{n^3}\right)$ $= \tfrac{1}{3}$ ist (s. vor. Aufg.),

I. $\mathfrak{M} = M\,(a^2 + \tfrac{1}{3}\,b^2)$.

b) Die Massen der beiden Teile b_1 und b_2 sind bezüglich $\dfrac{b_1}{b_1 + b_2}\,M$ und $\dfrac{b_2}{b_1 + b_2}\,M$, also $\mathfrak{M} = \dfrac{b_1}{b_1 + b_2}\,M\,(a^2 + \tfrac{1}{3}\,b_1^2) + \dfrac{b_2}{b_1 + b_2}\,M\,(a^2 + \tfrac{1}{3}\,b_2^2)$, oder

II. $\mathfrak{M} = M\,[a^2 + \tfrac{1}{3}\,(b_1^2 - b_1\,b_2 + b_2^2)]$.

c) Wegen $b_1 = b_2 = \tfrac{1}{2}\,b$ ist

III. $\mathfrak{M} = M\,[a^2 + \tfrac{1}{3}\,(\tfrac{1}{2}\,b)^2] = M\,(a^2 + \tfrac{1}{12}\,b^2)$.

Bemerkung. Die vorstehenden Formeln I., II., III. gehen, wenn man in ihnen $a = 0$ setzt, in die Formeln I., II., III. der vorigen Aufgabe über.

3.   Man denke sich das Dreieck AOB in n sehr schmale, auf OA senkrecht stehende Streifen zerlegt und addiere die Trägheitsmomente derselben. Jeder dieser Streifen hat eine Breite $= \dfrac{a}{n}$, der erste zunächst O liegende eine

$$\text{Höhe} = \frac{b}{n}, \text{ also eine Masse} = \frac{ab\mu}{n^2},$$

der zweite Streifen hat eine Höhe $= 2 \cdot \dfrac{b}{n}$, „ „ „ $= 2 \cdot \dfrac{ab\mu}{n^2}$,

„ dritte „ „ „ „ $= 3 \cdot \dfrac{b}{n}$, „ „ „ $= 3 \cdot \dfrac{ab\mu}{n^2}$

$$\cdot \qquad \cdot \qquad \cdot$$
$$\cdot \qquad \cdot \qquad \cdot$$
$$\cdot \qquad \cdot \qquad \cdot$$

„ $n$te „ „ „ „ $= n \cdot \dfrac{b}{n}$, „ „ „ $= n \cdot \dfrac{ab\mu}{n^2}$,

wenn μ die Masse der Flächeneinheit bezeichnet; also ist nach voriger Aufgabe das Trägheitsmoment

des ersten Streifens $= \dfrac{ab\mu}{n^2}\left[\left(\dfrac{a}{n}\right)^2 + \dfrac{1}{3}\left(\dfrac{b}{n}\right)^2\right]$,

„ zweiten „ $= 2 \cdot \dfrac{ab\mu}{n^2}\left[\left(2 \cdot \dfrac{a}{n}\right)^2 + \dfrac{1}{3}\left(2 \cdot \dfrac{b}{n}\right)^2\right]$,

„ dritten „ $= 3 \cdot \dfrac{ab\mu}{n^2}\left[\left(3 \cdot \dfrac{a}{n}\right)^2 + \dfrac{1}{3}\left(3 \cdot \dfrac{b}{n}\right)^2\right]$,

$$\cdot \qquad \cdot$$
$$\cdot \qquad \cdot$$
$$\cdot \qquad \cdot$$

„ $n$ten „ $= n \cdot \dfrac{ab\mu}{n^2}\left[\left(n \cdot \dfrac{a}{n}\right)^2 + \dfrac{1}{3}\left(n \cdot \dfrac{b}{n}\right)^2\right]$,

folglich das gesuchte Trägheitsmoment

$$\mathfrak{M} = \frac{ab\mu}{n^4}\left(1^3 + 2^3 + 3^3 + \cdots + n^3\right)\left(a^2 + \tfrac{1}{3}b^2\right),$$

oder, da, wenn n unendlich groß, $\dfrac{1}{n^4}\left(1^3 + 2^3 + 3^3 + \cdots + n^3\right)$
$= \tfrac{1}{4}$ ist*),

$$\mathfrak{M} = \frac{ab\mu}{4}\left(a^2 + \tfrac{1}{3}b^2\right) = \frac{ab\mu}{12}\left(3a^2 + b^2\right),$$

oder, wegen $\dfrac{ab\mu}{2} = M$,

$$\text{I.} \quad \mathfrak{M} = \tfrac{1}{6} M \left(3a^2 + b^2\right),$$

oder, wenn man statt der Kathete b die Hypotenuse c einführt, also $b^2 = c^2 - a^2$ setzt,

$$\text{II.} \quad \mathfrak{M} = \tfrac{1}{6} M \left(2a^2 + c^2\right).$$

---

*) Denn $\dfrac{1}{n^4}\left(1^3 + 2^3 + 3^3 + \cdots + n^3\right)$ ist $= \dfrac{1}{n^4}\dfrac{n^2(n+1)^2}{4} = \tfrac{1}{4} + \dfrac{1}{2n}$
$+ \dfrac{1}{4n^2}$, in welchem Ausdruck für $n = \infty$ die zwei letzten Summanden $= 0$ werden.

4. Da man sich das Dreieck aus zwei rechtwinkeligen Dreiecken bestehend denken kann, so folgt aus Formel II der Aufgabe 3:

$$\mathfrak{M} = \tfrac{1}{6}\,(\tfrac{1}{2}M)\,(2\,a^2 + c^2) + \tfrac{1}{6}\,(\tfrac{1}{2}M)\,(2\,a^2 + c^2) = \tfrac{1}{6}\,M\,(2\,a^2 + c^2).$$

5. Aus Formel I der Aufgabe 3 folgt, da man sich das Rechteck aus zwei rechtwinkeligen Dreiecken bestehend denken kann,

$$\mathfrak{M} = \tfrac{1}{6}\,(\tfrac{1}{2}M)\,(3\,a^2 + b^2) + \tfrac{1}{6}\,(\tfrac{1}{2}M)\,(3\,b^2 + a^2) = \tfrac{1}{3}\,M\,(a^2 + b^2).$$

6. Das regelmäßige n-Eck besteht aus n kongruenten, gleichschenkeligen Dreiecken; aus Aufgabe 4 folgt daher

$$\mathfrak{M} = n \cdot \tfrac{1}{6}\left(\frac{1}{n}\,M\right)(2\,r^2 + R^2) = \tfrac{1}{6}\,M\,(2\,r^2 + R^2).$$

7. Aus voriger Aufgabe folgt:

$$\mathfrak{M} = \tfrac{1}{6}\,M\,(2\,r^2 + r^2) = \tfrac{1}{2}\,M\,r^2.$$

8. Denkt man sich das Prisma in unendlich viele, mit der Grundfläche parallele Schichten zerlegt, so ist, wenn n die Anzahl derselben bezeichnet, die Masse jeder dieser Schichten $= \dfrac{M}{n}$ und das Trägheitsmoment einer solchen (nach Aufgabe 3, Formel I) $= \tfrac{1}{6}\,\dfrac{M}{n}\,(3\,a^2 + b^2)$, folglich das Trägheitsmoment aller n Schichten

$$\mathfrak{M} = n \cdot \tfrac{1}{6}\,\frac{M}{n}\,(3\,a^2 + b^2) = \tfrac{1}{6}\,M\,(3\,a^2 + b^2).$$

9. Das gesuchte setzt sich aus den Trägheitsmomenten zweier Prismen zusammen, wovon ein jedes ein rechtwinkeliges Dreieck von der Grundlinie $\tfrac{1}{2}\,b$ und der Höhe a zur Grundfläche und die Höhe h sowie die Masse $\tfrac{1}{2}\,M$ hat und sich um die der Kante b gegenüberliegende Kante h dreht; nach voriger Aufgabe ist daher

$$\mathfrak{M} = 2 \cdot \tfrac{1}{6}\,(\tfrac{1}{2}M)\,[3\,a^2 + (\tfrac{1}{2}b)^2] = \tfrac{1}{24}\,M\,(12\,a^2 + b^2).$$

10. Man denke sich das Prisma durch eine Ebene, die durch die Kante h geht und auf der Grundfläche senkrecht steht, in zwei Prismen zerlegt, deren

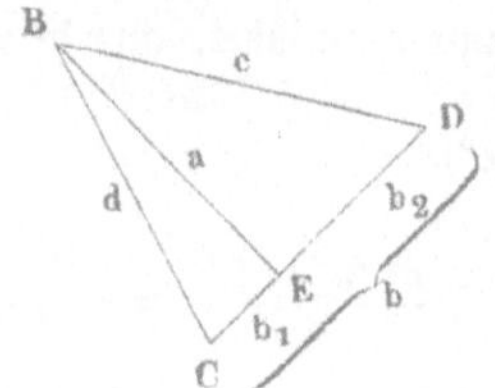

Fig. 35.

Grundfläche rechtwinkelige Dreiecke sind, bestimme deren Trägheitsmomente in Beziehung auf die Drehachse h und addiere diese. BCD (Fig. 35) sei die Grundfläche des Prismas, B der Punkt, durch welchen die Drehachse h geht, und jene Ebene schneide die Grundfläche in der Linie a, die also auf b senkrecht steht und diese in die beiden Segmente b_1 und b_2 zerlegt. Das eine der beiden Prismen hat also zur Grundfläche ein rechtwinkeliges Dreieck mit den

Katheten a und b_1, das andere ein ſolches mit den Katheten a und b_2, beide Prismen haben die gemeinſchaftliche Höhe h, alſo iſt die Maſſe des einen Prismas $= \dfrac{M b_1}{b}$, die des andern $= \dfrac{M b_2}{b}$, folglich das geſuchte Trägheitsmoment

$$\mathfrak{M} = \tfrac{1}{6} \frac{M b_1}{b} (3\,a^2 + b_1^2) + \tfrac{1}{6} \frac{M b_2}{b} (3\,a^2 + b_2^2)$$

$$= \tfrac{1}{6} M \left(3\,a^2 + \frac{b_1^3 + b_2^3}{b} \right),$$

worin noch a, b_1 und b_2 durch die Seiten b, c und d auszudrücken ſind.

Nun iſt $b_1 = \dfrac{b^2 + d^2 - c^2}{2\,b}$, $b_2 = \dfrac{b^2 + c^2 - d^2}{2\,b}$ (Ebene Geometrie, §. 47, 2),

folglich $\dfrac{b_1^3 + b_2^3}{b} = \dfrac{b^4 + 3\,c^4 - 6\,c^2 d^2 + 3\,d^4}{4\,b^2}$

und $a^2 = d^2 - b_1^2 = \dfrac{2\,b^2 c^2 + 2\,c^2 d^2 + 2\,c^2 d^2 - b^4 - c^4 - d^4}{4\,b^2}$

als nach Subſtitution dieſer Ausdrücke und gehöriger Reduktion

$$\mathfrak{M} = \tfrac{1}{12} M (3\,c^2 + 3\,d^2 - b^2).$$

11.　a) Denkt man ſich das Parallelepiped mittels einer durch die Kante h gelegten Diagonalebene in zwei gleiche Prismen geteilt, deren Grundflächen rechtwinkelige Dreiecke ſind, ſo ergiebt ſich nach Aufgabe 8:

$$\mathfrak{M} = \tfrac{1}{6} (\tfrac{1}{2} M) (3\,a^2 + b^2) + \tfrac{1}{6} (\tfrac{1}{2} M) (a^2 + 3\,b^2)$$
$$= \tfrac{1}{3} M (a^2 + b^2).$$

b) In dieſem Falle kann man ſich den Körper in zwei gleiche Parallelepipede zerlegt denken und findet nach a):

$$\mathfrak{M} = \tfrac{1}{3} (\tfrac{1}{2} M) [(\tfrac{1}{2} a)^2 + b^2] + \tfrac{1}{3} (\tfrac{1}{2} M) [(\tfrac{1}{2} a)^2 + b^2]$$
$$= \tfrac{1}{12} M (a^2 + 4\,b^2).$$

c) $\mathfrak{M} = 4 \cdot \tfrac{1}{3} (\tfrac{1}{4} M) [(\tfrac{1}{2} a)^2 + (\tfrac{1}{2} b)^2] = \tfrac{1}{12} M (a^2 + b^2).$

12.　Durch ähnliche Schlüſſe wie in Aufgabe 8 findet man aus Aufgabe 7:

$$\mathfrak{M} = \tfrac{1}{2} M r^2.$$

13.　Ein maſſiver Cylinder von der gleichen Dichte wie die Maſſe M des hohlen Cylinders würde bei einem Halbmeſſer $= R$ die Maſſe $\dfrac{M R^2}{R^2 - r^2}$ und bei einem Halbmeſſer $= r$ die Maſſe $\dfrac{M r^2}{R^2 - r^2}$ haben, alſo iſt der vorigen Aufgabe entſprechend:

$$\mathfrak{M} = \tfrac{1}{2} \frac{M R^2}{R^2 - r^2} \cdot R^2 - \tfrac{1}{2} \frac{M r^2}{R^2 - r^2} \cdot r^2 = \tfrac{1}{2} M (R^2 + r^2).$$

14.   Man denke sich (Fig. 36) die Höhe $CD = h$ des Kugelsegmentes in n gleiche Teile geteilt und durch die Teilungspunkte Ebenen parallel mit der Grundfläche AB gelegt, so kann man sich, wenn man n unendlich groß annimmt, das Segment aus unendlich vielen Cylindern bestehend denken, wovon jeder die Höhe $\frac{h}{n}$ hat,

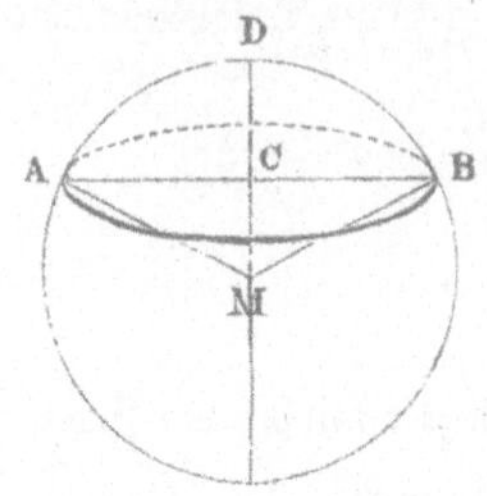
Fig. 36.

während die Quadrate der Radien ihrer Grundflächen (in der Reihe von D nach C genommen) gleich sind: $\left(2r - \frac{h}{n}\right)\frac{h}{n}$,

$$\left(2r - 2\cdot\frac{h}{n}\right)2\cdot\frac{h}{n}, \quad \left(2r - 3\cdot\frac{h}{n}\right)3\cdot\frac{h}{n}, \cdots \left(2r - n\cdot\frac{h}{n}\right)n\cdot\frac{h}{n}\,{}^*),$$

also, wenn μ die Masse der Kubikeinheit bezeichnet,

$$\text{die Masse des ersten Cylinders} = \left[\left(2r - \frac{h}{n}\right)\frac{h}{n}\right]\pi\cdot\frac{h}{n}\,\mu,$$

$$= \left(2r - \frac{h}{n}\right)\left(\frac{h}{n}\right)^2\pi\mu,$$

$$\text{\textquotedbl \quad \textquotedbl \quad \textquotedbl \quad zweiten \quad \textquotedbl} = \left(2r - 2\,\frac{h}{n}\right)2\left(\frac{h}{n}\right)^2\pi\mu,$$

$$\text{\textquotedbl \quad \textquotedbl \quad \textquotedbl \quad dritten \quad \textquotedbl} = \left(2r - 3\,\frac{h}{n}\right)3\left(\frac{h}{n}\right)^2\pi\mu,$$

$$\vdots \qquad\qquad \vdots$$

$$\text{\textquotedbl \quad \textquotedbl \quad \textquotedbl \quad $n$ten \quad \textquotedbl} = \left(2r - n\,\frac{h}{n}\right)n\left(\frac{h}{n}\right)^2\pi\mu,$$

also nach Aufgabe 12 das Trägheitsmoment

$$\text{des ersten Cylinders} = \frac{1}{2}\left[\left(2r - \frac{h}{n}\right)\left(\frac{h}{n}\right)^2\pi\mu\right]\left[\left(2r - \frac{h}{n}\right)\frac{h}{n}\right]$$

$$= \frac{1}{2}\left(\frac{h}{n}\right)^3\pi\mu\left[4r^2 - 4r\,\frac{h}{n} + \left(\frac{h}{n}\right)^2\right],$$

$$\text{\textquotedbl zweiten \quad \textquotedbl} = \frac{1}{2}\left(\frac{h}{n}\right)^3\pi\mu\left[2^2.4r^2 - 2^3.4r\,\frac{h}{n} + 2^4\left(\frac{h}{n}\right)^2\right],$$

$$\text{\textquotedbl dritten \quad \textquotedbl} = \frac{1}{2}\left(\frac{h}{n}\right)^2\pi\mu\left[3^2.4r^2 - 3^3.4r\,\frac{h}{n} + 3^4\left(\frac{h}{n}\right)^2\right],$$

$$\vdots \qquad\qquad \vdots$$

$$\text{\textquotedbl $n$ten \quad \textquotedbl} = \frac{1}{2}\left(\frac{h}{n}\right)^3\pi\mu\left[n^2.4r^2 - n^3.4r\,\frac{h}{n} + n^4\left(\frac{h}{n}\right)^2\right].$$

${}^*)$ Da CA die mittlere Proportionale zwischen EC und CD ist, so hat man $CA^2 = EC . CD = (2r - h)\,h$ u. s. w.

Durch Addition erhält man

$$\mathfrak{M} = \frac{1}{2}\left(\frac{h}{n}\right)^3 \pi\mu \left[4r^2 (1^2 + 2^2 + 3^2 + \cdots + n^2) \right.$$

$$- 4r\frac{h}{n}(1^3 + 2^3 + 3^3 + \cdots + n^3)$$

$$\left. + \frac{h^2}{n^2}(1^4 + 2^4 + 3^4 + \cdots + n^4) \right]$$

$$= \frac{1}{2}h^3\pi\mu \left[3r^2\frac{1}{n^3}(1^2 + 2^2 + 3^2 + \cdots + n^2) \right.$$

$$- 4r\frac{h}{n}\cdot\frac{1}{n^4}(1^3 + 2^3 + 3^3 + \cdots + n^3)$$

$$\left. + h^2\cdot\frac{1}{n^5}(1^4 + 2^4 + 3^4 + \cdots + n^4) \right]$$

$$= \frac{1}{2}h^3\pi\mu \left(\frac{4r^2}{3} - \frac{4rh}{4} + \frac{h^2}{5}\right)$$

$$= \frac{1}{30}h^3\pi\mu (20r^2 - 15rh + 3h^2).$$

Es ist aber $M = (r - \frac{1}{3}h)\,h^2\pi\mu$, und daraus ergiebt sich $\frac{1}{30}h^3\pi\mu$

$$= \frac{Mh}{30r - 10h}, \text{ folglich nach Substitution dieses Ausdrucks}$$

$$\mathfrak{M} = \frac{Mh}{30r - 10h}(20r^2 - 15rh + 3h^2).$$

15. Setzt man in die Formel der vorigen Aufgabe $2r$ statt h, so erhält man für die Kugel

$$\mathfrak{M} = \tfrac{2}{5}Mr^2.$$

16. Das Prisma hat ein Gewicht von $\dfrac{6\cdot 10}{2}\cdot 4\cdot 0{,}007 = 0{,}84\,\mathrm{kg}$, also

eine Masse von $\dfrac{0{,}84}{9{,}81}$ Masseneinheiten (siehe II., 5), folglich ist nach Aufgabe 9:

$$\mathfrak{M} = \frac{1}{24}\cdot\frac{0{,}84}{9{,}81}(12\cdot 10^2 + 6^2) = \frac{43{,}26}{9{,}81} \text{ Masseneinheiten oder}$$

$43{,}26\,\mathrm{kg}$ in der Entfernung eines Zentimeters von der Drehachse, d. h.:

Eine Masse von $\dfrac{43{,}26}{9{,}81}$ Masseneinheiten oder $43{,}26\,\mathrm{kg}$, die in der Entfernung eines Zentimeters von der Drehachse in einem Punkte konzentriert wäre, würde vermöge ihrer Trägheit einer bewegenden Kraft den nämlichen Widerstand leisten, wie die Masse des Prismas in ihrer Verteilung.

Gewöhnlich wird das Trägheitsmoment nur durch das Gewicht der Masse angegeben, die man sich in der Entfernung der zu Grunde gelegten Längeneinheit (hier 1 cm) angebracht denkt, also im vorliegenden Falle kurz so berechnet und ausgedrückt:

$$\mathfrak{M} = \frac{1}{24} \cdot 0{,}84\,(12 \cdot 10^2 + 6^2) = 43{,}26\,\mathrm{kg}.$$

17. $\mathfrak{M} = \dfrac{43{,}26}{100^2} = 0{,}004326\,\mathrm{kg}$ (Lehrb. §. 51, 2, I).

18.   Das Volumen des Cylinders ist $= (0{,}2)^2 . 3{,}1416 . 0{,}5 = 0{,}062832\,\mathrm{cbm}$ $= 62{,}832\,\mathrm{cdm}$, sein Gewicht also $= 62{,}832 . 7{,}2 = 452{,}39\,\mathrm{kg}$, folglich nach Aufgabe 12:

$$\mathfrak{M} = \tfrac{1}{2} . 452{,}39\,(0{,}2)^2 = 9{,}0478\,\mathrm{kg}, \text{ oder } \frac{9{,}0478}{9{,}81} \text{ Masseneinheiten}$$

in der Entfernung eines Meters von der Drehachse (vergleiche Aufgabe 16).

19. $Q = \dfrac{9{,}0478}{(0{,}2)^2} = 226{,}195\,\mathrm{kg}.$

20.   Die Masse M der Pendellinse wiegt $5{,}87823\,\mathrm{kg}$, und ihr Trägheitsmoment $\mathfrak{M}$ in Beziehung auf die durch den Schwerpunkt gehende (geometr.) Achse ist (nach Aufg. 14) $= 0{,}02902\,\mathrm{kg}$ in der Entfernung eines Meters von der Drehachse, folglich ihr Trägheitsmoment in Beziehung auf eine mit jener parallele und um die Strecke $e = 0{,}99\,\mathrm{m}$ von ihr entfernte Achse (nach §. 51, 3 d. Lehrb.):

$$\mathfrak{M}_1 = \mathfrak{M} + Me^2 = 0{,}02902 + 5{,}87823 . 0{,}99^2 = 5{,}79027\,\mathrm{kg}$$

in der Entfernung eines Meters von der Drehachse.

21.   Das Trägheitsmoment des Radkranzes ist nach Aufgabe 13:

$$\mathfrak{M} = \tfrac{1}{2}\,G_1\,(R^2 + r^2),$$

das der sechs Radarme, wenn man sie bis zum Mittelpunkte rechnet, dafür aber die Nabe unberücksichtigt läßt (nach Aufgabe 11, b):

$$\mathfrak{M}_2 = 6 . \tfrac{1}{12}\,G_2\,(b^2 + 4\,r^2);$$

folglich das gesuchte Trägheitsmoment:

$$\mathfrak{M} = \mathfrak{M}_1 + \mathfrak{M}_2 = \tfrac{1}{2}\,G_1\,(R^2 + r^2) + 6 . \tfrac{1}{12}\,G_2\,(b^2 + 4\,r^2)$$
$$= 51\,200\,\mathrm{kg} \text{ in der Entfernung eines Meters von der Drehachse.}$$

22.   Die Länge des einfachen Pendels, das die gleiche Schwingungszeit wie das vorliegende zusammengesetzte Pendel hat, ist (nach §. 60, 1 d. Lehrbuchs) sowohl $= \dfrac{g\,T^2}{\pi^2}$, als auch, wenn M die Masse des Körpers bezeichnet, $= \dfrac{\mathfrak{M}}{Me}$, und aus der Gleichsetzung dieser Ausdrücke findet sich $\mathfrak{M} = \dfrac{Mg\,e\,T^2}{\pi^2}$ $= \dfrac{Q\,e\,T^2}{\pi^2}.$

Auflösungen zu IX.

1. $l_1 : l_2 = 150^2 : 120^2 = 25 : 16.$

2. $t = 3,1416 \sqrt{\dfrac{1}{9,808}} = 1,0031$ Sekunden.

3. $l = \dfrac{9,808 \cdot 2,5^2}{3,1416^2} = 6,212\,\mathrm{m}.$

4. $g = \dfrac{3,1416^2 \cdot 3,97501}{2^2} = 9,80792\,\mathrm{m}.$

5. $g_0 = \pi^2 \cdot L_0 = 0,978103\,\mathrm{m}.$

6. $L = \dfrac{g}{\pi^2} = \dfrac{9,808}{3,1416^2} = 0,9937\,\mathrm{m} = 3,166$ preuß. Fuß.

7. $\dfrac{l \cdot n^2}{t^2 \cdot 60^2} = \dfrac{1 \cdot 239^2}{4^2 \cdot 60^2} = 0,992\,\mathrm{m}.$

8. Aus $\sqrt{1,25541} : \sqrt{0,994277} = 60 : x$ folgt $x = 53,4.$

9. Bezeichnen wir die Anzahl der in 24 Stunden enthaltenen Sekunden, nämlich 86 400, der Kürze wegen mit N, und die Anzahl der Schwingungen, welche das Pendel täglich weniger als N macht, mit n, so hat man, da sich die Pendellängen umgekehrt wie die Quadrate der Schwingungszahlen verhalten: $(L + d) : L = N^2 : (N - n)^2$ oder

$$\frac{L + d}{L} = \frac{N^2}{(N - n)^2} = 1 + \frac{2\,n}{N} + \cdots,$$

wenn man nämlich die höheren Potenzen von $\dfrac{n}{N}$ unberücksichtigt läßt. Daraus ergiebt sich $n = \dfrac{d \cdot N}{2\,L}.$

10. a) Bezeichnet L_0 die Länge des Sekundenpendels am Äquator, L_1 diejenige am Pole, so erhält man die Anzahl n der Schwingungen, welche das Pendel L_0 am Pole während 24 Stunden machen würde, aus der Proportion $n^2 : 86\,400^2 = L_1 : L_0$, nämlich $n = 86\,400 \cdot \sqrt{\dfrac{L_1}{L_0}}$, also nach Substitution der Werte von L_1 und L_0 aus Tabelle 6 im Anhang:

$$n = 86\,400 \sqrt{\frac{3,17388}{3,15750}} = 86\,623,$$

also würde das Pendel L_0 am Pole 223 Schwingungen täglich mehr machen als am Äquator, die Uhr also um ebensoviel Sekunden, d. h. 3 Minuten 43 Sekunden vorgehen.

b) Aus $L : (L - x) = N^2 : (N - n)^2$ folgt $x = \left(2 - \dfrac{n}{N}\right)\dfrac{n}{N} \cdot L$
$= 0{,}002942\,\mathrm{m}$.

11. Die Schwingungsebene des Pendels dreht sich in 24 Stunden um $285{,}6^0$, also in **einer** Stunde um $11{,}9^0$, und würde einen vollständigen Umlauf in $\dfrac{360}{11{,}9} = 30{,}25$ Stunden machen.

12. Für Berlin ist $L = 0{,}99419$ m $= 3{,}16749$ pr. Fuß.
„ Kassel „ $L = 0{,}994117$ „ $= 3{,}16745$ „ „
„ Hanau „ $L = 0{,}994014$ „ $= 3{,}16713$ „ „

13. Bezeichnen wir die Beschleunigung der Schwere am Meeresspiegel mit g, in der Höhe h mit g_1, so erhalten wir aus

$$g_1 : g = r^2 : (r + h)^2, \quad g_1 = g\,\frac{r^2}{(r + h)^2} = g\,\frac{r^2}{r^2 + 2hr + h^2}$$

$= g\left(1 - \dfrac{2h}{r} + \cdots\right)$, oder da wir in diesem Ausdruck die letzten Glieder ihrer Kleinheit wegen vernachlässigen können, $g_1 = g\left(1 - \dfrac{2h}{r}\right)$. Folglich hat man, weil $L : L_1 = g : g_1$,

$$L : L_1 = 1 : \left(1 - \frac{2h}{r}\right),$$

also $L_1 = L\left(1 - \dfrac{2h}{r}\right)$,

und nach Substitution der Werte der Aufgabe:

$$L_1 = L\,(1 - {}^1\!/_{2119}) = 0{,}99385\,\mathrm{m}.$$

14. Da $t = \pi\sqrt{\dfrac{x}{g}}$ und $T = 2\pi\sqrt{\dfrac{l\cos\alpha}{g}}$, der Bedingung der Aufgabe gemäß aber $2t = T$ ist, so ergiebt sich $x = l\cos\alpha$, oder wenn α sehr klein, $x = l$.

15. Bezeichnet T die Zeit eines Umlaufs, so hat man

$$T = 2\pi\sqrt{\frac{h}{g}}, \text{ sowie auch } T = \frac{60}{n}, \text{ und daraus ergiebt sich } h = \frac{60^2\,g}{4\,\pi^2\,n^2}$$

$$= \frac{3600\,.\,9{,}81}{4\,.\,9{,}8696\,.\,n^2} = \frac{894{,}8}{n^2}\,\mathrm{m}.$$

16. Wenn T die Umlaufszeit der Achse, also auch des Pendels bezeichnet, so hat man $w = \dfrac{2\pi}{T}$, und wenn h die Höhe des von der Pendelstange gebildeten Kegels bezeichnet, $T = 2\pi\sqrt{\dfrac{h}{g}}$, und aus der Verbindung dieser beiden Gleichungen ergiebt sich $h = \dfrac{g}{w^2}$, folglich $x = l - \dfrac{g}{w^2}$.

17.   Die reduzierte Länge des zusammengesetzten Pendels ist $l = \dfrac{g\,t^2}{\pi} =$

$$\frac{9{,}806 \cdot 1{,}5^2}{3{,}1416^2} = 2{,}2355 \text{ m.}$$

18.   Das Trägheitsmoment der Stange, in Beziehung auf die Schwingungs-achse, ist $= \frac{1}{3} M l^2$, das statische Moment des im Schwerpunkte der Stange vereinigt gedachten Gewichtes, auf dieselbe Achse bezogen, ist $= \frac{1}{2} M l$, also

$$L = \frac{\frac{1}{3} M l^2}{\frac{1}{2} M l} \text{ (Lehrb. §. 60, 1)} = \frac{2}{3} l = 2 \text{ m.}$$

19.   Das Trägheitsmoment der Kugel in Beziehung auf eine beliebige durch ihren Schwerpunkt gehende Achse ist (nach VIII, 15) $= \dfrac{2}{5} M r^2$, folglich ist (nach §. 51, 3 des Lehrbuchs) ihr Trägheitsmoment in Beziehung auf die Schwingungsachse $= \frac{2}{5} M r^2 + M d^2$; das statische Moment der Kugel ist $= M d$, also ist, da der feine Faden in der Rechnung vernachlässigt werden kann (nach §. 60, 1 d. Lehrb.), $x = \dfrac{\frac{2}{5} M r^2 + M d^2}{M d} = \dfrac{2 r^2}{5 d} + d = \frac{1}{225}$ $+ 90$ cm.   Der Schwingungspunkt ist somit so wenig vom Mittelpunkte der Kugel entfernt, daß er als damit zusammenfallend betrachtet werden kann.

20.   Aus den beiden vorhergehenden Aufgaben 18 und 19 ergiebt sich

$$x = \frac{\frac{2}{5} \cdot 0{,}75 \cdot 4^2 + 0{,}75 \cdot 34^2 + \frac{1}{3} \cdot 0{,}025 \cdot 30^2}{0{,}75 \cdot 34 + \frac{1}{2} \cdot 0{,}025 \cdot 30} = 38{,}44 \text{ cm}$$

und daraus $t = \pi \sqrt{\dfrac{38{,}44}{9{,}81}} = 0{,}6219$ Sekunden.

21.   Die Länge des gleichzeitigen einfachen Pendels ist

$$l = \frac{p a^2 + q x^2}{p a - q x}, \text{ folglich } t = \pi \sqrt{\frac{p a^2 + q x^2}{(p a - q x) \cdot g}}.$$

22.   Bezeichnet M das Trägheitsmoment des Pendels, so ist die auf den Stoß-punkt G reduzierte Masse des Pendels, d. h. diejenige Masse, welche, im Punkte G konzentriert, die nämliche Drehkraft zur Erzeugung einer bestimmten Winkelgeschwindigkeit in Anspruch nehmen würde, wie die Pendelmasse in ihrer Verteilung, $= \dfrac{M}{a^2}$ (§. 51, 2 d. Lehrb.).   Der Stoß der Kugel, die eine Masse $= m$ und eine Geschwindigkeit $= x$ hat, auf das Pendel kann nun betrachtet werden, als ob er auf eine in G befindliche ruhende Masse $\dfrac{M}{a^2}$ gerichtet wäre; alsdann berechnet sich die Geschwindigkeit des Punktes G

[nach §. 63, 3 a) des Lehrb.] $= \dfrac{m x}{\dfrac{M}{a^2} + m} = \dfrac{m a^2 x}{M + m a^2}$, folglich ist die

Geschwindigkeit, welche der Schwingungsmittelpunkt M im Anfang des von ihm beschriebenen Bogens $M O$ erhält,

$$= \frac{m\,a^2\,x}{\mathfrak{M} + m\,a^2} \cdot \frac{l}{a}\,.$$

Diese Geschwindigkeit wird durch die Arbeit der Schwerkraft während des Durchlaufens des Bogens MO vernichtet, dann aber bei der Rückkehr von O nach M in entgegengesetzter Richtung wieder erzeugt, ihre absolute Größe ist also, da das vorliegende Pendel als ein einfaches Pendel von der Länge l betrachtet werden kann, dessen schwerer Punkt die im Schwingungsmittelpunkte konzentriert gedachte Masse $\frac{\mathfrak{M}}{a^2} + m$ ist,

$$= \sqrt{2\,g\,l\,(1 - \cos\alpha)} \quad \text{(Lehrb. §. 55)}.$$

Aus der Gleichsetzung dieses und des obigen Ausdruckes findet sich nun die gesuchte Geschwindigkeit der Kugel

$$\text{I.} \quad x = \frac{\mathfrak{M} + m\,a^2}{m\,a} \sqrt{\frac{2\,g}{l}} \, (1 - \cos\alpha).$$

Da aber $\mathfrak{M} + m\,a^2$ das Trägheitsmoment der Pendelmasse M nebst der in dem Pendel stecken gebliebenen Kugelmasse m, auf die Drehachse C bezogen, ausdrückt, also (nach §. 60, 1 d. Lehrb.) $\frac{\mathfrak{M} + m\,a^2}{(M + m)e} = l$, folglich $\mathfrak{M} + m\,a^2 = (M + m)\,l\,e$ ist, so erhält man nach der Substitution dieses Ausdruckes in I.:

$$\text{II.} \quad x = \frac{M + m}{m} \cdot \frac{e}{a} \sqrt{2\,g\,l\,(1 - \cos a)}$$

$$= \frac{1439 + 3}{3} \cdot \frac{1{,}32}{1{,}4} \sqrt{2 \cdot 9{,}81 \cdot 1{,}5\,(1 - \cos 15^0)}$$

$$= 453{,}79 \text{ m.}$$

Wie vereinfacht sich der Ausdruck für x, wenn der Stoßpunkt mit dem Schwingungsmittelpunkte zusammenfällt?

Auflösungen zu X.

$$\text{1.} \quad c = \frac{M_1 c_1 + M_2 c_2}{M_1 + M_2} = \frac{80 \cdot 5 + 20 \cdot 8}{80 + 20} = 5\,{}^3/_5 \text{ m.}$$

$$\text{2.} \quad c = \frac{M_1 c_1 - M_2 c_2}{M_1 + M_2} = \frac{80 \cdot 5 - 20 \cdot 8}{80 + 20} = 2\,{}^2/_5 \text{ m.}$$

$$\text{3.} \quad c = \frac{M_1 c_1}{M_1 + M_2} = \frac{80 \cdot 5}{80 + 20} = 4 \text{ m.}$$

4. $\quad c_2 = c + \dfrac{M_1\,(c - c_1)}{M_2} = 3 + \dfrac{150\,(3 - 2)}{60} = 5\tfrac{1}{2}$ m.

5. Man zerlege (Fig. 37) die Geschwindigkeit der Kugel A in zwei rechtwinkelige Seitengeschwindigkeiten, wovon die eine senkrecht auf die Berührungsebene (von A nach E zu), die andere parallel der Berührungsebene (von A nach F zu) gerichtet ist, nämlich in $22{,}5 \cdot \sin 25^0$ und $22{,}5 \cdot \cos 25^0$; ebenso die Geschwindigkeit der Kugel B in die beiden Seitengeschwindigkeiten $12 \cdot \sin 36^0$ und $12 \cdot \cos 36^0$. Die Kraft, mit welcher A gegen B wirkt, ist also $= 3 \cdot (22{,}5 \cdot \sin 25^0) = 28{,}53$, und die, mit welcher B gegen A wirkt, $= 2 \cdot (12 \cdot \sin 36^0) = 14{,}11$, und aus beiden entsteht eine Geschwindigkeit beider Kugeln von

$$\frac{28{,}53 - 14{,}11}{5} = 2{,}884 \text{ m}$$

in der Richtung von A nach E. Die Kugel A wird also nach E zu durch eine Kraft getrieben, die ihr die Geschwindigkeit $AI = 2{,}884$ m, und von einer darauf rechtwinkeligen von A nach F zu wirkenden Kraft, die ihr die Geschwindigkeit $75 \cdot \cos 25^0 = 20{,}3919$ m erteilt, woraus für A eine Geschwindigkeit von $20{,}595$ m unter einem Winkel $AKI = 8^0\,3'$ gegen CD folgt. — Ebenso erhält B durch die beiden Kräfte, wovon ihr die eine in der Richtung von B nach L die Geschwindigkeit $2{,}884$ m, die andere in der Richtung von B nach G die Geschwindigkeit $12 \cdot \cos 36^0 = 9{,}708$ m erteilt, die resultierende Geschwindigkeit von $10{,}127$ m unter einem Winkel $GBM = 16^0\,33'$ abwärts von DC.

6. Aus Aufgabe 1 folgt

Summe der Bewegungsgrößen:

vor dem Stoß	nach dem Stoß	Differenz
$\dfrac{80 \cdot 5 + 20 \cdot 8}{9{,}81} = \dfrac{560}{9{,}81}$	$\dfrac{(80 + 20) \cdot 5{,}6}{9{,}81} = \dfrac{560}{9{,}81}$	0

Summe der lebendigen Kräfte:

vor dem Stoß	nach dem Stoß	Differenz
$\dfrac{1}{2} \cdot \dfrac{80}{9{,}81} \cdot 5^2 + \dfrac{1}{2} \cdot \dfrac{20}{9{,}81} \cdot 8^2 = 167{,}18$	$\dfrac{1}{2} \cdot \dfrac{80 + 20}{9{,}81} \cdot 5{,}6^2 = 159{,}84$	$7{,}34$ mkg.

Aus Aufgabe 2 folgt

Summe der Bewegungsgrößen:

vor dem Stoß	nach dem Stoß	Differenz
$\dfrac{80 \cdot 5 - 20 \cdot 8}{9{,}81} = \dfrac{240}{9{,}81}$	$\dfrac{(80 + 20) \cdot 2{,}4}{9{,}81} = \dfrac{240}{9{,}81}$	0

Summe der lebendigen Kräfte:

vor dem Stoß	nach dem Stoß	Differenz
$\dfrac{1}{2} \cdot \dfrac{80}{9{,}81} \cdot 5^2 + \dfrac{1}{2} \cdot \dfrac{20}{9{,}81} \cdot 8^2 = 167{,}18$	$\dfrac{1}{2} \cdot \dfrac{80 + 20}{9{,}81} \cdot 2{,}4^2 = 29{,}36$	$137{,}82$ mkg.

Aus Aufgabe 3 folgt

Summe der Bewegungsgrößen:

vor dem Stoß	nach dem Stoß	Differenz
$\dfrac{80 \cdot 5 + 0}{9,81} = \dfrac{400}{9,81}$	$\dfrac{(80 + 20) \cdot 4}{9,81} = \dfrac{400}{9,81}$	0

Summe der lebendigen Kräfte:

vor dem Stoß	nach dem Stoß	Differenz
$\dfrac{1}{2} \cdot \dfrac{80}{9,81} \cdot 5^2 + 0 = 101{,}94$	$\dfrac{1}{2} \cdot \dfrac{80 + 20}{9,81} \cdot 4^2 = 81{,}55$	$20{,}39$ mkg.

7. In diesem Falle muß in dem Ausdruck der Aufgabe für die gemeinschaft=
liche Geschwindigkeit c nach dem Stoß c_2 negativ gesetzt werden, man hat also

$$\text{I.} \quad c = \frac{M_1 c_1 - M_2 c_2}{M_1 + M_2}, \text{ woraus folgt}$$

$$\text{II.} \quad M_1 c + M_2 c = M_1 c_1 - M_2 c_2.$$

Um nun diese Ausdrücke für die Bewegungsgröße der Kugeln in die für die
entsprechenden lebendigen Kräfte zu verwandeln, braucht man nur jedes der
Produkte mit der bezüglichen halben Geschwindigkeit zu multiplizieren (Lehr=
buch §. 16, 3). Geschieht dieses, so erhält man aus den Ausdrücken links der
Gleichung II $\frac{1}{2} M_1 c^2 + \frac{1}{2} M_2 c^2$, und aus denen rechts $\frac{1}{2} M_1 c_1^2 + \frac{1}{2} M_2 c_2^2$.
Hierdurch ist aber die rechte Seite der Gleichung II offenbar stärker gewachsen
als die linke, folglich ist

$$\frac{1}{2} M_1 c^2 + \frac{1}{2} M_2 c^2 < \frac{1}{2} M_1 c_1^2 + \frac{1}{2} M_2 c_2^2,$$

woraus sich für den Unterschied der lebendigen Kräfte vor und nach dem Stoß
zunächst derselbe Ausdruck ergiebt, wie in der Aufgabe; durch Substitution
des Wertes für c aus I. erhält man aber $\dfrac{1}{2} \dfrac{M_1 M_2}{M_1 + M_2} (c_1 + c_2)^2$.

8.
$$v_1 = c_1 - \frac{2 M_2 (c_1 - c_2)}{M_1 + M_2} = 20 - \frac{2 \cdot 40 \, (20 - 12)}{30 + 40} = 10^6/_7 \, \text{dm};$$

$$v_2 = c_2 + \frac{2 M_1 (c_1 - c_2)}{M_1 + M_2} = 12 + \frac{2 \cdot 30 \cdot (20 - 12)}{30 + 40} = 18^6/_7 \, \text{dm};$$

beide Körper behalten ihre Richtung.

9.
$$v_1 = 20 - \frac{2 \cdot 105 \, (20 - 2)}{30 + 105} = -7{,}3 \, \text{dm}.$$

$$v_2 = 2 + \frac{2 \cdot 30 \, (20 - 2)}{30 + 100} = 10{,}3 \, \text{dm}, \text{ also die stoßende Kugel}$$

erhält nach dem Stoß eine der ursprünglichen entgegengesetzte Richtung,
während die gestoßene in ihrer Richtung bleibt.

10.
$$v_1 = c_1 - \frac{2 M_2 (c_1 + c_2)}{M_1 + M_2} = 4{,}5 - \frac{2 \cdot 16 \, (4{,}5 + 2{,}5)}{10 + 16} = -4{,}04 \, \text{m},$$

$$v_2 = -c_2 + \frac{2 M_1 \, (c_1 + c_2)}{M_1 + M_2} = -2{,}5 + \frac{2 \cdot 10 \, (4{,}5 + 2{,}5)}{10 + 16}$$

= 2,885 m; beide Kugeln erhalten also durch den Stoß Richtungen, die der ursprünglichen entgegengesetzt sind.

11. $v_1 = 2,58$ m, $v_2 = 5,63$ m, d. h. die beiden Kugeln vertauschen (annähernd) ihre Geschwindigkeiten.

12. Aus Auflösung zu 8 oder 10 folgt für $c_2 = 0$, $v_1 = 0$, $v_2 = 2$ m.

13. Aus den Formeln der Auflösungen zur 8. oder 10. folgt für $c_2 = 0$ die Geschwindigkeit

$$\text{der zweiten Kugel} = \frac{2 \cdot 1 \cdot 1}{1 + \frac{1}{2}} = \frac{4}{3},$$

$$\text{,, dritten ,,} = \frac{2 \cdot \frac{1}{2} \cdot \frac{4}{3}}{\frac{1}{2} + \frac{1}{4}} = \left(\frac{4}{3}\right)^2,$$

$$\text{,, vierten ,,} = \frac{2 \cdot \frac{1}{4} \cdot \left(\frac{4}{3}\right)^2}{\frac{1}{4} + \frac{1}{8}} = \left(\frac{4}{3}\right)^3,$$

$$\text{,, } n\text{ten ,,} = \left(\frac{4}{3}\right)^{n-1} \text{cm,}$$

$$\text{,, 10ten ,,} = 0,13318 \text{ m,}$$

$$\text{,, 100sten ,,} = 23\,384\,670\,000 \text{ m.}$$

14. Aus den beiden Gleichungen $M_1 + M_2 = 75$ und $6 = 21 - \dfrac{2 M_2 (21 + 10)}{36}$ findet sich $M_1 = 27,29$ kg, $M_2 = 8,71$ kg, also

$$v_2 = -10 + \frac{2 \cdot 27,29 \, (21 + 10)}{36} = 37 \text{ m in einer der ursprüng-}$$

lichen entgegengesetzten Richtung.

15. Bei dem schiefen Stoß elastischer Körper muß die Bewegung eines jeden ebenso wie bei den unelastischen in eine gegen die Berührungsebene senkrechte und in eine mit dieser Ebene parallele zerlegt werden. In Beziehung auf A sind die Seitengeschwindigkeiten $10 \cdot sin\ 16^0$ und $10 \cdot cos\ 16^0$, für B aber $3,5 \cdot sin\ 24^0$ und $3,5 \cdot cos\ 24^0$.

Die ersten Teile dieser Seitengeschwindigkeiten werden nach dem Stoß für A:

$$v_1 = 10 \cdot sin\ 16^0 - \frac{2 \cdot 3,5 \, (10 \cdot sin\ 16^0 + 3,5 \cdot sin\ 24^0)}{9 + 3,35},$$

für B:

$$v_2 = -3,5 \cdot sin\ 24^0 + \frac{2 \cdot 9 \, (10\ sin\ 16^0 + 3,5 \cdot sin\ 24^0)}{9 + 3,5}.$$

Auf die zweiten Teile jener Seitengeschwindigkeiten hat der Stoß keinen Einfluß. Setzt man nun v_1 mit der darauf senkrechten Seitengeschwindigkeit $10 \cdot cos\ 16^0$ zusammen, so findet man für A die resultierende Geschwindigkeit $= 9{,}622$ m, und ebenso durch Zusammensetzung von v_2 mit $3{,}5 \cdot \cos 24^0$ für B die resultierende Geschwindigkeit $5{,}605$ m. Der Winkel, welchen die Richtung von A nach dem Stoße mit der Berührungsebene macht, findet sich $= 1^0\,58'\,24''$ und der von $B = 124^0\,46'\,53''$.

16. Der Rammbär fällt mit einer Geschwindigkeit $= \sqrt{2 \cdot 9{,}81 \cdot 1{,}5}$ $=$ nahe $5{,}4$ m auf den Pfahl, die gemeinschaftliche Geschwindigkeit der beiden Massen nach dem Stoße würde also, wenn kein Widerstand vorhanden wäre,

$$= \frac{500 \cdot 5{,}4}{500 + 300} = 3{,}375 \text{ m}$$ sein. Die daraus hervorgehende Arbeit

$$= \frac{1}{2} \cdot \frac{800}{9{,}81} \cdot 3{,}375^2 \text{ mkg}$$ wird aber durch den Widerstand des Erdbodens beim Eindringen des Pfahles in denselben um $0{,}004$ m vernichtet. Ist x die Größe dieses Widerstandes, also gleich der Größe einer konstanten Kraft, vermöge welcher die Masse des Rammbärs und des Pfahles von der Ruhe aus nach Zurücklegung eines Weges von $0{,}004$ m eine Geschwindigkeit von $3{,}375$ m erlangen würde, folglich $x \cdot \dfrac{4}{1000}$ ihre Arbeit, so muß $x \cdot \dfrac{4}{1000}$

$$= \frac{1}{2} \frac{800}{9{,}81} \cdot 3{,}375^2 \text{ mkg}$$ sein, woraus $x = 116\,100$ kg folgt, welches Gewicht die Belastung angiebt, die jetzt der Pfahl tragen kann, ohne tiefer einzusinken.

(Theoretisch genauer hätte zu dem obigen Ausdruck für die Arbeit des Rammbärs und des Pfahles nach dem Stoße noch die Arbeit der Schwerkraft, welche auf diese Massen während des Eindringens um $0{,}004$ m wirkt, als das Produkt $800 \cdot \dfrac{4}{1000}$ addiert werden müssen, wodurch sich $x = 116\,100$ $+\; 800 = 116\,900$ kg ergeben hätte.)

Auflösungen zu XI.

1. $f = \dfrac{18{,}2}{52} = 0{,}35$.

2. $P = 0{,}06 \cdot 400 = 24$ kg.

3. $L = 0{,}45 \cdot 600 \cdot 400 = 108\,000$ mkg.

4. Die lebendige Kraft des Körpers, nämlich $\frac{1}{2} \dfrac{G}{g} v^2$, wird durch die Arbeit der Reibung, nämlich $G f x$ aufgezehrt; aus der Gleichung $\frac{1}{2} \cdot \dfrac{19{,}62}{9{,}81} \cdot 20^2$ $= 19{,}62 \cdot 0{,}02 \cdot x$ folgt also $x =$ nahe 1020 m.

5. a) $0,07 \cdot 100 = 7\,\text{kg}$, wenn man $f = 0,07$ nimmt,

b) $2 \cdot 0,5 \cdot 7 = 7\,\text{mkg}$ in der Sekunde.

6. Der Kolbendruck an die Wand des Cylinders ist $= 8 \cdot 150 \cdot 1,25 = 1500\,\text{kg}$, also, wenn man den Reibungskoeffizienten von Metall auf Metall $= 1/8$ annimmt, die gesuchte Kraft $= 1/8 \cdot 1500 = 187,5\,\text{kg}$.

7. Zerlegt man (Fig. 38) ähnlich wie in Aufgabe 55 in V. das Gewicht Q

Fig. 38.

und die Kraft P jede in zwei Komponenten, wovon die eine auf der schiefen Ebene senkrecht steht, die andere mit ihr parallel ist, so ergiebt sich der Druck D, welchen die schiefe Ebene erleidet, $= Q \cos \alpha - P \sin \beta$, folglich die Reibung $f\,(Q \cos \alpha - P \sin \beta)$. Soll nun a) der Körper bloß am Herabgleiten gehindert werden, so muß

$$P \cos \beta = Q \sin \alpha - f\,(Q \cos \alpha - P \sin \beta),$$

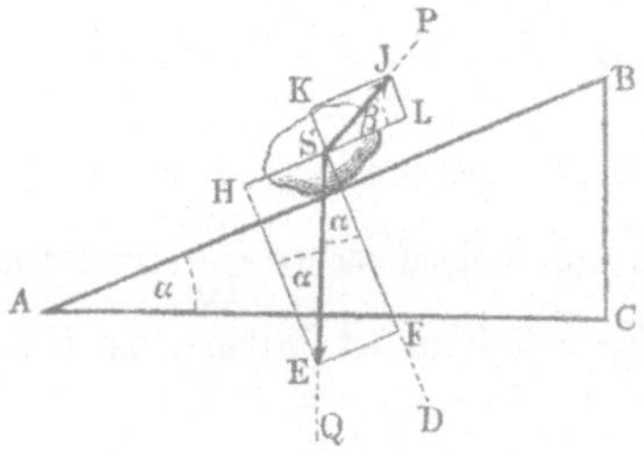

also $P = Q \dfrac{\sin \alpha - f \cos \alpha}{\cos \beta - f \sin \beta} = 201,43\,\text{kg}$ sein.

b) Soll aber der Körper aufwärts bewegt werden, so muß $P \cos \beta = Q \sin \alpha + f\,(Q \cos \alpha - P \sin \beta)$,

also $P = Q \dfrac{\sin \alpha + f \cos \alpha}{\cos \beta + f \sin \beta} = 407,68\,\text{kg}$ sein.

8. Da in diesem Falle der Winkel $\beta = -\,\alpha$ ist, so folgt aus der Auflösung der vorigen Aufgabe:

für a) $P = Q \dfrac{\sin \alpha - f \cos \alpha}{\cos \alpha + f \sin \alpha} = Q \dfrac{tg\,\alpha - f}{1 + f\,tg\,\beta} = 175,11\,\text{kg}$.

für b) $P = Q \dfrac{\sin \alpha + f \cos \alpha}{\cos \alpha - f \sin \alpha} = Q \dfrac{tg\,\alpha + f}{1 - f\,tg\,\alpha} = 656,33\,\text{kg}$.

Zusatz. Ist h die Höhe und b die Basis der schiefen Ebene, also $\dfrac{h}{b} = tg\,\alpha$, so ergiebt sich für a) $P = Q \dfrac{h - bf}{b \cdot + hf}$, für b) $P = Q \dfrac{h + bf}{b - hf}$.

9. Solange die Kugel auf horizontaler Bahn läuft, wirkt ihr eine Kraft entgegen, deren Beschleunigung $= 9,81 \cdot 0,02$ ist. Nachdem die Kugel $5\,\text{m}$ weit gelaufen ist, hat sie also an Geschwindigkeit verloren: $\sqrt{2 \cdot 9,81 \cdot 0,02 \cdot 5} = 1,4\,\text{m}$; folglich besitzt sie noch $6,6\,\text{m}$ Geschwindigkeit, wenn sie an die schiefe Ebene kommt. Hier zerlegt sich ihre Geschwindigkeit in zwei, die eine beträgt $6,6 \cdot \cos 20^{\circ}$, die andere $6,6 \cdot \sin 20^{\circ}$. Die letztere erzeugt Reibung, so daß nur $6,6 \cdot (\cos 20^{\circ} - 0,02 \cdot \sin 20^{\circ})$ an Geschwindigkeit übrig bleibt. Beim Aufsteigen längs der schiefen Ebene wirkt die Schwerkraft entgegen mit der Beschleunigung $9,81 . sin\ 20^0$, sowie die Reibung mit $9,81 . 0,02 . cos\ 20^0$. Also ist $s = \dfrac{v^2\,(cos\ 20^0 - 0,02\ sin\ 20^0)^2}{2\,g\,(sin\ 20^0 + 0,02\ cos\ 20^0)} = 6,74\,m.$

10.   Setzt man in der Formel $P = Q\ \dfrac{h + bf}{b - hf}$ (siehe Zusatz zu Auflösung 8) $b = 2\,r\,\pi$, so erhält man
$$P = 37,07\,kg.$$

11.   a) $P = (f . cos\ \alpha + sin\ \alpha) . Q = (0,48\ cos\ 50^0 + sin\ 50^0) . 300$
$= 322,5\,kg.$

      b) $P = (sin\ \alpha - f\ cos\ \alpha) . Q = (sin\ 50^0 - 0,48\ cos\ \alpha) . 300$
$= 91,5\,kg.$

12.   Den Reibungskoeffizienten $f = 0,075$ genommen, beträgt die Reibung $0,075 . 10\,000 = 750$ kg. Da der Radhalbmesser $\dfrac{300}{10} = 30$ mal so groß ist wie der Zapfenhalbmesser oder Hebelarm der Reibung, so ist die auf den Radumfang reduzierte Zapfenreibung $= {}^{750}/_{30} = 25\,kg.$

    Der Zapfenumfang ist $= 2 . 0,1 . \pi = 0,62832\,m$, also der Weg der Reibung während einer Sekunde $= \dfrac{0,62832 . 5}{60} = 0,05236\,m$, und demnach die Arbeit der Reibung während einer Sekunde $= 0,05236 . 750$
$= 39,27\,mkg.$

13.   Größe der Reibung $= f . Q = 0,07 . 25\,000 = 1750$ Pfd., Geschwindigkeit des Zapfens in der Sekunde $= \dfrac{d\,\pi\,n}{60} = \dfrac{8 . 3,1416 . 6}{60}$
$= 0,209$ Fuß. Verlorner Nutzeffekt $= 0,209 . 1750 = 366^1/_3$ Pfd.

14.   a) Aus der Gleichung $Pr_1 = Qr_1 + f\,(P + Q + G)\,r_2$ folgt
$$P = \dfrac{Qr_1 + f\,(Q + G)\,r_2}{r_1 - fr_2} = \text{nahe } 1018\,kg.$$

    b) Aus Tabelle 8 C. folgt die zur Überwindung der Steifigkeit des Seiles erforderliche Kraft
$$= \dfrac{1}{2}\,\dfrac{d^2}{r_1}\,Q = \dfrac{1}{2} . \dfrac{0,4^2}{1,2} \cdot 1000 = \text{nahe } 67\,kg,$$

welche zu der in a) gefundenen Kraft zu addieren ist.

15.   Nimmt man den Koeffizienten der wälzenden Reibung für diesen Fall (nach de Pambour) $= {}^1/_{370}$, so ist
$$P = {}^1/_{370} . 10\,000 = 27\,kg.$$
$$L = Qs = Q . \dfrac{v^2}{2\,g} = (10\,000 + 27) \cdot \dfrac{8^2}{2 . 9,81} = 32\,708\,mkg.$$
$$L_1 = 54 . 30 . 60 = 12\,960\,mkg.$$

16.   Bezeichnet f den bezüglichen Reibungskoeffizienten, so ist, wenn das gewöhnlich geringe Gewicht der Friktionsrollen unberücksichtigt bleibt, die Zapfenreibung $= f . Q$ und ihr statisches Moment in Beziehung auf die Zapfen-

achse $= f \cdot Q \cdot r$. Das statische Moment der Kraft P, welche in der Tangente der Friktionsrollen wirkt, ist aber in Beziehung auf die Zapfenachse $= PR$, folglich $P \cdot R = f \cdot Q \cdot r$, also $P = \dfrac{r}{R} \cdot f \cdot Q$, also nur $\dfrac{r}{R}$ mal so groß, wie diese Kraft sein müßte, wenn sie die gleitende Reibung unmittelbar zu überwinden hätte.

17.   Zerlegt man (Fig. 39) den Druck Q des Rades A in zwei Seitendrücke nach den Zapfen der Friktionsräder, wovon jeder $= \dfrac{Q}{2 \cos \frac{1}{2}\,\alpha}$, wenn man den Winkel BDC mit α bezeichnet, so ist (nach Auflösung der vorigen Aufgabe) durch die Welle des Rades A am Umfange des Rades B die Kraft $\dfrac{r}{R} \cdot f \cdot \dfrac{Q}{2 \cos \frac{1}{2}\,\alpha}$ zu überwinden und ebensoviel am Umfange des Rades C. Es ist also die zur Überwindung der Reibung erforderliche Kraft am Umfange der Welle des Rades A

$$= \frac{r}{R} \cdot \frac{fQ}{\cos \frac{1}{2}\,\alpha},$$

während sie $f \cdot Q$ betragen würde, wenn die Welle unmittelbar in einer Pfanne ruhte.

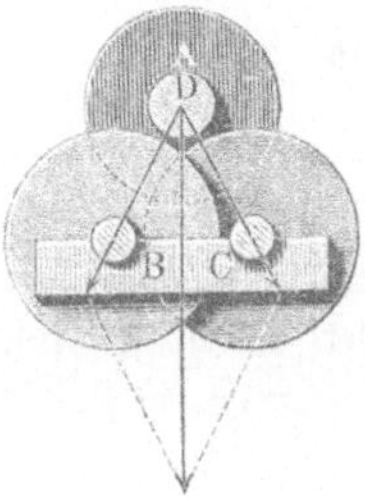

18.   Die Wirkung der Reibung am Umfange der Welle kann dem Widerstande eines Gewichtes Q gleich gesetzt werden, das mittels eines um die Welle geschlungenen Seiles in die Höhe gezogen wird und das sich, wenn r den Halbmesser der Welle bezeichnet, aus der Gleichung $Q \cdot r = P \cdot l$ bestimmt, nämlich $Q = \dfrac{Pl}{r}$. Die Arbeit, welche verrichtet werden muß, um das Gewicht Q bei n maliger Umdrehung der Welle, also um den Weg $2 r \pi \cdot n$ zu heben, ist $Q \cdot 2 r \pi \cdot n$ oder, für Q den obigen Wert gesetzt, $= P \cdot l \cdot 2 \cdot \pi \cdot n = 260 \cdot 3{,}5 \cdot 2 \cdot 3\frac{1}{7} \cdot 6 =$ nahe $32\,890$ mkg in der Minute und drückt also die Leistungsfähigkeit der am Umfange der Welle wirkenden Kraft in der Minute aus.

19.   In diesem Falle findet sich $L = 245 \cdot 3{,}5 \cdot 2 \cdot 3\frac{1}{7} \cdot 5 = 26\,950$ mkg.

20.   Daß die Leistungsfähigkeit der an der Welle wirkenden Kraft größer ist, wenn die Welle sechs Umdrehungen in der Minute macht, als wenn sie nur fünf Umdrehungen macht, und daß man überhaupt mittels des Pronyschen Zaumes durch Versuche ermitteln kann, bei welcher Umdrehungszahl einer Welle die Leistungsfähigkeit am größten ist.

Auflösungen zu XII.

1.　$d = \dfrac{Df}{Pl} = \dfrac{1{,}71 \cdot 0{,}34}{6{,}72 : 1493} = 0{,}0000566 \text{ mm}$, also

$E = \dfrac{1}{d} = 17\,668 \text{ kg}$, d. h. dieses Gewicht würde einen Draht von der materiellen Beschaffenheit der Klaviersaite und beliebiger Länge, aber 1 qmm Querschnitt um die gleiche Länge ausdehnen, wenn der Draht so elastisch wäre wie etwa Gummi elastikum.

2.　$P = \dfrac{DfE}{l} = \dfrac{0{,}5 \cdot 0{,}4 \cdot 20\,800}{2000} = 2{,}08 \text{ kg}$.

3.　Der Festigkeitsmodul $K = \dfrac{1200}{150} = 8$.

4.　Nach Tabelle 7 ist der Festigkeitsmodul K des Messingdrahtes $= 50$, also ist $Q = 50 \cdot 1{,}227 = 61{,}356 \text{ kg}$. Nimmt man, wie gewöhnlich, sechsfache Sicherheit, so ist das Gewicht, das er dauernd tragen kann, $= 10{,}2 \text{ kg}$.

5.　Nimmt man den Querschnitt, da dieser beliebig ist, zu 1 qmm an, so ist, da 1 cmm Blei 0,0114 g wiegt, das Gewicht der Stange $0{,}0000114 \cdot l \text{ kg}$, und dieses Gewicht muß dem Festigkeitsmodul 1,25 kg (Tab. 7 A.) gleich sein. Daraus folgt $l = 1096{,}5 \text{ mm} = 1{,}0965 \text{ m}$.

6.　Nimmt man den Sicherheitsmodul S aus Tabelle 7 A., so erhält man aus $x^2 \cdot 6{,}5 = 2000 \quad x = 17{,}54 \text{ mm}$.

7.　Aus $e = P \cdot \dfrac{L}{\lambda}$ folgt $e = 5 \cdot \dfrac{3}{0{,}00088} = 17\,045$.

8.　Der Balken würde abgebrochen werden durch die Last $Q = K_1 \cdot \dfrac{bh^2}{l}$ (Tab. 7 C.) $= 150 \cdot \dfrac{18 \cdot 20^2}{400} = 2700 \text{ kg}$, mit Sicherheit würde er also tragen 270 kg.

9.　a) In diesem Falle kann man sich die Last in dem Schwerpunkte des Balkens, also im Halbierungspunkte der Länge vereinigt denken, wo sie dann nur halb so stark wirkt, als am Ende; es muß also $\tfrac{1}{2} P = K_1 \dfrac{bh^2}{l}$ oder $P = 2 K_1 \dfrac{bh^2}{l}$ sein, also ist die Tragkraft des Balkens doppelt so groß, wie im vorigen Falle, demnach 540 kg.

b) Man muß $1/2\,Q$ statt Q und $1/2\,l$ statt l setzen, so daß $Q = 4\,K_1 \cdot \dfrac{b\,h^2}{l}$ wird. Folglich ist seine sichere Tragkraft viermal so groß, wie in Aufgabe 8, also 1080 kg.

c) $Q = 8\,K_1 \cdot \dfrac{b\,h^2}{l}$; der Balken wird also in diesem Falle achtmal so-viel tragen, wie derselbe Balken unter den in Aufgabe 8 angenommenen Umständen, folglich 2160 kg.

10.   Aus der Formel in der Auflösung zu 9 b) folgt $4\,K_1 = \dfrac{Q\,l}{b\,h^2} = \dfrac{100,8.98}{(2,634)^3}$ $= 540,5$, also $K = 135,1$.

11.   Aus der Formel $Q = 4\,K_1\,\dfrac{b\,h^2}{l}$ [Aufl. zu 9 b)] und der Tab. 7 C. er-giebt sich die Brechungskraft $= 4\,.\,500\,\cdot\,\dfrac{4\,.\,36}{300} = 960$ kg und die sichere Tragkraft $= \dfrac{960}{4} = 240$ kg.

12.   Das Gewicht eines parallelepipedischen Getreidehaufens von 80 dm Länge, 7,5 dm Breite und x Dezimeter Höhe ist $80\,.\,7,5\,.\,x\,.\,0,8$ kg $= Q$, also ist nach Auflösung zu 9 c), wenn man für K_1 den Sicherheitsmodul $\dfrac{1}{10}\,K_1$ $= 15$ setzt, $80\,.\,7,5\,.\,x\,.\,0,8 = 8\,.\,15\,\cdot\,\dfrac{30\,.\,40^2}{800}$, woraus $x = 15$ dm.

13.   Das kleinste, zum Zerreißen notwendige Gewicht Q wäre $q\,\cdot\,\dfrac{A}{a}\,\cdot$

Auflösungen zu XIII.

---

1.   a) 4,5 kg. b) $4,5\,.\,1000 = 4500$ kg. c) $4,5\,\text{g} = \dfrac{4,5}{1000} = 0,0045$ kg.

2. $3\,.\,8 = 24$ kg.

3. $6\,.\,4\,.\,5 = 120$ kg.

4. $\dfrac{5^2\,.\,3,1416}{4}\,\cdot\,20 = 392,7$ kg.

5.   1) $1,2\,.\,2,5 = 3$ kg.
      2) $3\,.\,2,8 = 8,4$ kg.

6.   Bodendruck $= 132 \cdot 40 = 5{,}280$ kg. Gewicht des Wassers $= \dfrac{40}{3}$ $(132 + \sqrt{132 \cdot 88} + 88) = 4{,}373$ kg.   Bodendruck — Gewicht $= 0{,}907$ kg.

7. $5{,}28 \cdot 13{,}6 = 71{,}788$ kg.

8. $6 \cdot 8 \cdot {}^{8}/_{2} = 192$ kg.

9.   Der Druck auf den Boden ist $= 5 \cdot 3 \cdot 8 = 120$ kg, der auf jede der breiteren Seitenwände $= 5 \cdot 8 \cdot {}^{8}/_{2} = 160$ kg, auf jede der schmäleren $= 3 \cdot 8 \cdot {}^{8}/_{2} = 96$ kg.

10.   Das Wasser wird gar keinen Druck auf das Gefäß verursachen.

11. $1{,}6 \cdot 100 = 160$ g.

12.   Der Schwerpunkt der gedrückten Fläche liegt 1,5 m unter der Oberfläche des Wassers, also ist der gesuchte Druck $= 50 \cdot 40 \cdot 15 = 30\,000$ kg $= 600$ Zentner.

13.   Die Höhe des Wassers ist $= \sqrt{5^2 - 1} = 4{,}9$ dm, also ist der Bodendruck $= 4 \cdot 4{,}9 = 19{,}6$ kg.   Der Schwerpunkt einer Seitenfläche liegt 2,222 dm ... von der oberen Seite entfernt, woraus sich mittels der Proportion $5 : 4{,}9 = 2{,}222 \ldots : x$ die Entfernung des Schwerpunktes von der Oberfläche des Wassers $= 2{,}178$ dm ergiebt, daher der Druck auf die Seitenfläche, deren Inhalt $= 15$ qdm ist, $= 15 \cdot 2{,}178 = 32{,}67$ kg.

14.   Der Schwerpunkt der inneren Kugelfläche ist 1 dm von der Oberfläche des Wassers entfernt, also der Druck des Wassers $= \dfrac{4^2 \cdot 3{,}14}{2} \cdot 1$ $= 25{,}12$ kg. Das Gewicht des Wassers ist $= {}^{2}/_{3} \cdot 2^3 \cdot 3{,}14 = 16{,}75$ kg, also um 8,37 kg kleiner als der Druck des Wassers.

15. $2 \cdot 1{,}5 \cdot 4 = 120$ kg.

16. $Q = 0{,}25 \cdot (20 - 2) = 4{,}5$ kg.

17. $P = \dfrac{3^2 \cdot \pi}{4} \cdot 20 = 141{,}37$ kg.

18.   Aus $5 \cdot 8 \cdot x - 4 \cdot 5 \cdot x = 20 \cdot (10 - x)$ folgt $x = 5$ dm.

19.   Eine $4 \cdot 13{,}6$ cm hohe Wassersäule.

20. $Q = \dfrac{P \cdot L \cdot D^2}{l \cdot d^2} = \dfrac{11 \cdot 36 \cdot 9^2}{9 \cdot 1^2} = 3564$ kg.

21. $d = \sqrt{\dfrac{20 \cdot 10^2 \cdot 4}{2000 \cdot 1}} = 2$ cm.

22.   Das Grundwasser braucht längere Zeit, um durch die Erde hindurchzusickern, der höchste Stand des Wassers im Flusse bei seiner Anschwelluug tritt aber gewöhnlich bald ein und dauert nur kurze Zeit.

23.   Aus $h_1 : h_2 = d_2 : d_1$ oder $24 : h_2 = 1 : 1{,}3$ folgt $h_2 = 31{,}2$ mm.

Auflösungen zu XIV.

1. $6 \cdot 7{,}21 = 43{,}26\,\text{g}$.

2. Aus $x \cdot 8 = 2{,}4$ folgt $x = 0{,}3\,\text{cdm}$.

3. Aus $x \cdot 19{,}36 \cdot 1{,}125$ folgt $x = 0{,}05811\,\text{cdm}$.

4. $8 - \dfrac{8}{11{,}4} = 7{,}3\,\text{kg}$.

5. $0{,}031 \cdot 1000 \cdot 2{,}5 - 31 = 46{,}5\,\text{kg}$.

6. $3\,\text{ccm}$.

7. $\tfrac{1}{3} \cdot 36 = 12\,\text{kg}$.

8. Aus $6 \cdot 4 \cdot x = 30$ folgt $x = 1{,}25\,\text{dm}$.

9. Aus $2 \cdot 1{,}5 \cdot x = 2$ folgt $x = 0{,}66 \ldots \text{dm}$.

10. Ist x Kubikfuß das Volumen des verdrängten Wassers, so ist das Volumen der gesamten Eismasse $= 160\,000\,000 + x$ Kubikfuß, und diese Eismasse wiegt gerade soviel, wie die x Kubikfuß Wasser. Nimmt man das Gewicht eines Kubikfußes Wasser $= 1$ an, so ist das Gewicht eines Kubikfußes Eis $= {}^9/_{10}$, und $160\,000\,000 + x$ Kubikfuß Eis wiegen ${}^9/_{10}\,(160\,000\,000 + x)$ dieser Gewichtseinheiten, folglich muß $x = {}^9/_{10}\,(160\,000\,000 + x)$, also $x = 1440$ Millionen Kubikfuß sein.

Oder: Die spezifischen Gewichte des Wassers und des Eises verhalten sich wie $10 : 9$. Bei gleichem absoluten Gewicht zweier Körper verhalten sich aber ihre Volumina umgekehrt wie ihre spezifischen Gewichte, also $(160\,000\,000 + x) : x = 10 : 9$.

11. $30 - 0{,}6 \cdot 30 = 12\,\text{kg}$.

12. $20 \cdot 1{,}2 \cdot 1000 - 20 \cdot 150 = 21\,000\,\text{kg}$.

13. a) $G = V \cdot s \cdot \gamma$. \quad b) $\dfrac{G}{s}$.

14. a) Ist x das Gewicht des Bleies, y das des Korkholzes, beide Zahlen auf dieselbe Gewichtseinheit bezogen, so ist (nach) 13):

$\dfrac{x}{11{,}35}$ das Gewicht des Wassers vom Rauminhalte des Bleies,

$\dfrac{y}{0{,}24}$ „ „ „ „ „ „ „ Korkholzes.

Der Aufgabe gemäß muß aber das Gewicht der beiden verbundenen Körper der Summe dieser beiden Wassergewichte gleich sein,

$$\text{d. h. } x + y = \frac{x}{11{,}35} + \frac{y}{0{,}24},$$

$$\text{woraus } \frac{x}{y} = \frac{11{,}35\,(1 - 0{,}24)}{0{,}24\,(11{,}35 - 1)} = 3{,}4726 \text{ folgt,}$$

d. h. das Gewicht des Bleies muß 3,4726 mal so groß sein, wie das des Korkholzes.

b) Nach voriger Auflösung 3,4726 kg.

15.   1 cdm des Menschen wiegt 1,1 kg, ein Mensch von 65 kg hat also ein Volumen von $\frac{65}{1{,}1} = 59{,}09$ cdm, er wiegt also im Wasser $65 - 59{,}09 = 5{,}91$ kg. Dieses Gewicht muß demnach vom Kork getragen werden. Nun wiegt aber ein Kubikdezimeter Kork 0,24 kg, er hat also einen Auftrieb von $1 - 0{,}24 = 0{,}76$ kg. Ist x das Volumen des erforderlichen Korkstückes, so muß also $x \,.\, 0{,}76 = 5{,}91$, folglich $x = 7{,}776$ cdm, also sein Gewicht $= 0{,}24 \,.\, 7{,}776 = 1{,}87$ kg sein.

16.   Wenn man das Gewicht der Kubikeinheit Wasser mit γ bezeichnet, so ist das Gewicht der hohlen Kugel $= \frac{4}{3}\pi\,(R^3 - r^3)\,\gamma s$ und jenes der verdrängten Flüssigkeit, wenn die Kugel bis zur Hälfte eintaucht, $= \frac{2}{3}\pi\gamma R^3$. Aus der Gleichsetzung dieser beiden Werte folgt $R : r = \sqrt[3]{2s} : \sqrt[3]{2s - 1}$ oder, wegen $R = r + d$, $(r + d)\sqrt[3]{2s - 1} = r\sqrt[3]{2s}$, woraus für die gegebenen Werte von d und s folgt: $r = 56{,}8$ mm.

17.   Das Gewicht der Holzkugel ist $= \frac{4}{3}r^3\,.\,\pi\,.\,s\,.\,\gamma$, und ebensoviel muß das verdrängte Wasser wiegen. Das Volumen des eingesenkten Teiles der Kugel ist $= \dfrac{2r\pi h\,.\,r}{3} - \dfrac{(2r - h)\,h\pi\,.\,(r - h)}{3} = \frac{1}{3}\pi h^2\,(3r - h)$, wenn h die Höhe dieses Kugelabschnittes bezeichnet, also das Gewicht des verdrängten Wassers $= \frac{1}{3}\pi h^3\,(3r - h)\,\gamma$. Aus der Gleichsetzung dieser beiden Ausdrücke folgt nun, wenn man für r und s die Werte der Aufgabe setzt, die Gleichung $h^3 - 15h^2 + 200 = 0$ und daraus $h = 4{,}33$ dm.

18.   Das Gewicht des Zinns sei $= x$, das des Bleies $= y$, so erhält man aus den beiden Gleichungen $x + y = 7$ und $137{,}15\,x + 88{,}09\,y = 812{,}87, \ldots x = 4, \ y = 3$ kg.

19.   Bezeichnet x das Gewicht des Goldes, y das des Silbers, so hat man (vergl. 14) die beiden Gleichungen

$$x + y = 20 \text{ und } \frac{x}{19{,}26} + \frac{y}{10{,}47} = 1\tfrac{1}{4},$$

und daraus $x = 15{,}146$ Pfd., $y = 4{,}854$ Pfd.

20.   Das Volumen des ersten Körpers ist $= \dfrac{Q}{s_1}$, das des zweiten $= \dfrac{x}{s_2}$, also das Volumen beider Körper $= \dfrac{Q}{s_1} + \dfrac{x}{s_2}$; anderseits ist dieses Volumen $= \dfrac{Q + x}{s}$, folglich hat man $\dfrac{Q}{s_1} + \dfrac{x}{s_2} = \dfrac{Q + x}{s}$, woraus $x = \dfrac{s_2\,(s_1 - s)}{s_1\,(s - s_2)}\,Q$ folgt.

21. Das Volumen des Menschen ist $\dfrac{Q}{1,1}$, das der angehängten Luft $\dfrac{x}{0,0013}$, also das Volumen beider Körper $\dfrac{Q}{1,1} + \dfrac{x}{0,0013}$; aber dieses Volumen kann auch dargestellt werden durch $\dfrac{Q+x}{0,6}$, also hat man $\dfrac{Q}{1,1} + \dfrac{x}{0,0013} = \dfrac{Q+x}{0,6}$, woraus $x = 0,01\ Q$ folgt.

Auflösungen zu XV.

1. Aus $G = V \cdot s \cdot \gamma$ folgt $s = \dfrac{G}{V \cdot 8} = \dfrac{1,7}{0,08 \cdot 1} = 21,25$.

2. $s = \dfrac{106}{40} = 2,65$.

3. $s = \dfrac{145,5}{10 \cdot 1,07} = 13,6$.

4. a) Man bestimmt sein absolutes Gewicht G, sowie nach Aufgabe 6 in XIV. sein Volumen V, so hat man, wenn γ das Gewicht der Volumeneinheit Wasser bedeutet, $s = \dfrac{G}{V\gamma}$.

b) Man bestimmt sein absolutes Gewicht G, füllt dann ein Glasgefäß, das sich mittels eines konisch eingeschliffenen Stöpsels dicht verschließen läßt (es ist gut, wenn der Stöpsel der Länge nach fein durchbohrt ist), mit Wasser, bestimmt das Gewicht P dieses mit Wasser gefüllten Gefäßes, bringt dann jenen Körper in dasselbe, schließt wieder, wischt alles abfließende Wasser sorgfältig ab und wägt abermals. Ist jetzt das Gewicht $= P_1$, so ist das Gewicht des verdrängten Wassers $= G + P - P_1$, folglich $s = \dfrac{G}{G + P - P_1}$.

5. $s = \dfrac{P}{P - P_1} = \dfrac{161,875}{62,5} = 2,59$.

6. Da das Gewicht des Körpers in der Luft $= P$, sein Gewicht im Wasser $= \varphi - p_1$ ist, so ist sein Gewichtsverlust im Wasser $= P - (\varphi - p_1)$, also das gesuchte spezifische Gewicht $s = \dfrac{P}{P + p_1 - \varphi}$.

7. $s = \dfrac{30}{30 + 110 - 15} = 0,24$.

8. $s = \dfrac{38 - 2}{22 - 2} = 1{,}8.$

9.   Gewicht der 4 Drahtstücke . . . . 1,613 g

        „   des Gläschens mit Wasser . . . . 31,981 „

                                              Zusammen 33,594 g

Gewicht des Gläschens mit Wasser und Drähten . . . . 33,404 „

    „   „   ausgeflossenen Wassers . . . . 0,190 g.

Folglich das gesuchte spezifische Gewicht $= \dfrac{1{,}613}{0{,}190} = 8{,}4805.$

10. $s = \dfrac{60}{45} = 1\tfrac{1}{3}.$

11. $I = 6{,}57 - 0{,}63 = 5{,}94 \text{ cdm}.$

12.   Bezeichnen p_1, p_2, p_3 … die Gewichtsverluste der betreffenden Bestandteile im Wasser, so hat man

$$s = \frac{G_1 + G_2 + G_3 + \cdots}{p_1 + p_2 + p_3 + \cdots}.$$

Nun ist $p_1 = \dfrac{G_1}{s_1}$, $p_2 = \dfrac{G_2}{s_2}$, $p_3 = \dfrac{G_3}{s_3} \cdots$,

folglich $s = \dfrac{G_1 + G_2 + G_3 + \cdots}{\dfrac{G_1}{s_1} + \dfrac{G_2}{s_2} + \dfrac{G_3}{s_3} + \cdots}$

$$= \frac{(G_1 + G_2 + G_3 + \cdots)\, s_1\, s_2\, s_3 \cdots}{G_1\, s_2\, s_3 + G_2\, s_1\, s_3 + G_3\, s_1\, s_2 + \cdots}.$$

Für nur zwei Bestandteile ist $s = \dfrac{(G_1 + G_2)\, s_1\, s_2}{G_1\, s_2 + G_2\, s_1}.$

13. $s = \dfrac{1{,}8}{0{,}51} = 3{,}53.$

14.   a) Der Gebrauch der Gewichtsaräometer beruht darauf, daß sich die spezifischen Gewichte ungleich dichter Flüssigkeiten zu einander verhalten, wie die absoluten Gewichte gleicher Volumina, oder, was dasselbe ist, wie die Gewichtsverluste, welche ein in sie versenkter Körper erleidet.

      b) Der Gebrauch der Skalenaräometer beruht auf dem Satz, daß bei gleichem absoluten Gewicht zweier Körper ihre spezifischen Gewichte sich umgekehrt verhalten, wie ihre Volumina.

15. $s = \dfrac{56 + 1{,}1}{56 + 16} = 0{,}793.$

16.   Da die Flüssigkeitsmengen, welche ein und dasselbe Volumeter beim Eintauchen in verschiedene Flüssigkeiten verdrängt, stets dasselbe absolute Gewicht haben, so ergibt sich aus 14 b) für die erste Flüssigkeit $s : 1 = 100 : 56$, also $s = {}^{100}/_{56} = 1{,}786$, d. h. man erhält das spezifische Gewicht der Flüssigkeit, wenn man die Zahl, welche demjenigen Teilstriche entspricht, bis

zu welchem das Volumeter einsinkt, in 100 dividiert. Für die drei andern Flüssigkeiten erhält man beziehungsweise 1,25; 0,8; 0,714.

17.   a) Um die Skala eines Volumeters für Flüssigkeiten, die spezifisch schwerer sind als Wasser, zu verfertigen, taucht man das vollkommen cylindrische, unten verschlossene Glasrohr zuerst in Wasser und bezeichnet den Punkt, bis zu welchem es einsinkt, welchem Punkt dann später der Volumetergrad 100 beigeschrieben wird. Alsdann taucht man es in eine dichtere Flüssigkeit von bekanntem spezifischen Gewicht und bemerkt gleichfalls den Einsenkungspunkt. Hat man als zweite Flüssigkeit z. B. konzentrierte Schwefelsäure von 1,85 spezifischem Gewicht genommen, so gehört (nach der vorhergegangenen Aufgabe) dieser Stelle der Volumetergrad $\frac{100}{1,85} = 54$ an, und der Raum zwischen den beiden bezeichneten Punkten muß in $100 - 54 = 46$ Teile geteilt werden, und diese Teilung kann nach Befinden auch noch über die Punkte fortgesetzt werden. Nimmt man als zweite Flüssigkeit eine Salzlösung von der Dichte $= 1,33$, so entspricht dem Einsenkungspunkt die Zahl $\frac{100}{1,33} = 75$, und man muß nun den Raum zwischen den beiden gefundenen Punkten in 25 gleiche Teile teilen. Diese Teilung wird gewöhnlich auf Papier aufgetragen, dieses dann in das oben offene Rohr hineingeschoben und so befestigt, daß die entsprechenden Striche der Teilung mit den beiden markierten Punkten des Rohres zusammenfallen; alsdann wird das Rohr auch oben zugeblasen.

b) Um ein Volumeter bloß für leichtere Flüssigkeiten als Wasser zu verfertigen, kann man als zweite Flüssigkeit Weingeist von bekannter Dichte benutzen und gerade wie vorher verfahren. Man kann aber auch die Teilung ohne eine zweite Flüssigkeit in folgender Weise vornehmen. Nachdem man den Einsenkungspunkt im reinen Wasser bestimmt hat, befestigt man am oberen Ende der Röhre ein Gewicht, welches den vierten Teil von dem des Instrumentes beträgt. Dadurch sinkt die Röhre tiefer, und das Gewicht oder Volumen des im zweiten Falle verdrängten Wassers verhält sich zu dem Gewicht oder Volumen des im ersten Falle verdrängten wie 125 zu 100. Den oberen Einsenkungspunkt bezeichnet man nun mit 125 und teilt den Abstand der beiden Punkte in 25 gleiche Teile u. s. w.

Auflösungen zu XVI.

---

1. $0,03 \cdot 20 \cdot 3600 = 2160$ cdm $= 2,16$ cbm.

2. $v = \dfrac{720}{0,03 \cdot 3600} = 6,66$ dm in der Sekunde.

3. $v = \sqrt{2gh} = \sqrt{2g} \cdot \sqrt{h} = 4{,}43 \cdot 3 = 13{,}29$ m. — Bei Quecksilber hat v dieselbe Größe wie bei Wasser.

4.   Bezeichnet v die Ausflußgeschwindigkeit, so ist nach Aufgabe 4 $v = \sqrt{2gh}$; aber wenn x die Steighöhe bezeichnet, so muß auch $v = \sqrt{2gx}$ sein, folglich ist $x = h$, wobei aber die Reibungswiderstände und der Widerstand des zurückfallenden Wassers nicht berücksichtigt sind. Bei Beachtung dieser Widerstände ist die Druckhöhe noch mit einem Erfahrungskoeffizienten zu multiplizieren, den man bei nicht zu großen Druckhöhen $= 0{,}8$ annehmen kann.

5.   Bezeichnet v die Ausflußgeschwindigkeit, so hat man (Aufgabe 16 in VI.)

$$x = \frac{v^2 \cdot (sin\, 45^0)^2}{2\,g}, \quad g = \frac{v^2}{g}\, sin\, (2 \cdot 45)^0,$$

oder, da im vorliegenden Falle $v^2 = 2\,g\,h$ ist,

$$x = \frac{2\,g\,h\, (\sqrt{1/_2})^2}{2\,g} = \frac{h}{2}, \quad y = \frac{2\,g\,h}{g} = 2\,h.$$

6.   Wegen der mit der Zeit zunehmenden Geschwindigkeit beim freien Falle müßte sich der Strahl, wenn keine Kohäsion der Wasserteilchen stattfände, in dünne Schichten zerteilen, die mit verschiedener Geschwindigkeit herabfielen; vermöge der Kohäsion der Wasserteilchen aber bleiben diese anfänglich noch im Zusammenhang, nur wird der Strahl immer dünner, bis er endlich in Tropfen zerfällt.

7.   Dieselbe Kraft, welche der Kolben ausübt, kann man auch durch eine Wassersäule ausüben lassen, deren Gewicht bei 1 qcm Querschnitt $= 0{,}5$ kg ist. Die Höhe dieser Wassersäule findet sich aber $= 5$ m, also ist die in Rechnung zu bringende Druckhöhe $= 0{,}6 + 5 = 5{,}6$ m, also $v = \sqrt{2 \cdot 9{,}81 \cdot 5{,}6}$ $= 10{,}48$ m.

8.   Bedeutet x die Höhe der Öffnung über dem Boden und y die Sprungweite, so ist $y^2 = 2 \cdot \dfrac{2\,g\,h}{g}\, x = 4\,h\,x = 4 \cdot 50 \cdot 30 = 6000$, also $y = 77{,}5$ cm. — Ebenso groß!

9.   Die theoretische Wassermenge ist $= a\,t\,\sqrt{2g} \cdot \sqrt{h} = 0{,}0003 \cdot 60$ $\cdot 4{,}43 \cdot 2 = 0{,}15948$ cbm, also, da hier nach Tabelle 10 des Anhangs der Ausflußkoeffizient $m = 0{,}62$ ist, die wirkliche Wassermenge $= 0{,}62$ $\cdot 0{,}15948 = 0{,}0988$ cbm.

10.   Für diesen Fall ist wieder der Ausflußkoeffizient $m = 0{,}62$, also die wirkliche Wassermenge (für $g = 981$ cm)

$$V = m \cdot a \cdot t\, \sqrt{2gh} = 31\,270\,320 \; ccm = 31{,}27 \; cbm.$$

11. $1\,900\,000 = 0{,}82 \cdot 4 \cdot t \cdot \sqrt{1962 \cdot 121}$ (siehe Anhang 10), woraus $t = {}^1/_3$ Stunde (ungefähr).

12.   Nimmt man hier, weil nur an e i n e r, nämlich an der oberen Seite Kontraktion stattfindet (aus Tabelle 10), $m = 0{,}7$, so erhält man

$$V = 0{,}7 \cdot 15 \cdot 45 \cdot \sqrt{1962 \cdot 200} = 0{,}296 \; cbm.$$

13. Die mittlere theoretische Geschwindigkeit ist $= \frac{1}{2}\sqrt{2gh}$, folglich die wirkliche Ausflußmenge $= \frac{1}{2}mat\sqrt{2gh}$, wo $m = 0{,}62$, und da diese der vorhandenen Wassermenge Ah gleich sein muß, so hat man

$$\tfrac{1}{2}mat\sqrt{2gh} = Ah, \quad\cdot\quad\cdot\quad\cdot\quad\cdot\quad\cdot\quad\cdot\quad\cdot\quad\text{(I)}$$

woraus $t = \dfrac{2 \cdot 130 \cdot 600}{0{,}62 \cdot 10\sqrt{2 \cdot 981 \cdot 130}} = 49{,}8$ Sekunden.

14. $t_1 = \dfrac{2A}{ma\sqrt{2g}}\left(\sqrt{h}-\sqrt{h_1}\right) = \dfrac{2 \cdot 600}{0{,}62 \cdot 10 \cdot 44{,}3}\left(\sqrt{130}-\sqrt{100}\right)$ $= 6{,}1$ Sekunden.

15.   a) Aus der Formel (I) der Auflösung zu 13 folgt die Größe der Öffnung

$$a = \frac{2A\sqrt{h}}{mt\sqrt{2g}} = \frac{2 \cdot \dfrac{25}{4} \cdot 3{,}1416 \cdot 1}{0{,}62 \cdot 3600 \cdot 7{,}9} = 0{,}002227 \text{ Quadratzoll, woraus}$$

sich der Durchmesser dieser Öffnung $= 0{,}0532$ Zoll $= 0{,}638$ Linien ergiebt.

b) Behufs der Anfertigung der Skala ergiebt sich aus derselben Formel, daß sich bei einem und demselben Gefäß und derselben Ausflußmündung die Ausflußzeiten t und t_1 wie die Quadratwurzeln aus den Druckhöhen h und h_1 verhalten, oder $t^2 : t_1^2 = h : h_1$. Setzen wir hiernach der Aufgabe gemäß $t = 60$ Minuten, $t_1 = 10$ Minuten, sowie $h = AB = 12$ Zoll (Fig. 40), so findet man die Höhe $h_1 = eB = \dfrac{10^2 \cdot 12}{60^2} = \frac{1}{3}$ Zoll und ebenso

$$dB = \frac{20^2 \cdot 12}{60^2} = \tfrac{4}{3} \text{ Zoll}, \quad cB = 3 \text{ Zoll}, \quad bB = 5\tfrac{1}{3} \text{ Zoll},$$

$aB = 8\tfrac{1}{3}$ Zoll.

16.   In diesem Falle müssen die Flächeninhalte (Q_1, Q_2) des sinkenden Wasserspiegels in demselben Verhältnis abnehmen, wie die Ausflußgeschwindigkeiten (v_1, v_2), also wie die Quadratwurzeln aus den Druckhöhen (h_1, h_2), d. h. es muß $Q_1 . Q_2$ $= v_1 : v_2 = \sqrt{h_1} : \sqrt{h_2}$ sein, oder wenn D_1, D_2 die bezüglichen Durchmesser sind:

$$D_1 : D_2 = \sqrt[4]{h_1} : \sqrt[4]{h_2}.$$

17.   Der erste genäherte Wert der Geschwindigkeit, also v_1, ist $= \sqrt{2gh}$ $= \sqrt{2 \cdot 9{,}81 \cdot 4} = 8{,}86\,\text{m}$, also $\sqrt{v_1} = 2{,}98\,\text{m}$, folglich nach Substitution dieses Wertes in Gleichung (II.) der Aufgabe, $e = 0{,}0176$, und wenn man diese Zahl in Gleichung (I.) einsetzt, erhält man den mehr genäherten Wert der Geschwindigkeit

$$v_2 = \frac{8{,}86}{\sqrt{1 + 0{,}0176 \cdot \dfrac{20}{0{,}1}}} = 4{,}17, \text{ daher } \sqrt{v_2} = 2{,}04,$$

durch Substitution dieses Wertes in Gleichung (II.), $e = 0{,}01903$, und endlich daraus mittels der Gleichung (I.)

$$v = \frac{8{,}86}{\sqrt{1 + 0{,}01903 \cdot \frac{20}{0{,}1}}} = 4{,}04 \text{ m.}$$

Die in der Sekunde ausfließende Wassermenge ist gleich

$$\frac{\pi d^2}{4} \cdot v = \frac{3{,}1416 \cdot (0{,}1)^2}{4} \cdot 4{,}04 = 0{,}03173 \text{ cbm} = 31{,}73 \text{ l.}$$

18. Jene Gesetze gelten in voller Strenge nur unter der Voraussetzung, daß die Körper ohne Reibungs- und Luftwiderstand fallen, beim fließenden Wasser wirkt aber insbesondere noch die Kohäsion der Wasserteilchen (vergl. 6), sowie die Adhäsion an die Wände des Flußbettes hemmend auf die Bewegung, so daß man die von der Schwerkraft herrührende Beschleunigung (die, wenn der Neigungswinkel des Flußbettes im Mittel α^0 beträgt, $g \sin \alpha$ ist) als von der Wirkung jener Molekularkräfte und anderer von Gegenströmungen des leicht beweglichen Wassers herrührenden Hindernissen aufgehoben betrachten muß.

Bei der technischen Verwendung der Wasserkraft muß man daher von der theoretischen Arbeitsfähigkeit des Wassers, wie man das Produkt $Q h$ oder $\frac{1}{2} \frac{Q}{g} v^2$ nennt, die Nutzarbeit unterscheiden, welche immer kleiner ist und selten mehr als 70 Prozent des theoretischen Arbeitsvermögens beträgt.

19. Weil durch die (eigentlichen) Stöße nicht bloß an Wirkungs- oder Arbeitsfähigkeit verloren geht, sondern auch Abnutzung und Zerstörung der Maschinenteile bewirkt wird.

20. Die während einer Sekunde gegen die Fläche bewegte Wassermenge hat ein Volumen von $f \cdot c$ Kubikeinheiten, ihr Gewicht ist also $= f c \gamma$ Gewichtseinheiten, wenn γ das Gewicht der Kubikeinheit Wasser bezeichnet, und ihre Masse kann durch die Zahl $\frac{f c \gamma}{g}$ ausgedrückt werden. Während des unendlich kleinen Zeitteilchens τ kommt also eine Wassermenge zum Stoß, deren Masse $= \frac{\tau f c \gamma}{g}$ ist. Da nun diese Masse mit einer Geschwindigkeit $= c$ zur Fläche gelangt, so kann man diese Wirkung einer bewegenden Kraft zuschreiben, welche der Masse $\frac{\tau f c \gamma}{g}$ während der Zeit τ die Geschwindigkeit c, also während einer Sekunde die Beschleunigung $\frac{c}{\tau}$ erteilt, folglich ist die Stoßkraft $P = \frac{\tau f c \gamma}{g} \cdot \frac{c}{\tau} = \frac{c^2 f \gamma}{g} = \frac{3^2 \cdot 0{,}2 \cdot 1000 \text{ kg}}{9{,}81} = 183{,}5 \text{ kg.}$

21. Der hydraulische Druck ist doppelt so groß wie der hydrostatische, denn während der erstere $= \frac{c^2}{g} f \gamma = 2 h f \gamma$, ist der letztere $= h f \gamma$.

22. Da in diesem Falle während einer Sekunde nicht cf Kubikmeter, sondern nur $(c-v)\,f$ Kubikmeter Wasser mit einer Geschwindigkeit von $c-v$ Meter gegen die Fläche stoßen, so hat man

$$\text{I. } P = (c-v)\,\frac{(c-v)f\gamma}{g} = \frac{(c-v)^2 f\gamma}{g} = \frac{(3-2)^2 \cdot 0{,}2 \cdot 1000\,\text{kg}}{9{,}81}$$
$$= 20{,}04\,\text{kg}.$$

Wenn aber, wie dies annähernd bei enggeschaufelten unterschlächtigen Mühlenrädern der Fall ist, kein Wasserteilchen ohne zu stoßen fortfließen könnte, weil die bewegliche Fläche jeden Augenblick durch eine andere mit jener in Verbindung stehende ersetzt würde, wenn also cf Kubikmeter Wasser zum Stoße gelangen, aber mit einer Geschwindigkeit von $c-v$ Meter die Fläche treffen würden, so würde man erhalten

$$\text{II. } P = (c-v)\,\frac{cf\gamma}{g} = (3-2)\cdot\frac{3 \cdot 0{,}2 \cdot 1000\,\text{kg}}{9{,}81} = 60{,}12\,\text{kg}.$$

Dagegen darf für den Stoß im unbegrenzten Wasser, wie bei Schiffmühlen, den Beobachtungen gemäß, nur ungefähr die Hälfte des vorigen Wertes für P genommen werden, was zum Teil dadurch erklärt wird, daß in diesem Falle nicht alles Wasser, das gegen die Schaufeln anrückt, nach dem Stoße die Geschwindigkeit der Schaufeln annimmt, sondern zur Seite weicht.

23. Da in jeder Sekunde cf Volumeneinheiten Wasser mit der Geschwindigkeit $c - \frac{1}{2}\,c$ zum Stoße gelangen, so hat man nach Formel II. der vorigen Auflösung die Stoßkraft $P = \left(e - \frac{1}{2}\,c\right)\frac{cf\gamma}{g} = \frac{1}{2}\,c\,\frac{V\gamma}{g}$, wenn $cf = V$ gesetzt wird, folglich die Leistungsfähigkeit in der Sekunde $L = P \cdot \frac{1}{2}\,c$

$= \frac{1}{4}\,c^2\,\frac{V\gamma}{g} = \frac{1}{2}\,\frac{c^2}{2g}\,V\gamma$ oder, da $\frac{c^2}{2g} = h$, d. h. die Druckhöhe des Wassers ist, $L = \frac{1}{2}\,h \cdot V\gamma$ Meterkilogr. Die Einsetzung der numerischen Werte der Aufgabe ergiebt $L = 391{,}44$ mkg.

24. Aus der Formel II. der Auflösung zu Aufgabe 22 und Beachtung der darauf folgenden Bemerkung erhält man, da hier $f = 3 \cdot 8$ ist,

$$P = \frac{1{,}5 - 0{,}75}{2}\cdot\frac{1{,}5 \cdot (1 \cdot 2{,}5) \cdot 1000}{9{,}81} = 143\,\text{kg}.$$
$$L = P \cdot 0{,}75 = 107{,}25\,\text{mkg}.$$

25. Wir wollen bei Lösung der Aufgabe sogleich von dem (übrigens nicht schwer zu beweisenden) Satze ausgehen, daß das Gewicht des wasserhaltenden Ringstückes das Rad ebenso zu drehen strebt, als wenn am Ende des mittleren Halbmessers r ein vertikales Wasserprisma angebracht wäre, dessen Querschnitt gleich dem Querschnitt des wasserhaltenden Ringstückes und dessen Höhe der vertikalen Höhe des Ringstückes, oder genauer der Sehne des mittleren Kreisbogens gleich ist. Da nun während jeder Sekunde das Wasservolumen V in die Zellen fällt und jeder Punkt des mittleren Bogens die Geschwindigkeit c hat, so muß, wenn a den Querschnitt des wasserhaltenden Ringstückes bezeichnet, $a\,c = V$, also $a = \dfrac{V}{c}$ sein, folglich ist, nach dem obigen Satze, wenn noch γ das Gewicht der Volumeneinheit Wasser bezeichnet, das an dem horizontalen mittleren Halbmesser r wirkende Gewicht $Q = h\,a\,\gamma = h \cdot \dfrac{V}{c} \cdot \gamma$, demnach die Leistungsfähigkeit des Rades in der Sekunde

$$L = c \cdot h \cdot \frac{V}{c} \cdot \gamma = h\,V\,\gamma = h \cdot Q.$$

26. Wenn m den Ausflußkoeffizienten bezeichnet, so ist bei ruhendem Rade die Ausflußgeschwindigkeit $= m\,\sqrt{2gh}$ (Aufgabe 10); beginnt aber das Rad seine Bewegung, so entwickelt sich im Wasser der hohlen Radarme eine Zentrifugalkraft, die das Wasser schneller aus den Ausflußöffnungen treibt und zunimmt, bis die Bewegungshindernisse dynamisches Gleichgewicht erzeugt und die Ausflußöffnungen die konstante Geschwindigkeit c erlangt haben. Wir wollen uns indessen hier mit einem nur angenähert richtigen Resultat begnügen und den Einfluß der Zentrifugalkraft, dagegen aber auch den die Ausflußgeschwindigkeit vermindernden Koeffizienten m außer acht lassen*). Hiernach geht während einer Sekunde durch das Rad und strömt aus den Ausflußöffnungen das Wasservolumen $a\,\sqrt{2gh} = V$.

Die Ausflußöffnungen haben aber der Aufgabe zufolge eine der Ausflußgeschwindigkeit $\sqrt{2gh}$ entgegengesetzt gerichtete Geschwindigkeit c, folglich ist die absolute Ausflußgeschwindigkeit $= \sqrt{2gh} - c$; das während einer Sekunde ausfließende Wasservolumen V oder, wenn γ das Gewicht der Volumeneinheit bezeichnet, die Masse $\dfrac{V\gamma}{g}$, besitzt also eine lebendige Kraft oder ein Arbeitsvermögen

$$= \frac{1}{2}\,\frac{V\gamma}{g}\,\left(\sqrt{2gh} - c\right)^2.$$

Diese Arbeit ist aber offenbar in Beziehung auf die Nutzwirkung des Rades, das sich ja in einer der Ausflußgeschwindigkeit des Wassers entgegengesetzten Richtung bewegen soll, als Arbeitsverlust zu betrachten und muß daher von dem theoretischen Arbeitsvermögen $V\gamma h$ abgezogen werden, wodurch man die Nutzleistung

$$L = V\gamma h = \frac{1}{2}\,\frac{V\gamma}{g}\,\left(\sqrt{2gh} - c\right)^2$$

$$= \frac{V\gamma}{g}\,c\,\left(\sqrt{2gh} - c\right)$$

erhält, wobei aber die Reibungswiderstände noch nicht berücksichtigt sind.

---

*) Die Beachtung der Zentrifugalkraft würde eine Integration oder doch eine durch Substituierungen weitläufige Rechnung erfordern.

Auflösungen zu XVII.

1. a) $76 \times 13,59 = 1032,84\,\text{g} = 1,03284\,\text{kg}$.

    b) $28,98 \,.\, 1,07184 \,.\, 13,59$ Lot $= 14,07105$ Pfd.

2. a) $80 \,.\, 60 \,.\, 1,033 = 4958,4\,\text{kg}$.

    b) $(^{30}/_2)^2 \,.\, 3,1416 \,.\, 1,033 = 730,2\,\text{kg}$.

    c) $4 \,.\, 3^2 \,.\, 3,1416 \,.\, 10330 = 1\,168\,298\,\text{kg}$.

3. Im ersten Falle $144 \,.\, 14 \,.\, 14,07 = 28365,12$ Pfd. bezw. $14\,462\,\text{kg}$, im zweiten $^{27}/_{28} \,.\, 28365,12 = 27\,352$ Pfd. bezw. $14\,350\,\text{kg}$.

4. $h = 28,98 \,.\, 13,6$ Zoll $= 32,84$ Fuß oder $10,33\,\text{m}$.

5. $\dfrac{28,98 \,.\, 13,6}{0,8}$ Zoll $= 41,05$ Fuß oder $12,890\,\text{m}$; $\dfrac{28,98 \,.\, 13,6}{1,8}$ Zoll $= 18,24$ Fuß oder $5,727\,\text{m}$.

6. Mit einer Kraft von $50 \,.\, 1,033 = 51,65\,\text{kg}$ wird die Platte durch die Luft ausgedrückt. Zieht man davon den Druck des Wassers, der $= 50 \,.\, 13 = 650\,\text{g}$ ist, ab, so erhält man den wirksamen Druck, mit welchem die Platte, abgesehen von ihrem Gewicht, gegen den Rand des Glases gedrückt wird, $= 51\,\text{kg}$.

7. $\dfrac{45}{10,33} = 4,35$ Atmosphären.

8. $9,7$ Atmosphärendrücke.

9. $776 \,.\, 13,59 \,.\, 773 = 7985\,\text{m}$ oder etwas mehr als eine geogr. Meile. Die so berechnete Höhe ist aber zu klein, weil die Dichte der Luft dem Mariotteschen Gesetz gemäß in demselben Verhältnis abnimmt, in welchem die Höhe zunimmt.

10. Es sei, der Erdhalbmesser als Einheit angenommen, x die Entfernung eines Punktes vom Mittelpunkte der Erde, in welchem die für ein Luftteilchen erforderliche Zentripetalkraft seiner Schwerkraft gleich ist, so hat man, da die Zentripetalbeschleunigung am Äquator an der Oberfläche der Erde nach Aufg. 10 in VII. $= 0,0339\,\text{m}$, im vorliegenden Falle also $x \,.\, 0,0339\,\text{m}$ beträgt, die Beschleunigung der Schwere in jenem Punkte aber $\dfrac{9,81}{x^2}\,\text{m}$ ist,

$x \,.\, 0,0339 = \dfrac{9,81}{x^2}$ und daraus $x = 6,6$, folglich ist die gesuchte Höhe $= 5,6$ Erdhalbmesser.

11. Quecksilber ist $773 \,.\, 13,59 = 10\,505$ mal so dicht wie die Luft von der Temperatur 0° und bei dem Barometerstande von $760\,\text{mm}$, eine Quecksilbersäule von einem Millimeter Höhe wird also einer $10\,505$ mal so hohen Luftsäule, d. h. einer Luftsäule von $10,5\,\text{m}$ das Gleichgewicht halten.

12. Denkt man sich die Atmosphäre in parallele Schichten von solcher Höhe geteilt, daß jede für sich einer Quecksilbersäule von einem Millimeter das Gleichgewicht hält, so ruhen auf der untersten Luftschicht, die also 10,5 m hoch ist, 759 solcher Schichten von gleichem Druck, auf der folgenden 758 ꝛc. Aus dem Mariotteschen Gesetz folgt aber, wenn x_2, x_3 u. s. w. die Höhen der zweiten, dritten u. s. w. Luftschicht bezeichnen,

$$x_2 : 10{,}5 = 760 : 759, \text{ also } x_2 = \frac{760 \cdot 10{,}5}{759} = 10{,}514 \text{ m}.$$

$$\text{Ebenso erhält man } x_3 = \frac{760 \cdot 10{,}5}{758} = 10{,}528 \text{ m},$$

$$x_4 = \frac{760 \cdot 10{,}5}{757} = 10{,}541 \text{ m}$$

u. s. w. Wäre also die Temperatur in allen Höhen dieselbe, so müßte man steigen:

10,5   + 10,514 = 21,014 m, damit das Barometer um 2 mm falle,
21,041 + 10,528 = 31,542   „   „   „   „   „ 3 „   „
31,542 + 10,541 = 42,083   „   „   „   „   „ 4 „   „

13. Aus $(x + 76 - 12) : 76 = 24 : 12$ folgt $76 + 12 = 88$ cm.

14. Bezeichnet x die Quecksilberhöhe im kurzen Schenkel, so ist der Druck auf die in diesem Schenkel befindliche Luft $= 76 + 60 - x$ cm, man hat also nach dem Mariotteschen Gesetz die Proportion $76 : (76 + 60 - x) = (24 - x) : 24$ oder $x^2 - 160\,x + 1440 = 0$, folglich $x = 9{,}6$ cm. Das Volumen der Luft im verschlossenen Schenkel beträgt also im vorliegenden Falle $\dfrac{24 - 9{,}6}{24} = 0{,}66$ des ursprünglichen Volumens.

15. Aus der Gleichung $l : (L - x) = (B - x) : B$ folgt nach Einsetzung der gegebenen Werte $x^2 - 174\,x + 5160 = 0$, und daraus $x = 38$ cm; es nimmt also die Luft einen Raum von $98 - 38 = 60$ cm, d. h. den doppelten Raum wie vorher ein.

16. Aus den beiden Gleichungen $l : y = (B - x) : B$ und $x + y = l_1$ folgt:

$$x = \tfrac{1}{2}(l_1 + B) - \sqrt{lB + \tfrac{1}{4}(B - l_1)^2} = 27{,}7 \text{ cm},$$
$$y = \tfrac{1}{2}(l_1 - B) + \sqrt{lB + \tfrac{1}{4}(B - l_1)^2} = 47{,}3 \text{ cm}$$

In den besonderen Fällen:

a) wenn $l_1 = l$, wird $x = 0$, $y = l = l_1$;

b) wenn $l_1 = L$, so fällt die Aufgabe mit der vorigen zusammen und man erhält $x = 38$, $y = 60$ cm;

c) wenn $l_1 = B$, so wird $x = B - \sqrt{Bl}$, $y = \sqrt{Bl}$, d. h. die Länge der Luftsäule im Glasrohre ist die mittlere geometrische Proportionale zwischen Barometerhöhe und der anfänglichen Länge der Luftsäule.

17. Aus $l : nl = (B - x) : B$ folgt $x = \dfrac{B(n - 1)}{n} = 506^2/_3$ mm, also $l_1 = x + nl = 506^2/_3 + 240 = 746^2/_3$ mm.

18. Aus $V : V_1 = B_1 : B$ folgt $V_1 = \dfrac{V \cdot B}{B_1} = \dfrac{2 \cdot 72}{76} = 1{,}89$ Liter.

19. Aus $V : 1{,}9 = (725 - 5) : 760$ folgt $V = 1{,}8$ Liter.

20. Nach dem Mariotteschen Gesetze verhalten sich die Druckkräfte, welche auf gleiche Gasmengen wirken, umgekehrt, wie die Volumina, die diese einnehmen, also direkt, wie die Dichten derselben, woraus folgt, daß sich die Barometerhöhen in den verschiedenen Luftschichten wie die Dichten dieser Schichten verhalten. Denkt man sich nun eine Luftsäule in parallele Schichten von gleichen, aber so geringen Höhen geteilt, daß innerhalb jeder derselben die Dichte als gleichförmig betrachtet werden kann, und bezeichnet man die Dichten der aufeinander folgenden Schichten mit d_1, d_2, d_3 ..., die der Expansivkraft derselben entsprechenden Barometerstände mit b_1, b_2, b_3 ..., sowie ihre absoluten Gewichte mit q_1, q_2, q_3 ..., so hat man

$$b_1 : b_2 = d_1 : d_2; \quad b_2 : b_3 = d_2 : d_3 \text{ u. s. w.,}$$

also auch, weil wegen der Gleichheit der Luftvolumina sich verhält

$$d_1 : d_2 = q_1 : q_2; \quad d_2 : d_3 = q_2 : q_3 \text{ u. s. w.,}$$
$$b_1 : b_2 = q_1 : q_2; \quad b_2 : b_3 = q_2 : q_3 \text{ u. s. w.}$$

Denken wir uns nun die Luftsäule von demselben Durchmesser, wie die Quecksilbersäule im Barometer, so ist

$$q_1 = \text{dem Gewichte der Quecksilbersäule } b_1 - b_2,$$
$$q_2 = \text{\textquotedbl \quad \textquotedbl \quad \textquotedbl \quad \textquotedbl \qquad } b_2 - b_3 \text{ u. s. w.,}$$

also $b_1 : b_2 = (b_1 - b_2) : (b_2 - b_3); \quad b_2 : b_3 = (b_2 - b_3) : (b_3 - b_4)$ u. s. w., folglich nach arithmetischen Gesetzen

$$b_1 : b_2 = b_2 : b_3; \quad b_2 : b_3 = b_3 : b_4 \text{ u. s. w.,}$$

d. h. die Glieder b_1, b_2, b_3, b_4 ... bilden eine geometrische Reihe, während die Höhen immer um 1 fortschreiten, also eine arithmetische Reihe bilden.

Da nun in einer geometrischen Reihe alle gleichweit voneinander abstehenden Glieder selbst wieder eine geometrische Reihe bilden, so gilt das Gesetz auch für beliebig große, aber gleiche Höhenzunahmen.

21. Der vorhergehenden Aufgabe gemäß bilden diese Barometerstände die Glieder einer geometrischen Reihe, deren erstes Glied $= 760$ und deren zweites Glied 759, deren Exponent also $\dfrac{759}{760}$, so daß die Reihe selbst ist:

$$760, \quad 760 \cdot \frac{759}{760}, \quad 760 \left(\frac{759}{760}\right)^2 \cdots 760 \left(\frac{759}{760}\right)^n.$$

22. Aus $760 \left(\dfrac{759}{760}\right)^n = 720$ folgt:

$$n = \frac{\log 760 - \log 720}{\log 760 - \log 759},$$

also $H = n \cdot 10{,}5 = \dfrac{10{,}5}{\log 760 - \log 759} (\log 760 - \log 720).$

Nun ist $\dfrac{10{,}5}{log\ 760\ -\ log\ 759} = 18\,400$ m, also

$$H = 18\,400 \cdot (log\ 760 - log\ 720) = 432{,}4\ \text{m}.$$

23.   Aus der vorigen Aufgabe folgt:

$$H = 18\,400\ (log\ 760 - log\ {}^1/_{50}) = 84\,320\ \text{m} = 11{,}4\ \text{Meilen}.$$

24.   Aus $760 \left(\dfrac{759}{760}\right)^m = B$ und $760 \left(\dfrac{735}{760}\right)^n = b$ folgt

$$n - m = \frac{log\ B - log\ b}{log\ 760 - log\ 759},$$

also $H = (n-m) \cdot 10{,}5 = 18\,400 \cdot (log\ B - log\ b)$.

Diese Gleichung, in Pariser Fuß und unter Zugrundelegung eines normalen Barometerstandes von 28 Par. Zoll, ist zuerst von Tobias Mayer in der Form $H = 60\,000\ (log\ B - log\ b)$ Par. Fuß aufgestellt worden (statt 60 000 ist richtiger 56 154 zu nehmen). Deluc, nach welchem diese Formel gewöhnlich benannt wird, hat durch Erfahrung gefunden, daß sie nur bei 17° R. ein ziemlich genaues Resultat giebt, und hat überhaupt zuerst auf die Notwendigkeit aufmerksam gemacht, bei Höhenmessungen auch die Verschiedenheit der Temperatur zu berücksichtigen.

25.   Aus der Formel ergiebt sich folgende Rechnung mit Hilfe einer fünfstelligen Logarithmentafel:

Man hat im vorliegenden Falle $C = 56\,588$

$$399 + T + t = 417{,}5$$

$\log B = 1{,}43409 - 0{,}00153$
$\log b = 1{,}29765 - 0{,}00032$

wodurch nach Auflösung b, der Aufgabe 23 in **XX.** (darin B und b statt x gesetzt) die beobachteten Barometerstände auf 0° R. reduziert sind.

$$log\ B - log\ b = 0{,}13644 - 0{,}00121 = 0{,}13523.$$

Nun ist $log\ C$ $= 4{,}75272$
$log\ (339 + T + t) = 2{,}62066$
$compl\ log\ 399$ $= 7{,}39903 - 10$
$log\ (log\ B - log\ b) = 9{,}13108 - 10$
$\overline{\ \ 3{,}90349}$

Korrektion wegen der geographischen Breite $\varphi \cdots + 8^*)$

folglich $log\ H = 3{,}90357$
$H = 8009$ Par. Fuß.

---

*) Der Faktor $1 + 0{,}0026\ cos\ 2\ \varphi$ der Formel ist hinreichend berücksichtigt, wenn man für jeden Breitengrad über oder unter 45° von der Summe der Log. der übrigen Faktoren 0,00004 abzieht oder dazu addiert.

26. $H = 721{,}65$ Par. Fuß.

27. Der Wasserdampf der Atmosphäre übt in seiner Gasform gleichfalls einen Druck auf das Barometer aus, der sich also zu dem Druck der reinen atmosphärischen Luft addiert. Wird nun der Wasserdampf durch irgend eine Ursache verdichtet und geht in Regen über, so wird der Druck geringer und das Barometer muß fallen.

28. In der Regel sinkt das Barometer in einer Gegend, wenn diese Gegend wärmer wird, als die Umgebung, also die Luft über dieser Gegend ausgedehnt wird, aufsteigt und zum Teil oben nach den Seiten hin abfließt. Umgekehrt rührt das Steigen des Barometers in der Regel von dem Kälterwerden dieser Gegend her.

29. Nimmt man den Druck einer Quecksilbersäule von 760 mm Höhe auf das Quadratzentimeter $= 1{,}033$ kg an, so folgt aus $760 : (730 + 570) = 1{,}033 : x$ der Wert von $x = 1{,}767$ kg.

30. Mit ungefähr 3 Atmosphären.

31. Die Höhe der Quecksilbersäule, welche der Expansivkraft der Luft im Manometer entspricht, wenn das Quecksilber in demselben h Zoll hoch steht, findet sich dem Mariotteschen Gesetze gemäß

$$= \frac{l}{l - h} \cdot b,$$

also die Höhe der Quecksilbersäule, welche der Expansivkraft des Dampfes entspricht, $H = h + \dfrac{l}{l - h} \cdot b = 352 + \dfrac{677}{325} \cdot 760 = 1935$ mm,

folglich $D = \dfrac{1935}{760} \cdot 1{,}033 = 2{,}63$ kg.

32. In diesem Falle findet man (aus der vorigen Auflösung und aus Aufgabe 41 in XX.) die Höhe der Quecksilbersäule, welche der Expansivkraft der Luft im Manometer entspricht,

$$= \frac{l}{l - h} \cdot \frac{1 + 0{,}00367 \cdot t_1}{1 + 0{,}00367 \cdot t} \cdot b,$$

also, wenn man die Quecksilberhöhe, welche der Expansivkraft des Gases, womit das Manometer in Verbindung gebracht ist, mit H bezeichnet,

$$H = h + \frac{l}{l - h} \cdot \frac{1 + 0{,}00367 \, t_1}{1 + 0{,}00367 \, t} \cdot b$$

$$= 352 + \frac{677}{325} \cdot \frac{1 + 0{,}00367 \cdot 21}{1 + 0{,}00367 \cdot 10} \cdot 760 = 1997 \text{ mm}.$$

33. Bezeichnen $x_1, x_2 \ldots x_n$ die Luftdichten nach $1, 2, \ldots n$ Kolbenzügen, so hat man, da sich die Dichtigkeiten der Körper bei gleicher Masse umgekehrt wie ihre Volumina verhalten, nach dem ersten Kolbenzug

$$x_1 : d = b : (a + b), \text{ also } x_1 = \frac{b}{a + b} \cdot d.$$

Ebenso nach dem zweiten Kolbenzug

$$x_2 : x_1 = b : (a + b), \text{ also } x_2 = \frac{b}{a + b} \cdot x_1 = \left(\frac{b}{a + b} \right)^2 \cdot d,$$

und nach dem n ten Kolbenzuge $x_n = \left(\dfrac{b}{a+b}\right)^n \cdot d.$ Für $d = 1$ wird

$$x_n = \left(\frac{b}{a+b}\right)^n.$$

34. $x = \left(\dfrac{2{,}8}{0{,}7 + 2{,}8}\right)^8 = 0{,}8^8 = 0{,}1678.$

35.   Bezeichnet x die Anzahl der Kolbenzüge, so folgt aus $^{1}/_{10} = \left(\dfrac{4}{5}\right)^n$

der Wert $x = \dfrac{\log 10}{\log 5 - \log 4} = 10{,}3.$

36.   Die Dichte der Luft unter dem Rezipienten verhält sich in diesem Falle zur Dichte der äußeren Luft, wie $5 : 755$ oder wie $1 : 151$, es hat also eine 151 fache Luftverdünnung stattgefunden.

37.   Wie $(750 - 740) : 750$, d. h. wie $1 : 75$.

38.   Es seien E und E_1 die (z. B. durch die Quecksilberhöhen eines mit dem Rezipienten in Verbindung stehenden Barometers gemessenen) Expansivkräfte der Luft im Rezipienten vor und nach dem ersten Kolbenzuge, so hat man $E : E_1 = (a + x) : x$, also $x = \dfrac{E_1}{E - E_1} a.$ Zur Kontrolle kann man das Verfahren wiederholen.

39.   Bezeichnen wieder E und E_1 die Expansivkraft der Luft im Rezipienten vor und nach dem ersten Kolbenzuge, so hat man

$$E : E_1 = (a + b + x) : (b + x),$$
$$\text{also } x = \frac{E_1 (a + b) - E b}{E - E_1}.$$

40.   Der Druck der Atmosphäre auf den Kolben beträgt $16 . 1{,}033 = 16{,}528$ kg. Auf der andern Seite des Kolbens beträgt aber der Druck nur $\dfrac{4}{76} \cdot 16{,}528 = 0{,}87$ kg, der beim Aufziehen des Kolbens zu überwindende Druck ist also, die Reibung ungerechnet *), $16{,}528 - 0{,}87 = 15{,}658$ kg.

41.   Der Kolben hat eine Durchschnittsfläche von 176 engl. Quadratzoll, also ist der auf ihn wirkende mittlere atmosphärische Druck $= 176 . 14$ engl. Pfund, folglich der nach Abzug des Gegendruckes u. s. w. noch wirksame Druck $= {}^3/_5 . 176 . 14 = 1478$ Pfd., woraus

$$x = \frac{1478}{8} = 185 \text{ Tonnen folgt.}$$

42.   Jede der beiden Halbkugeln wurde mit einer Kraft gegen die andere gedrückt, die sich ergiebt, wenn man 15 Pfd. mit dem Flächeninhalt des größten Kreises der Kugel, in Quadratzollen ausgedrückt, multipliziert, also mit $11^2 . 3{,}1416 . 15 = 5702$ Pfd.

43.   Daß ein Körper in der Luft ebensoviel an Gewicht verliert, als die Luft wiegt, die er verdrängt.

---

*) Reibung des Kolbens siehe Aufgabe 6 in XI.

44. $\dfrac{q_1 - q_2}{{}^4/_3\,r^3\,\pi} = \dfrac{3\cdot(349{,}321 - 333{,}975)}{4\cdot 14{,}1^3\cdot 3{,}14159} = 0{,}001307$ g wiegt ein Kubik=

zentimeter, also $1{,}307$ g ein Liter Luft (den genaueren Wert f. in Tabelle 5).

45. Bis zur Dichte $\dfrac{v}{V}\,d$.

46. Aus $d_1 : d = (B + n\,A)\cdot B$ folgt

$$d_1 = \frac{B + n\,A}{B}\cdot d.$$

47. Es müssen noch $9\cdot 360 = 3240$ ccm von der anfänglichen Dichte in den Rezipienten gepumpt werden, und dies geschieht durch $\dfrac{3240}{120} = 27$ Kolben=

stöße. $\left(n = \dfrac{B\,(d_1 - d)}{A\,d}.\right)$

48. Die ursprünglich in dem Kolben enthaltene Luft würde, wenn sie sich bis zur Dichte der Atmosphäre beim Barometerdruck $= 76$ cm ausdehnen könnte, ein Volumen von $8\cdot 400$ ccm einnehmen. Die aus dem Kolben aus= getretene Luft würde unter dem Drucke von 76 cm ein Volumen von $\dfrac{755}{760}\cdot 800$ ccm einnehmen, also würde die noch in dem Kolben gebliebene

Luft unter dem Drucke von 76 cm einen Raum von $8\cdot 400 - \dfrac{75}{76}\cdot 800$

$= 2495{,}3$ ccm einnehmen, folglich ist die Expansivkraft $\dfrac{2495{,}3}{400}$, d. h. $6{,}26$ mal so

groß wie die Expansivkraft der Atmosphäre bei einem Barometerdruck von 76 cm.

49. Bis zu $32{,}84$ Fuß oder $10{,}33$ m Höhe (siehe Aufgabe 4); gewöhnlich wird aber das Saugrohr nur 3 bis 4 m oder 10 bis 14 Fuß lang gemacht, weil die Kolben nicht luftdicht schließen.

50. Bezeichnet H die Höhe einer Wassersäule, welche dem atmosphärischen Drucke das Gleichgewicht hält, und ist x die Entfernung des Kolbens von der Ausgußöffnung bei irgend einer Stellung desselben, y die Entfernung des Kolbens vom Wasserspiegel, also $x + y = h$ die Entfernung der Ausguß= öffnung vom Wasserspiegel, so drückt auf den Kolben nach unten eine Wassersäule von der Höhe $H + x$, nach oben eine Wassersäule von der Höhe $H - y$, folglich ist der resultierende Druck auf den Kolben nach unten der einer Wassersäule vom Volumen $= a\,(H + x - H + y) = a\,(x + y)$ $= a\cdot h$, also vom Gewicht $a\,h\,\gamma$, wenn γ das Gewicht einer Volumeinheit Wasser bezeichnet. Folglich ist $P = a\,h\,\gamma$ und $L = Pb = a\,h\,\gamma\,b$ für die Zeit eines Kolbenhubes. Diese nützliche Arbeit findet nur beim Auf= steigen des Kolbens, keine aber beim Niedersteigen statt.

51. Behalten wir die Bezeichnungen der vorhergehenden Auflösung bei, so drückt beim Aufziehen des Kolbens auf diesen nach unten eine Wasser= säule von der Höhe H, nach oben von $H - y$, also nach unten ein Über= schuß von y, folglich ist beim Aufziehen des Kolbens die bewegende Kraft $= a\,y\,\gamma$ und die Arbeit $= a\,y\,\gamma\,b$.

Beim Niedergehen des Kolbens ist die bewegende Kraft $= a\,x\,\gamma$; also die Arbeit $a\,x\,\gamma\,b$, folglich während eines vollständigen Wechsels der Pumpe die Arbeit $= a\,\gamma\,b\,(x+y) = a\,h\,\gamma\,b$.

52.   Daß, abgesehen von Reibung und sonstigen Widerständen, die Arbeit der Pumpen dem Produkte gleich ist, das man erhält, wenn man das Gewicht $(a\,b\,\gamma)$ des während eines Kolbenhubes gehobenen Wassers mit der Höhe (h) der Ausflußmündung über dem Wasserspiegel multipliziert.

53. $60 \cdot 300 = 18\,000\,g = 18\,\text{kg}$ ist die Kraft, welche nötig sein würde, wenn keine Reibungs = und sonstige Widerstände zu überwinden wären. Gewöhnlich nimmt man an, daß bei gut konstruierten Pumpen $^1/_5$ der theoretischen Kraft zur Überwindung jener Widerstände hinreiche, also ist im vorliegenden Falle die wirklich anzuwendende Kraft $= 18 + 3{,}6 = 21{,}6\,\text{kg}$.

54.   Die theoretische Arbeit ist $= 18 \cdot 0{,}5 \cdot 15 = 135\,\text{mkg}$, also die wirklich notwendige (vergl. vorhergehende Auflösung) $= 135 + \dfrac{1}{5} \cdot 135 = 162\,\text{mkg}$.

55.   Die Wassermenge beträgt $\dfrac{60 \cdot 300}{1\,000\,000} \cdot 15 = 0{,}27\,\text{cbm}$.   Dies mit $0{,}9$ multipliziert, giebt $0{,}243\,\text{cbm}$.

Weil die Arbeit $162\,\text{mkg}$ in der Minute beträgt, so ist der Effekt $\dfrac{162}{60} = 2{,}7$ Sekundenmeterkilogramm.

56. $P = Va - (V\alpha + Q) = V(a-\alpha) - Q.$

57.   Aus $Va = V\alpha + Q$ folgt $V = \dfrac{Q}{a-\alpha} : V_1 = \dfrac{B}{B_1} \cdot \dfrac{Q}{a-\alpha}.$

58.   Das Gewicht eines Kubikmeters atmosphärische Luft bei $0^{\circ}\,\text{C.}$ und $0{,}76\,\text{m}$ Barometerstand ist $= 1{,}293$ (Tabelle 5) oder annähernd $1{,}3\,\text{kg}$, also das Gewicht eines Kubikmeters Wasserstoff $= 1{,}3 \cdot 0{,}07$ (Tabelle 9, c) $= 0{,}09\,\text{kg}$, folglich nach Aufgabe 56:
$$P = 600\,(1{,}3 - 0{,}09) - 520 = 206\,\text{kg}.$$

59.   Nimmt man das Gewicht eines Kubikmeters Luft $= 1{,}3\,\text{kg}$ und also das eines Kubikmeters Wasserstoff $= 1{,}3 \cdot 0{,}07 - 0{,}091\,\text{kg}$, so hat man (nach Aufg. 57) $\dfrac{d^3\pi}{6} = \dfrac{363}{1{,}3 - 0{,}091}$, also $d^3 = \dfrac{363 \cdot 6}{1{,}209 \cdot {}^{22}/_7} = $ nahe 573, folglich $d = 8{,}3\,\text{m}$, oder es muß vielmehr d größer als dieser Wert sein, da bei diesem der Ballon gerade nur schweben bleiben würde.

60.   1) Nehmen wir das Gewicht eines Kubikfußes Luft $= 0{,}08$ Pfd. an, so wog die durch den Ballon verdrängte atmosphärische Luft $^{27}/_{28} \cdot 10\,000 \cdot 0{,}08 = 771{,}4$ Pfd.

Der in dem Ballon enthaltene Wasserstoff wog hiernach $\dfrac{771{,}4}{5^1/_4} = 146{,}9$ Pfd., also war das Gewicht des mit Wasserstoff gefüllten Ballons nebst Zubehör $= 146{,}9 + 604{,}5 = 751{,}4$ Pfd., folglich die Steigkraft des Ballons $= 771{,}4 - 751{,}4 = 20$ Pfd.

2) Zur Auffindung der Höhe h, in welcher sich der Ballon ganz aufblähte, braucht man nur das Verhältnis der unteren und oberen Barometerstände B und b auszumitteln und dann die Mayersche Formel (aus Auflösung zu 24) anzuwenden. Nun verhält sich der untere Barometerstand B zum oberen b, wie die entsprechenden Dichtigkeiten der atmosphärischen Luft, also auch wie die Dichten des Wasserstoffes im Ballon an der Erdoberfläche zu der in der Höhe h, oder umgekehrt wie das Volumen des Ballons an der Erdoberfläche zu dem in der Höhe h, d. h. es verhält sich

$$B : b = 1 : {}^{27}/_{28} \text{ oder } \frac{B}{b} = {}^{28}/_{27},$$

man hat demnach

$$h = 60\,000\,(log\,28 - log\,27) = 60\,000 \cdot 0{,}01551 = 930{,}6 \text{ Par. Fuß.}$$

Sollte der Ballon höher steigen, so mußte ein Teil des Wasserstoffes aus dem Ballon herausgelassen werden.

———

Auflösungen zu XVIII.

———

1.   Bezeichnet h_1 die Höhe einer Luftsäule von der Dichte der eingeschlossenen Luft, welche denselben Druck ausübt, wie die Quecksilbersäule h des Manometers, sowie m den entsprechenden Kontraktionskoeffizienten (aus Tab. 10), so ist, h und h_1 in den Längeneinheiten von g vorausgesetzt,

$$v = m\,\sqrt{2\,g\,h_1}, \text{ oder, da } h_1 = h \cdot \frac{D}{h},$$

$$v = m\,\sqrt{2\,g\,h\,\frac{D}{d}}, \text{ und } M = a\,v = a\,m\,\sqrt{2\,g\,h\,\frac{D}{d}}.$$

2.   Aus $x : 4 = \sqrt{900} \cdot \sqrt{400}$ folgt $x = 6$ cbm.

3.   Die Dichte des Quecksilbers ist $D = 13{,}6$, die der Luft unter dem Drucke von $b + h$ Zentimeter (nach Aufgabe 67 in XX):

$$d = \frac{0{,}00129}{1 + 0{,}004\,t} \cdot \frac{b + h}{0{,}76}, \text{ beide auf die Dichte des Wassers bezogen,}$$

also nach Substitution der gegebenen Werte in die Formeln der Aufgabe **1** und nach angemessener Reduktion

$$\text{I. } v = 396{,}5 \cdot m\,\sqrt{h \cdot \frac{1 + 0{,}004 \cdot t}{b + h}} \text{ Meter.}$$

$$\text{II. } M = 396{,}5 \cdot a\,m\,\sqrt{h \cdot \frac{1 + 0{,}004 \cdot t}{b + h}} \text{ Kubikmeter.}$$

4. Setzt man in I. der vorhergegangenen Auflösung $b = 0$, $t = 10$, $m = 1$, so erhält man

$$v = 396{,}5 \sqrt{1 + 0{,}04} = 404{,}4 \text{ m.}$$

5. Der vorhergehenden Auflösung gemäß muß die Geschwindigkeit nur größer als 404,4 m sein.

6. Die Ausflußgeschwindigkeiten der Gase verhalten sich direkt wie die Quadratwurzeln aus den Drücken, aber umgekehrt wie die Quadratwurzeln aus den Dichten. Da nun im vorliegenden Falle die Dichte ganz in demselben Verhältnisse sich ändert, wie der Druck (dem Mariotteschen Gesetze gemäß), so muß die Ausflußgeschwindigkeit dieselbe bleiben.

7. Die Wassersäule des Manometers von 0,05 m ist gleich geltend mit einer Quecksilbersäule von $\dfrac{0{,}05}{13{,}6} = 0{,}00368$ m. Man hat also in Formel II. der Auflösung zu 3 zu setzen: $h = 0{,}00368$, $b = 0{,}75$, $t = 15$, $a = \dfrac{(0{,}02)^2 \cdot \pi}{4} = 0{,}000314$, $m = 0{,}93$ (Tabelle 10 im Anhange), sowie den von d herrührenden Faktor unter dem Wurzelzeichen noch durch die Dichte des Leuchtgases, also durch 0,56 zu dividieren, und erhält dann $M = 0{,}011137$ cbm in der Sekunde, also fließen in der Stunde 40,092 cbm aus.

8. Die allgemeine Formel für die Ausflußmenge der atmosphärischen Luft durch Röhren ist nach d'Aubuissons Versuchen

$$M = 6189 \sqrt{\frac{1 + 0{,}004 \cdot t}{b + h}} \cdot \sqrt{\frac{H \varDelta^5}{L + 42 \dfrac{\varDelta^5}{\delta^4}}} \text{ Par. Kubikfuß,}$$

wenn t die Temperatur, b den Barometerstand, h die Quecksilbersäule im Manometer nahe der Ausflußöffnung, H diejenige im Manometer am Gasometer, L die Röhrenlänge, $\varDelta$ den Röhrendurchmesser und δ den Durchmesser der Ausflußöffnung bezeichnet.

Wenn $\delta = \varDelta$, so muß man, Versuchen gemäß, in dieser Formel den Koeffizienten 6189 noch mit 0,989 multiplizieren, wodurch

$$M = 6121 \sqrt{\frac{1 + 0{,}004 \cdot t}{b + h}} \cdot \sqrt{\frac{H \varDelta^5}{L + 42 \varDelta}} \text{ wird.}$$

Setzt man für $\sqrt{\dfrac{1 + 0{,}004 \cdot t}{b + h}}$, welcher Ausdruck in den gewöhnlich vorkommenden Fällen nur wenig von dem Mittelwert 0,652 sich unterscheidet, diesen letzteren Wert, so erhält man

$$M = 3991 \sqrt{\frac{H \cdot \varDelta^5}{L + 42 \varDelta}},$$

also die Ausflußmenge eines Gases von der Dichte d:

$$M_1 = \frac{M}{\sqrt{d}} = 3991 \sqrt{\frac{H \cdot \varDelta^5}{(L + 42 \varDelta) \cdot d}}.$$

Setzen wir nun in dieser letzteren Formel $H = \dfrac{0{,}15}{13{,}6} = 0{,}01103$,

$\varDelta = 0{,}05$, $L = 400$ und $d = 0{,}56$, so erhalten wir $M_1 = 0{,}015615$ Kubikfuß in der Sekunde, also in der Stunde strömen 46,2 Kubikfuß aus.

9. Man kann den Schornstein als den einen Schenkel einer kommunizierenden Röhre betrachten, deren anderer Schenkel, der umgebende Luftraum, jenen einschließt. Die äußere Luftsäule von der Höhe H und der Temperatur t würde, wenn sie die Temperatur T der Luft im Schornstein hätte, eine Höhe $= \dfrac{H \cdot (1 + aT)}{1 + at}$ haben, worin a den Ausdehnungskoeffizienten der Luft bezeichnet, folglich ist

$$\frac{H(1 + aT)}{1 + at} - H = \frac{Ha\,(T - t)}{1 + at}$$

die Höhe der Luftsäule, von welcher das Ausströmen der Luft aus dem Schornstein abhängt, also

$$v = \sqrt{2g\,\frac{Ha\,(T - t)}{1 + at}},$$

also im vorliegenden Falle

$$v = \sqrt{2 \cdot 9{,}81 \cdot \frac{20 \cdot 0{,}004 \cdot 135}{1{,}06}} = 14{,}1 \text{ m.}$$

10. Die theoretische Ausflußmenge der warmen Luft ist $= f \cdot v$, wenn f den Querschnittsinhalt des Schornsteins bezeichnet, die theoretische Einflußmenge der kalten Luft ist also $= fv\,\dfrac{1 + at}{1 + aT}$, oder, wenn man für v seinen Wert aus voriger Auflösung, sowie $a = {}^1/_{273}$ setzt,

$$M = f\sqrt{2g\,\frac{H(T - t)\,(273 + t)}{(273 + T)^2}}.$$

11. Die Geschwindigkeit des Zuges ist, wenn man den Reibungswiderstand unberücksichtigt läßt, der Quadratwurzel aus der senkrechten Höhe des Schornsteines proportional, sie nimmt aber, wie aus der Formel der vorhergehenden Auflösung hervorgeht, durch Temperaturerhöhung nur in einem abnehmenden Verhältnisse zu, so daß durch Erwärmung der inneren Luftsäule über eine gewisse Temperatur (ungefähr 273⁰) hinaus sogar eine Abnahme des Zuges entsteht.

Übrigens weiß man, daß die Luft im Schornsteine an den Wänden einen Widerstand erleidet, der dem Quadrate der Geschwindigkeit proportional ist. Eine möglichst große Einflußgeschwindigkeit knüpft sich also an die Bedingung einer möglichst langsamen Bewegung im Schornsteine, welcher Bedingung hinreichend entsprochen wird, wenn der Querschnitt des Schornsteines an keiner Stelle weniger beträgt, als der Flächeninhalt der Rostöffnungen zusammengenommen.

12. Da hier $H = L = 14$, $D = 0{,}5$, $T - t = 136{,}5$, $k = 8{,}85$, $k_1 = 4$, so ist $v = 5{,}85$ m. Dagegen würde man nach der Formel in Auflösung zu 9 finden $v = 11{,}7$ m.

13. Durch ähnliche Schlüsse wie in Auflösung zu 20 in XVI. ergiebt sich

$$P = \frac{c^2}{g} F \gamma_1,$$ wo γ_1 das Gewicht eines Kubikmeters Luft, nämlich $1{,}293$ kg

(Tabelle 5), bezeichnet, also $P = \dfrac{10^2}{9{,}81} \cdot 18 \cdot 1{,}293 = 237$ kg.

14. Da der Widerstand der Luft gegen eine in ihr bewegte Fläche mit dem Quadrate der Geschwindigkeit dieser Fläche wächst, so würde der Widerstand gegen einen einzigen Waggon $= 8^2 \cdot 1\frac{1}{2}$ Pfd. $= 96$ Pfd. sein, wozu, um den Luftwiderstand gegen alle 10 Waggons zu finden, noch $10 \cdot \frac{1}{8} \cdot 96 = 120$ Pfd. kommen, so daß also der gesamte Luftwiderstand $96 + 120 = 216$ Pfd. beträgt.

15. Der Widerstand der Luft gegen die beiden gleich schnellen Kugeln verhält sich (annäherungsweise) wie ihre Oberflächen, also wie die Quadrate ihrer Radien. Dagegen verhalten sich die Bewegungsgrößen, welche die beiden Kugeln bei ihrem Austritt aus den Gewehrläufen besitzen, weil ihre Geschwindigkeiten gleich sind, wie ihre Massen, also bei gleicher Materie wie die Kuben ihrer Radien. Daraus wird klar, daß die Geschwindigkeit der schwereren Kugel weniger durch den Widerstand der Luft leidet, daß also diese Kugel in der Zeit, in welcher sie nach dem Gesetze des Falles die Erde berühren muß, weiter geflogen ist, als die leichtere von gleicher Anfangsgeschwindigkeit.

Auflösungen zu XIX.

1. $40 \cdot 332 = 13\,280$ m.

2. Von dem Augenblicke an, in welchem der erste Laut des Donners ins Ohr gelangt, wird nach jeder Sekunde ein anderer hörbar, der von einer um je 332 m weiter entfernten Stelle der Wolke herrührt. Demnach kann die Wolke höchstens eine Länge von $20 \cdot 332$ m oder von beinahe einer Meile haben.

3. Die Entfernung AC des Anfangspunktes des Blitzes vom Beobachter ist $= 13 \cdot 332 = 4316$ m, die Entfernung des Endpunktes oder BC $= (13 + 17) \cdot 332 = 9960$ m. Daraus und aus dem Winkel $w = 36^0$ findet sich AB, d. h. die gesuchte Strecke $= 6970$ m beiläufig.

4. Es sei die Zeit, welche der Stein zum Durchfallen der Grube braucht, $= t$, so ist $\frac{1}{2} g t^2 = 15 \cdot t^2 = 150$ ($g = 9{,}81$ m), also

$$t = \sqrt{\frac{150}{4{,}905}} = 5{,}53 \text{ Sekunden}.$$

Die zur Zurücklegung des Schalles nötige Zeit ist $^{150}/_{332} = 0{,}45$ Sekunden; also ist die gesuchte Zeit $= 5{,}53 + 0{,}45 = 5{,}98$ Sekunden.

5. Ist x die Zeit, welche der Stein zum Hinunterfallen braucht, so ist $10 - x$ die Zeit, welche der Schall zum Heraufkommen nötig hat, und man erhält aus der Gleichung $\frac{9{,}81}{2} x^2 = 332 (10 - x)$ den Wert von $x = 8{,}7$ Sekunden, also die Tiefe der Grube $= \frac{1}{2} g t^2 = 4{,}905 \cdot (8{,}7)^2 = 372$ m.

6. $n = {}^{332}/_{10} = 33$ (ungefähr).

7. $\tau = {}^{1{,}3}/_{332} = {}^{1}/_{256}$ (ungefähr).

8. Bezüglich $^{332}/_{16} = 20{,}75$ m, $^{332}/_{32768} = 1$ cm und $^{332}/_{36500} = 9$ mm (ugf.).

9. Da man der Erfahrung gemäß höchstens neun verschiedene Laute (Silben) in einer Sekunde voneinander unterscheiden kann, der Schall aber in der Sekunde einen Raum von 332 m zurücklegt, so müssen die beiden Schalle wenigstens $^{332}/_9 = 37$ m voneinander entfernt sein.

10. $18{,}5$ m, wenn er nur eine, $2 \cdot 18{,}5$, wenn er zwei, $3 \cdot 18{,}5$ m, wenn er drei Silben wahrnehmen soll u. s. w.

11. $\dfrac{3 \cdot 332}{2} = 996$ m.

12. Diejenige, daß die Harmonie der Töne eines Musikstückes durch die Entfernung nicht gestört wird.

13. Obgleich sich hohe und tiefe Töne gleich schnell fortpflanzen, so dringen doch die Schallwellen hoher Töne weiter in der Luft vor, weil die öfteren Oszillationen ihrer Teilchen kräftiger wirken. Tiefe Töne müssen stärker, d. h. die Oszillationen, durch welche sie erzeugt werden, weiter sein, wenn sie eben so weit dringen sollen wie hohe.

14. Weil nach dem Mariotteschen Gesetz die Expansivkraft der Luft in demselben Grade wie ihre Dichtigkeit wächst, also bei doppelter Dichtigkeit der Luft zwar doppelt soviel Masse zu bewegen, aber auch eine doppelt so große Kraft zu ihrer Bewegung wirksam ist. Durch Erhöhung der Temperatur wird aber die Expansivkraft der Luft größer und dies hat eine größere Geschwindigkeit des Schalles zur Folge (s. Tab. 11 im Anhange).

15. Geht der Schall aus dichterer Luft in dünnere von gleicher Temperatur über, so verursacht der Stoß jeder dichteren Luftschicht auf die folgende dünnere eine größere Vibrationsweite der letzteren, als die erstere besitzt, und durch diese wird die Verringerung der Luftmasse in der Einwirkung auf das Ohr ersetzt. Geht umgekehrt der Schall aus dünnerer Luft in dichtere über, so wird die geringere Vibrationsweite der das Ohr treffenden Luftmenge durch ihre größere Dichte ersetzt. Daraus geht hervor, daß die Stärke des Schalles bei gleicher Temperatur abhängig ist von der Dichtigkeit der Luft, in welcher er erregt, nicht aber von der Dichtigkeit der Luft, in welcher er vernommen wird.

16.   Der Schall wird (ähnlich wie das Licht) beim Übergange aus einem Mittel in ein anderes von verschiedener Dichte durch Reflexion stets geschwächt. So lange nun Champagnerschaum, also eine Mischung von Wein und Kohlensäure, im Glase sich befindet, werden die Schallschwingungen durch vielfache Reflexionen in dem Schaum geschwächt, was nicht mehr der Fall ist, wenn die Flüssigkeit gleichartig geworden.

17.   Gesetzt, der Ton entstehe durch n Schwingungen in der Sekunde. Nähert sich ein Beobachter der Tonquelle mit einer Geschwindigkeit von v Meter (in der Sekunde), so nimmt sein Ohr in der Sekunde $n + x$ Wellenstöße auf, wenn x die Anzahl der Wellenlängen bedeutet, welche in einer Strecke von v Meter enthalten sind, und die sich aus der Proportion $332 : v = n : x$ findet; das Ohr empfängt also $n + \dfrac{n \cdot v}{332}$ Schwingungen in der Sekunde.

Beim Entfernen von der Tonquelle mit derselben Geschwindigkeit wirken auf das Ohr nur $n - \dfrac{v \cdot n}{332}$ Schwingungen in der Sekunde.

18.   Die Tonhöhe der Saite ist bei beliebiger Weite der Schwingungen **die** nämliche und bleibt dieselbe, wenn auch der Ton beim allmählichen Abnehmen der Ablenkung nach und nach schwächer wird.

19.   Wie $3 : 2$.

20.   Wie $\sqrt{4} : \sqrt{9} = 2 : 3$, wie sich aus Aufgabe 23 ergiebt.

21.   Wie $(2 . 1{,}5) : (1{,}6 . 1{,}25) = 3 : 2$.

22. $\dfrac{\sqrt{16}}{1} : \dfrac{\sqrt{9}}{0{,}75} = 1 : 1$, d. h. die Tonhöhen sind einander gleich.

23.   Bezeichnet γ das Gewicht eines Kubikmeters Wasser, so ist

$$n = \frac{1}{l\,d} \sqrt{\frac{g\,P}{\pi s \gamma}} = \frac{1 \cdot 10^6}{1{,}2 \cdot 0{,}002} \sqrt{\frac{9{,}81 \cdot 6}{3{,}1416 \cdot 0{,}5 \cdot 1000}} = 81{,}2.$$

24. $n = {}^1/_2 \sqrt{\dfrac{g\,P}{l\,p}}$ (welche Formel man aus der vorhergehenden erhält, wenn man p statt $^1/_4\, d^2\, \pi\, l\, s\, \gamma$ setzt)

$$= {}^1/_2 \sqrt{\frac{31{,}25 \cdot 4}{9 \cdot \dfrac{0{,}5}{30}}} = 14{,}43$$

also $t = \dfrac{1}{n} = \dfrac{1}{14{,}43} = 0{,}069$ Sekunden.

25.   Da die Saite $1\,\mathrm{g} = 0{,}001\,\mathrm{kg}$ wiegt, so hat man

$$n = \frac{1}{2} \sqrt{\frac{9{,}81 \cdot 13{,}2}{0{,}75 \cdot 0{,}001}} = 209.$$

26.   Aus der Formel zur Aufgabe 24 folgt

$$P = \frac{n^2\, d^2\, l^2\, \pi\, s\, \gamma}{g} = \frac{400^2 \cdot 1{,}6^2 \cdot 0{,}0016^2 \cdot 3{,}1416 \cdot 8{,}4 \cdot 61{,}75}{31{,}25}$$

$$= 54{,}69 \text{ Pfd.}$$

27. Da sich die Schwingungen zweier Stäbe allgemein verhalten wie $\dfrac{d_1}{l_1^2} : \dfrac{d_2}{l_2^2}$, im gegenwärtigen Falle die Schwingungen aber gleich sind, so hat man hier

$$\frac{9}{(1,5)^2} = \frac{4}{l_2^2}, \text{ also } l_2 = 1.$$

28. Der Ton C entspricht $2 \cdot 32 = 64$ Schwingungen,

„	„	c	„	$2 \cdot 64 = 128$ „
„	„	d	„	$9/8 \cdot 128 = 144$ „
„	„	e	„	$5/4 \cdot 128 = 160$ „
„	„	f	„	$4/3 \cdot 128 = 170{,}66\ldots$ „
„	„	g	„	$3/2 \; 128 = 192$ „
„	„	a	„	$5/3 \cdot 128 = 213{,}33\ldots$ „
„	„	$\overline{h}$	„	$15/8 \cdot 128 = 240$ „
„	„	$\overline{c}$	„	$2 \cdot 128 = 256$ „

29. In der c-dur-Tonleiter folgen auf den Grundton zwei ganze, dann ein halber, dann wieder drei ganze und zuletzt wieder ein halber, und um dieselbe Reihenfolge auch für den Grundton g zu erhalten, braucht man in der c-dur-Tonleiter nur den Ton f um einen halben Ton zu erhöhen, d. h. statt f den Ton fis zu setzen.

30. Für die d-dur-Tonleiter müssen fis und cis, für die a-dur-Tonleiter fis, cis und gis eingeschaltet werden.

31. h-dur mit den eingeschalteten Tönen cis, dis, fis, gis und ais.

32. Wenn man von c aus von der Linken nach der Rechten um je eine Quinte weiter schreitet, so ist die erste Quinte der Grundton derjenigen Tonart, welche ein Kreuz, die zweite Quinte der Grundton der Tonart, welche zwei Kreuze erhält u. s. w.

33. Um den Grundton der Tonart zu finden, in welcher 1, 2, 3 u. s. w. b vorgezeichnet sind, braucht man nur von c aus um je 1, 2, 3 u. s. w. Quarten von der Linken nach der Rechten, oder um soviel Quinten von der Rechten nach der Linken fortzuschreiten.

34. Die eingeschalteten Töne sind die kleiner geschriebenen der nachstehenden enharmonischen Tonleiter:

$$\mathbf{C}\ \substack{Cis \\ Des}\ \mathbf{D}\ \substack{Dis \\ Es}\ \mathbf{E}\ \mathbf{F}\ \substack{Fis \\ Ges}\ \mathbf{G}\ \substack{Gis \\ As}\ \mathbf{A}\ \substack{Ais \\ B}\ \mathbf{H}\ \substack{His \\ C,}$$

(Eis über D–E; Fes unter E–F; Ces unter H)

von welchen die untereinander geschriebenen Töne so wenig differieren, daß sie als zusammenfallend betrachtet werden können. Die Oktave der diatonischen Tonleiter enthält also 8, die der enharmonischen 22, die der chromatischen 13 Töne.

35. Bei der gleichschwebenden Temperatur werden die Oktaven rein erhalten, die Intervalle je zweier aufeinander folgenden Töne der chromatischen Tonleiter aber als gleich angenommen, also, wenn c, cis, d dis, e u. s. w. die Schwingungszahlen der entsprechenden Töne bezeichnen,

$$\frac{cis}{c} = \frac{d}{cis} = \frac{dis}{d} = \frac{e}{dis} = \frac{f}{e} = \cdots = \frac{h}{ais} = \frac{\overline{c}}{h}.$$

Bezeichnet i eins dieser zwölf gleichen Intervalle, also das Intervall eines halben Tones, so ergiebt sich

$$cis = i \cdot c; \quad d = i \cdot cis = i^2 \cdot c; \quad dis = i \cdot d = i^3 \cdot c \ldots;$$
$$h = i \cdot ais = i^{11} \cdot c; \quad \overline{c} = i \cdot h = i^{12} \cdot c,$$

also ist, wenn $c = 1$ gesetzt wird, $\overline{c} = 2 = i^{12}$, folglich

$$i = \sqrt[12]{2} = 1{,}059463,$$

woraus sich die nachfolgenden Intervalle ergeben:

Name des Tones	Reines Intervall	Gleichschwebend temperiertes Intervall
. . . . .	1	$= 1$
cis	$^{25}/_{24} = 1{,}04166$	
des	$^{27}/_{25} = 1{,}08000$	$i^1 = 1{,}05946$
d	$^{9}/_{8} = 1{,}12500$	$i^2 = 1{,}12246$
dis	$^{75}/_{64} = 1{,}17187$	
es	$^{6}/_{5} = 1{,}20000$	$i^3 = 1{,}18921$
e	$^{5}/_{4} = 1{,}25000$	
fes	$^{32}/_{25} = 1{,}28000$	$i^4 = 1{,}25992$
eis	$^{125}/_{96} = 1{,}30208$	
f	$^{4}/_{3} = 1{,}33333$	$i^5 = 1{,}33484$
fis	$^{25}/_{18} = 1{,}38889$	
ges	$^{36}/_{25} = 1{,}44000$	$i^6 = 1{,}41421$
g	$^{3}/_{2} = 1{,}50000$	$i^7 = 1{,}49831$
gis	$^{25}/_{16} = 1{,}56250$	
as	$^{8}/_{5} = 1{,}60000$	$i^8 = 1{,}58740$
a	$^{5}/_{3} = 1{,}66666$	$i^9 = 1{,}68179$
ais	$^{125}/_{72} = 1{,}73611$	
b	$^{9}/_{5} = 1{,}80000$	$i^{10} = 1{,}78180$
h	$^{13}/_{8} = 1{,}87500$	
ces	$^{48}/_{25} = 1{,}92000$	$i^{11} = 1{,}88775$
his	$^{125}/_{64} = 1{,}95313$	
$\overline{c}$	$2 = 2{,}00000$	$i^{12} = 2{,}00000$

36. Man nennt Obertöne eines Tones diejenigen, deren Schwingungszahlen 2=, 3=, 4=, 5=, 6=, 7=, 8mal u. s. w. so groß sind wie die Schwingungszahl des Grundtones; von diesen sind aber nur die fünf ersten dem Grundton harmonisch, die harmonischen Obertöne des Grundtones C sind also c, g, $\overline{c}$, $\overline{e}$ und $\overline{g}$.

37. Wenn man eine Klaviersaite in $^1/_7$ ihrer Länge anschlägt, so kann die Saite eine Schwingung ausführen, welche aus denjenigen zusammengesetzt ist, die sie macht, wenn sie als Ganzes, in zwei, drei, vier, fünf, sechs Teilen schwingt; daher sind in dem erzeugten Klange die sechs ersten Teiltöne vorhanden. · Würde dagegen die Saite in ihrer Mitte angeschlagen, so müßten in dem Klange alle geradzahligen Obertöne fehlen, weil sie an der angeschlagenen Stelle einen Knotenpunkt haben, dessen Entstehung aber durch den Anschlag verhindert wird. Beim Anschlagen in $^1/_3$ der Saitenlänge würde der dritte und der sechste Oberton fehlen u. s. w.

38. Berührt man die Saite des Monochords, nachdem sie in $^1/_7$ ihrer Länge gerupft ist, in ihrer Mitte lose mit dem Finger oder einem feinen Pinsel, so werden dadurch die Töne der ganzen Saite sowie ihrer Drittel und Fünftel gedämpft und es bleiben nur noch die Töne der Hälften, Viertel und Sechstel der Saitenlänge bestehen, wovon der der Hälften, also die Oktave des Grundtones, am stärksten ins Ohr tritt. Bei Berührung der Saite in ihrem vierten Teil fällt auch noch die erste Oktave weg und es tritt die zweite Oktave am deutlichsten auf. Bei Berührung in $^1/_3$ der Saitenlänge ist wesentlich nur die Quinte der Oktave deutlich wahrnehmbar u. s. w.

39. Der gesuchte Ton liegt zwischen der vierten und fünften oberen Oktave von C, da die vierte Oktave $2^4 = 16$ mal und die fünfte $2^5 = 32$ mal soviel Schwingungen macht. Bezeichnet nun x das Intervall des gesuchten Tones in Beziehung auf die vierte Oktave von C, so muß $x . 16 = 24$ sein, woraus $x = {}^3/_2$ folgt; der gesuchte Ton ist also $\overline{\overline{g}}$.

40. Der gesuchte Ton ist höher, als die dritte untere Oktave von $\overline{\overline{c}}$, und niedriger als die zweite. Geht man also von der dritten unteren Oktave aus, die $^1/_8$ der Schwingungen von $\overline{\overline{c}}$ macht, und bezeichnet wieder x das Intervall, so erhält man aus $x . {}^1/_8 = {}^1/_6$ das Intervall $x = {}^4/_3$; also ist F der gesuchte Ton.

41. Aus $x : 256 = 5 : 2$ folgt $x = 640$ Schwingungen in der Sekunde, das Intervall des Tones ist also $\dfrac{640}{2 . 256} = \dfrac{5}{4}$, daher der Ton selbst $\overline{\overline{c}}$.

42. Der Stab muß $^5/_4 . 512 = 640$ Schwingungen machen, und wenn man die ursprüngliche Länge desselben mit l, die gesuchte mit x bezeichnet, so muß sich verhalten $512 : 640 = x^2 : l^2$, woraus folgt $x = 0{,}895 . l$.

43. Bezeichnet n die Anzahl der Schwingungen, welche die Saite bei der anfänglichen Spannung macht, so hat man $n : {}^3/_2 n = \sqrt{16} : \sqrt{x}$ und daraus $x = 36\,\mathrm{kg}$. (Siehe Aufgabe 20.)

44. $494 - 480 = 14$ Stöße.

45 a. α) Der Differenzton ist $\underline{C}$, da die Schwingungszahl von $c = 128$, die von $e = \dfrac{5}{4} . 128 = 160$, deren Differenz aber $= 32$ ist (s. Aufl. zu 28).

β) Die Differenz der den Tönen c und g entsprechenden Schwingungs=zahlen 128 und 191 ist 64 und dieser Schwingungszahl entspricht der Ton C.

45 b. α) Die Summe der Schwingungszahlen von c und e ist $128 + 160 = 288$ und da diese Zahl $= \frac{9}{8} \cdot 256$, so ist der Summationston $\overline{d}$.

β) Für den Summationston der Töne c und g ergiebt sich die Schwin=gungszahl $320 = \frac{5}{4} \cdot 256$, also der Ton $\overline{e}$.

46.   Bezeichnet man die Schwingungszahlen der beiden Töne mit x und y, so hat man die beiden Gleichungen $y - x = 6$ und $^{16}/_{15}\, x = y$, und daraus $x = 90$, $y = 96$; die beiden Töne sind also Fis und G.

47.   Die Schwingungszeit eines Pendels von 0,28 m Länge ist $^5/_9$ Sekunden (IX), also macht es während 5 Sekunden 9 Schwingungen, folglich wäh=rend einer Sekunde $\frac{9}{5}$ Schwingungen; während einer Sekunde finden daher durch das Zusammenklingen der beiden um einen großen halben Ton ver=schiedenen Töne $\frac{9}{5} \cdot 4$ Stöße statt. Bezeichnen nun x und y die Schwingungs=zahlen der beiden Töne, so hat man die beiden Gleichungen: $\frac{x}{y} = \frac{16}{15}$ und $x - y = \frac{9}{5} \cdot 4$, woraus $x = 115{,}2$, $y = 108$ folgt.

48.   Aus $x - 432 = \dfrac{104{,}6 \cdot 4}{60} = $ nahe 7 folgt $x = 439$.

49.   Da der Ton c aus 128 Schwingungen entsteht, so ist die entsprechende Wellenlänge $= \dfrac{332}{128} = 2{,}594$ m.

50.   Wie 4 : 3.

51.   Sie muß halb so lang sein, wie die entsprechende Wellenlänge, also, da diese $^{1024}/_{32} = 32$ Fuß beträgt, 16 Fuß, weshalb man $\underline{C}$ auch das 16füßige C nennt.

52.   Die dem Tone $\overline{\overline{c}}$ entsprechende Wellenlänge ist $= ^{1024}/_{512} = 2$ Fuß, die offene Orgelpfeife, die diesen Ton geben soll, muß also 1 Fuß, die gedeckte $^1/_2$ Fuß lang sein.

53.   Dem Tone $\overline{a}$ entspricht eine Wellenlänge von $\dfrac{1024}{426^2/_3} = 2^2/_5$ Fuß, also muß die Pfeife eine Länge von $2^2/_5 : 4 = ^3/_5$ Fuß haben.

54.   Beim Anblasen des Grundtones hat sie einen Schwingungsknoten in der Mitte und an jedem ihrer Enden einen Bauch; beim nächstfolgenden Tone hat sie zwei Schwingungsknoten und drei Bäuche, nämlich einen Bauch in der Mitte und einen an jedem Ende; bei dem nun folgenden Tone hat sie drei Schwingungsknoten und vier Bäuche u. s. w.

55.   Eine gedeckte Pfeife hat beim Anblasen des Grundtones einen Schwingungs=knoten am Boden und einen Bauch an der Öffnung, sie kann aber auch zwei

Knoten und zwei Bäuche, drei Knoten und drei Bäuche u. s. w. haben, wobei stets einer der Knoten am Boden, einer der Bäuche an der Öffnung liegt.

56. α) Die Obertöne c, g, $\overline{c}$, $\overline{e}$, $\overline{g}$ und so weiter, oder: In einer ungedeckten Pfeife entstehen Töne, deren Schwingungszahlen sich verhalten wie die Reihenfolge der ganzen Zahlen.

     β) Der Grundton der Pfeife würde dann um eine Oktave niedriger liegen als vorher, also $\underline{C}$ sein, und bei stärkerem Anblasen würde man die Töne G, e, b, $\overline{d}$ erhalten, d. h. in einer gedeckten Pfeife entstehen Töne, deren Schwingungszahlen sich verhalten wie die Reihenfolge der ungeraden Zahlen.

57.   Weil die Töne aus ungedeckten Labialpfeifen mehr Obertöne und zwar mehr harmonische Obertöne in den niedrigeren, stärker ins Ohr fallenden Tonlagen haben, als die Töne aus gedeckten Pfeifen.

58.   Poisson hat durch die Analysis gefunden und Savart hat es durch Versuche bestätigt, daß zwischen den Transversalschwingungen n und den Longitudinalschwingungen n_1 einer Saite von der Länge l die Relation $n\sqrt{l} = n_1\sqrt{\alpha}$ stattfindet, worin α die durch das spannende Gewicht bewirkte Verlängerung der Saite bezeichnet.

59.   Gleichfalls nach Poisson und Savart die Relation $\dfrac{n}{n_1} = 3,5608\,\dfrac{r}{l}$, worin n, n_1 die in voriger Auflösung angegebene Bedeutung haben, r den Halbmesser und l die Länge des Stabes bezeichnen.

60.   Da nach Aufgabe 68 in XX. in diesem Falle

$$d = \frac{B}{13,6 \,.\, 770 \,.\, 0,76 \,.\, (1 + at)} \text{ ist, so ergiebt sich}$$

$$v = \sqrt{9,8088 \,.\, 10\,471 \,.\, 0,76 \,.\, 1,4 \,.\, (1 + at)}$$

(worin also der Faktor B nicht mehr vorkommt, weshalb auch in der Aufgabe sein Wert nicht angegeben ist), oder $v = 338,6\sqrt{1 + \dfrac{t}{273}}$,

$$\text{also bei } 0^0\,\text{C. ist } v = 330,6\,\text{m,}$$
$$\text{bei } 16^0\,\text{C. ist } v = 340,1\,\text{m.}$$

Genaue unmittelbare Beobachtungen haben bei 16^0 C. die Schallgeschwindigkeit $= 340,88$ m gegeben, was von dem eben theoretisch gefundenen Werte nur wenig abweicht.

61.   Setzt man in der letzten Formel der vorigen Auflösung 340,88 anstatt v, sowie v_0 statt des dort durch Rechnung gefundenen Wertes 330,6, so hat man $340,88 = v_0\sqrt{1 + at}$, worin v_0 die Geschwindigkeit bei 0^0 bedeutet, also $= \dfrac{340,88}{\sqrt{1 + at}} = \dfrac{340,88}{\sqrt{1 + {}^{16}/_{273}}} = 331,3$ m $= 1055,6$ preußische Fuß ist. Die Geschwindigkeit bei 10^0 C. ist dann $v_1 = v_0\sqrt{1 + at}$ $= 331,3\sqrt{1 + {}^{10}/_{273}} = 337,26$ m $= 1074,6$ preuß. Fuß.

62.   Die Geschwindigkeit des Schalles ist um so größer, je größer die Elastizität des Körpers, in welchem er fortschreitet, und je geringer die Dichte desselben ist. Ein größerer Druck bei gleichbleibender Temperatur macht zwar die Luft elastischer, aber in gleichem Verhältnis auch dichter, die Schallgeschwindigkeit bleibt also dieselbe. Wärmere Luft ist aber elastischer als kältere und zugleich dünner (oder im eingeschlossenen Raume doch gleich dicht), in wärmerer Luft muß also die Schallgeschwindigkeit größer sein als in kälterer.

63.   Mit der Temperaturerhöhung im Konzertsaal wächst nach voriger Aufgabe die Geschwindigkeit v des Schalles; da sich aber die Länge l der Schallwelle des Tones nach der Länge des Blasinstrumentes richtet, also dieselbe bleibt, so

muß wegen $l = \dfrac{v}{n}$ die Schwingungszahl n in demselben Verhältnis wie v

größer, also der Ton höher werden.

64.   Weil die Dichtigkeit der Luft bei warmem Wetter weniger gleichmäßig ist, als bei kaltem.

65.   Der Ton C entspricht 64 Schwingungen, die Terze desselben $\dfrac{5}{4} \cdot 64 =$

80 Schwingungen, daher hat man, wegen $l = \dfrac{v}{n}$ oder $n = \dfrac{v}{l}$, mit Be-

rücksichtigung der Aufgabe 61:

$$64 = v_0 \sqrt{1 + \frac{10}{273}} : l \text{ und } 80 = v_0 \sqrt{1 + \frac{x}{273}} : l,$$

woraus $64 : 80 = \sqrt{1 + \dfrac{10}{273}} : \sqrt{1 + \dfrac{x}{273}}$,   also $x = 169^0$ C.

folgt.

66.   Der Ton $\overline{\overline{h}}$ entspricht $^{15}/_8 \cdot 512 = 960$ Schwingungen in der Sekunde. Da nun die Pfeifenlänge gleich einer halben Wellenlänge, also die Wellenlänge $= 4$ Fuß ist, so ist die gesuchte Geschwindigkeit $= 960 \cdot 4 = 3840$ Fuß.

67.   Der Druck einer Atmosphäre ist gleich dem Druck einer Wassersäule von $13,6 \cdot 0,76 = 10,336$ m, also wird eine Wassersäule von 1 m Höhe durch

das Gewicht einer ihr gleichen Wassersäule um $\dfrac{0,00004785}{10,336} = 0,00000463$ m

verkürzt, also ist

$$v = \sqrt{\frac{9,8088}{0,00000463}} = 1456 \text{ m}.$$

Die Beobachtung hat 1435 m ergeben.

68.   Nach Chladnis Versuchen sind die in dem Stabe stattfindenden stehenden Longitudinalschwingungen den stehenden Luftschwingungen in einer offenen Pfeife vergleichbar. Wie sich in dieser beim tiefsten Ton ein Schwingungsknoten in der Mitte und eine Viertelwelle auf jeder Seite desselben befindet, so auch in jenem Stabe. Nun giebt eine offene Pfeife von 1 Fuß Länge einen Ton, welcher $^{1024}/_2 = 512$ Schwingungen in der Sekunde erfordert; dagegen entspricht der in dem Stabe hervorgerufene Ton der Schwingungszahl $^9/_8 \cdot 4096 = 4608$, folglich finden in dem Stabe $^{4608}/_{512} = 9$ mal soviel Schwingungen in der Sekunde statt als in der offenen Pfeife, woraus folgt, daß die Geschwindigkeit des Schalles im Silber 9 mal so groß ist wie in der Luft.

69. Der hervorgerufene Ton wird durch 2048 Schwingungen in der Sekunde erzeugt. Eine gleich lange offene Pfeife würde aber einen Grundton geben, der $^{1024}/_8 = 128$ Schwingungen entspricht. Der Schall pflanzt sich also im Weidenholze $^{2048}/_{128} = 16$ mal so schnell fort wie in der Luft.

70. Daß alle Körper zusammendrückbar und ausdehnbar sind.

Auflösungen zu XX.

---

1. $n^0 \mathfrak{R}. = {}^5/_4\, n^0\, \mathfrak{C}. = (^9/_4\, n + 32)^0\, \mathfrak{F}.$

$n^0 \mathfrak{C}. = {}^4/_5\, n^0\, \mathfrak{R}. = (^9/_5\, n + 32)^0\, \mathfrak{F}.$

$n^0 \mathfrak{F}. = {}^4/_9\, (n - 32)^0\, \mathfrak{R}. = {}^5/_9\, (n - 32)^0\, \mathfrak{C}.$

2. $a = \dfrac{L_1 - L}{t \cdot L}.$

3. $L_1 = L\,(1 + a \cdot t).$

4. $x = 2,5\,(1 + 0,000011 \cdot 30) = 2,50083\ \mathrm{m}.$

5. $x = 0,3\,(1 + 0,00003331 \cdot 40) = 0,3004\ \mathrm{m}.$

6. $x = L\,[1 + a\,(t_1 - t)]$ annäherungsweise genau, wenn die Temperaturen zwischen 0^0 und 100^0 liegen. Richtiger und bei bedeutend höheren oder tieferen Temperaturen immer anzuwenden ist die aus der Proportion

$L : x = (1 + at) : (1 + at_1)$ folgende Formel $x = \dfrac{1 + at_1}{1 + at} \cdot L,$

welche man auch erhält, wenn man die Länge L bei t^0 erst auf die Temperatur 0^0 reduziert und dann die Länge bei $t_1{}^0$ bestimmt. Aus der zweiten Formel folgt

$$x = L\left(1 + \frac{a\,(t_1 - t)}{1 + at}\right),$$

woraus bei Vernachlässigung des zwischen 0^0 und 100^0 für feste und flüssige Körper sehr kleinen Wertes $a\,t$ im Nenner die erste Formel hervorgeht.

Diese erste Formel würde nur dann richtig sein, wenn die Längenzunahmen durch die Wärme von 0^0 an in geometrischer Progression stattfänden, während diese Zunahmen doch nur eine arithmetische Progression bilden. Bei Temperaturen zwischen 0^0 und 100^0 fallen aber die aus diesen verschiedenen Betrachtungsweisen sich ergebenden Werte zusammen.

7. Aus $0,5 = x\,(1 + 0,0000192 \cdot 40)$ folgt $x = 0,499616\ \mathrm{m}.$

8. $\quad x = 2\,(1 + 80 \cdot 0{,}000011) = 2{,}00176\,\text{m}.$

9. $\quad x = \dfrac{1 + 0{,}00000861 \cdot 400}{1 + 0{,}00000861 \cdot 25} \cdot 2 = 2{,}006456\,\text{m}.$

9a. Weil Platin und Glas (namentlich gewisse Glassorten) genau denselben Ausdehnungskoeffizienten besitzen.

10. $\quad x = 2\,(1 + 0{,}0000192 \cdot 15) = 2{,}000576\,\text{m}.$

11. Bezeichnet l die Länge, b die Breite der Platte bei 0^0, so ist bei t^0 die Länge derselben $= l\,(1 + at)$, ihre Breite $= b\,(1 + at)$, also ihr Flächeninhalt $= l \cdot b \cdot (1 + at)^2 = F\,(1 + at)^2 = F\,(1 + 2\,at + a^2 t^2)$, wofür aber gewöhnlich, wegen der Kleinheit von $a^2 t^2$ bei Temperaturen zwischen 0^0 und 100^0 C. nur $F \cdot (1 + 2\,at)$ gesetzt wird.

12. $\quad 20 \cdot (1 + 2 \cdot 0{,}000011 \cdot 80) = 20{,}0352\,\text{qdm}.$

13. $\quad$ Um $78{,}6486 - 78{,}54 = 0{,}1086\,\text{qcm}.$

14. Bei 20^0 ist sie $= 2\,(1 + 2 \cdot 10 \cdot 0{,}000011) = 2{,}00044\,\text{qm}$, bei 0^0 ist sie $= 2\,(1 - 2 \cdot 10 \cdot 0{,}000011) = 1{,}99956\,\text{qm}.$

15. Bezeichnet l die Länge, b die Breite, h die Höhe des Körpers bei 0^0, so ist sein Inhalt bei $t^0 = l\,(1 + at) \cdot b\,(1 + at) \cdot h\,(1 + at) = K \cdot (1 + at)^3 = K\,(1 + 3\,at + 3\,a^2 t^2 + a^3 t^3)$, wofür aber bei Temperaturen von 0^0 bis 100^0 oder doch nahe diesen Grenzen $K\,(1 + 3\,at)$ gesetzt werden kann.

16. $\quad$ Um $2 \cdot 50 \cdot {}^3/_{85200} = 0{,}0035\,\text{cbm}.$

17. $\quad 5 \cdot (1 + 0{,}0000192 \cdot 100) = 5{,}0096\,\text{cm}.$

18. $\quad 5\,(1 + {}^1/_{5550} \cdot 80) = 5{,}072\,\text{ccm}.$

19. $\quad 1 + 3 \cdot 0{,}000009 \cdot 80 = 1{,}00216\,\text{Liter}.$

20. $\quad 24\,(1 + {}^{85}/_{5550}) = 24\,{}^{204}/_{555}\,\text{ccm}.$

21. $\quad 20 \cdot (1 + {}^1/_{24} = 20\,{}^5/_6\,\text{Liter}.$

22. $\quad \dfrac{13{,}6}{1 + \dfrac{t}{5550}}$

23. a) Aus $H = x\left(1 + \dfrac{t}{5550}\right)$ folgt $x = \dfrac{H}{1 + \dfrac{t}{5550}}$ oder $x = H - \dfrac{H \cdot t}{5550} + \cdots$, woraus sich die behufs der Reduktion an der beobachteten Höhe H anzubringende Korrektion $- \dfrac{H \cdot t}{5550}$ hinreichend genau ergiebt. Diese Korrektion wird für Grade unter 0, weil dann t negativ ist, $+ \dfrac{H \cdot t}{5550}$.

b) Für Grade nach Reaumur ist der Ausdehnungskoeffizient $^1/_{4440}$ zu nehmen.

Auf einfache Weise und hinreichend genau erhält man mittels einer fünfstelligen Logarithmentafel den reduzierten Barometerstand durch die Formel $log\,x = log\,H - 0{,}00010 \cdot t$, wenn t Reaumursche Grade bezeichnet. Denn aus

$$x = H\left(1 - \dfrac{t}{4440}\right) \text{ folgt}$$

$$log\ x = log\ H + log\left(1 - \frac{t}{4440}\right),\ \text{oder}$$

$$log\ x = log\ H - [log\ 4440 - log\ (4440 - t)].$$

Betrachtet man aber eine fünfstellige Logarithmentafel in der Nähe der Zahl 4440, so sieht man, daß, soweit der für t zu erwartende Zahlwert reicht, sämtliche Differenzen je zweier aufeinander folgender Logarithmen $= 10$ sind, wonach $log\ 4440 - log\ (4440 - t) = 0{,}00010 \cdot t$, mithin $log\ x = log\ H - 0{,}00010 \cdot t$ wird.

24. Die Korrektion ist $= -\dfrac{336{,}45 \cdot 18}{4440} = -1{,}37$, also der reduzierte Stand $= 335{,}08$ Linien.

Mittels der Formel $log\ x = log\ H - 0{,}00010 \cdot t$ erhält man [siehe vorige Auflösung b)] $x = 335{,}07$ Linien.

25. 761,65 mm.

26. 746,91 mm.

27. $x = L\ [1 + a_1\ (t_1 - t)]$, also die Korrektion $= La_1\ (t_1 - t)$, welcher Wert zur Höhe der Quecksilbersäule zu addieren ist.

Der bei 24^0 C. richtige Barometerstand ist 754,26 und der auf 0^0 berechnete 750,15 mm.

28. Aus Aufgabe 9 in IX. folgt

$$n = \frac{(0{,}994 \cdot 0{,}000011 \cdot 20) \cdot 86\,400}{2 \cdot 0{,}994} = 9{,}504 \text{ Schwingungen.}$$

29. Es sei (Fig. 41) bei einer bestimmten Temperatur die Länge sämtlicher Eisenstangen $AB + CD + LM = e$, so ist $L = e - x$. Ändert sich nun die Temperatur um t^0, so geht die Länge des Pendels über in $L_1 = e\ (1 + at) - x\ (1 + a_1 t)$. Im vorliegenden Falle soll aber $L = L_1$, d. h. $e - x = e\ (1 + at) - x\ (1 + a_1 t)$ oder $ae = a_1 x$ sein, und aus dieser Gleichung sowie aus $L = e - x$ bestimmt sich

Fig. 41.

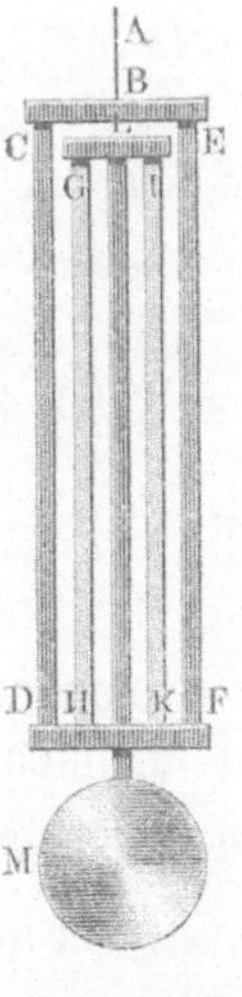

$$x = \frac{a}{a_1 - a} \cdot L,\quad e = \frac{a_1}{a_1 - a} \cdot L.$$

30. $x = \dfrac{0{,}000012}{0{,}00003 - 0{,}000012} \cdot 0{,}75 = 0{,}5$ m.

31. In diesem Falle würden, wie man leicht findet, die inneren Stangen nahe 3 Fuß lang, also fast um die Hälfte länger sein müssen als das ganze Pendel. Eine solche Anordnung, wie die in den beiden vorigen Aufgaben, ist also mit Eisen und Messing nicht thunlich, man muß deshalb, wenn man diese beiden Metalle zu einem Rostpendel benutzen will, mehrfache Verbindungen von abwechselnd eisernen und messingenen Stäben anwenden.

32. Bezeichnet a den Koeffizienten der linearen Ausdehnung des Glases, a_1 den Koeffizienten der scheinbaren Ausdehnung des Quecksilbers, sowie x die Höhe des Quecksilbers im Gefäße, so stellt $a \cdot L$ die Größe dar, um welche der Schwerpunkt der Flüssigkeit wegen der Verlängerung der Pendelstange bei einer Temperaturerhöhung von **einem** Grad sinkt, dagegen $a_1 \cdot \dfrac{x}{2}$ die Größe, um welche dieser Schwerpunkt wegen der Ausdehnung der Quecksilbersäule zugleich gehoben wird. Soll also eine Kompensation stattfinden, so muß

$$a \cdot L = a_1 \cdot \frac{x}{2}, \text{ also } x = \frac{2\,a}{a_1} \cdot L \text{ sein.}$$

Setzt man $a = {}^1/_{116100}$, $a_1 = {}^1/_{6480}$, so erhält man $x =$ nahe $^1/_9 \, L$.

33. $V_1 = V \cdot 1{,}0003$ bei $11{,}5^0$, $= V$ bei $8{,}9^0$, also gerade so groß, wie bei 0^0, $= V \cdot 1{,}00733$ bei 50^0 C.

34. Aus $124\,(1 + x) - 124\,(1 + 0{,}000026 \cdot 100) = 6\,(1 + x)$ folgt x (d. h. die Ausdehnung der Volumeneinheit des Wassers bei seiner Erwärmung von 0^0 bis 100^0 C.) $= 0{,}05358$ oder etwas mehr als $^1/_{20}$ des Volumens bei 0^0.

35. $V_0 \left(1 + \dfrac{t}{273}\right) = V_0 \dfrac{273 + t}{273} = V_0 \,(1 + 0{,}003665\,t)\,{}^*).$

36.   a) Bei gleichbleibendem Druck und nur Änderung der Temperatur würde das Volumen des Gases (nach Aufgabe 35) $= V_0 \cdot \dfrac{273 + t}{273}$ sein. Geht nun der Druck von $0{,}76$ m in B über, so ist nach dem Mariotteschen Gesetz:

$$V : V_0 \cdot \frac{273 + t}{273} = 0{,}76 : B, \text{ also } V = V_0 \cdot \frac{273 + t}{273} \cdot \frac{0{,}76}{B}.$$

b) Aus voriger Auflösung ergiebt sich $V_0 = V \cdot \dfrac{273}{273 + t} \cdot \dfrac{B}{0{,}76}.$

37. Aus $V_0\,(1 + 0{,}003665 \cdot 20) = 5$ folgt $V_0 = 4{,}659$ cbm.

38. Aus $2 = 1 + \dfrac{t}{273}$ folgt $t = 273^0$.

39.   a) Ist V_0 das gesuchte Volumen bei 0^0 C., so muß $V = V_0 \left(1 + \dfrac{t}{273}\right)$,

also $V_0 = V \cdot \dfrac{273}{273 + t} = \dfrac{V}{1 + 0{,}003665\,t}$ sein, und

b) wenn V_1 das Volumen bei t_1^0 C. bezeichnet, so ist

$$V_1 = V_0 \left(1 + \frac{t_1}{273}\right) = \frac{V\,(273 + t_1)}{273 + t} = \frac{V\,(1 + 0{,}003665\,t_1)}{1 + 0{,}003665\,t}.$$

c) Aus $x : V_1 = B_1 : B$ (nach dem Mariotteschen Gesetz) folgt

$$x = V_1 \cdot \frac{B_1}{B} = \frac{V\,(1 + 0{,}003665\,t_1)}{1 + 0{,}003665\,t} \cdot \frac{B_1}{B}.$$

---

*) Man halte sich für die folgenden Aufgaben die Gleichheit dieser Ausdrücke gegenwärtig.

41.   a) Bei gleichem Drucke verhalten sich die Volumina eines Gases wie dessen absolute Temperaturen.

b) Bei gleichem Volumen verhalten sich die Drücke, unter welchen ein Glas steht, wie dessen absolute Temperaturen.

42.   Aus Aufl. zu 36 b) folgt $x = \dfrac{0{,}72 \cdot 1{,}5}{0{,}76\,(1 + 0{,}003665\,t)} = 1{,}293$ Liter.

43.   Aus Aufg. 40 folgt $x = 0{,}79 \cdot \dfrac{1 + 0{,}003665 \cdot 200}{1 + 0{,}003665 \cdot 10} \cdot 200 = 264$ cbm.

44.   a) Ein Luftvolumen $= 1$ von 0^0 C. und $0{,}76$ m Druck erhält, wenn es sich frei ausdehnen kann [nach Aufgabe 36 a)], bei t^0 C. und B Meter Druck das Volumen $(1 + 0{,}003665\,t) \cdot \dfrac{0{,}76}{B}$, folglich ist, die Dichte der Luft von 0^0 C. und $0{,}76$ m Druck $= d$ gesetzt, die Dichte der Luft von t^0 C. und B Meter Druck $= \dfrac{d \cdot B}{(1 + 0{,}003665\,t) \cdot 0{,}76}$. Bezeichnet nun Q das Gewicht einer Luftmenge von t^0 C. und B Meter Druck, welche dasselbe Volumen hat wie das Gewicht Q_0 der Luftmenge von 0^0 C. und $0{,}76$ m Druck, so hat man

$$Q : Q_0 = \frac{dB}{(1 + 0{,}003665\,t) \cdot 0{,}76} : d,$$

folglich $\qquad Q = \dfrac{Q_0}{1 + 0{,}003665\,t} \cdot \dfrac{B}{0{,}76}$ Gramm.

b) Aus a) folgt das gesuchte Gewicht $Q_0 = Q\,(1 + 0{,}003665\,t) \cdot \dfrac{0{,}76}{B}$ Gramm.

45.   An den Fenstern, dem in der Regel kältesten Teile der Stube, wo sich die über dem Ofen in die Höhe gestiegene erwärmte Luft zuerst senkt.

46.   Man wäge den Ballon gefüllt, pumpe alsdann die Luft aus, bis die Barometerprobe nur noch einen sehr geringen Druck $= b$ anzeigt, und wäge abermals. Bezeichnen P und p die beiden erhaltenen Gewichte, so ist $P - p$ das Gewicht der Luft, welche die Glaskugel unter dem Drucke $B - b$ und bei der Temperatur t ausfüllen würde. Wenn nun der Druck $= 0{,}76$ m wäre, die Temperatur t^0 aber dieselbe bliebe, so würde dasselbe Volumen $(P - p)\,\dfrac{0{,}76}{B - b}$ wiegen, und wenn bei diesem Drucke die Temperatur nicht $= t^0$, sondern $= 0^0$ wäre, so würde die Dichtigkeit, also auch das Gewicht der Luft im Verhältnis von $1 : \left(1 + \dfrac{t}{273}\right)$ zunehmen, das gesuchte Gewicht also $= (P - p) \cdot \dfrac{0{,}76}{B - b} \cdot \left(1 + \dfrac{t}{273}\right)$ sein.

Wollte man auch die Ausdehnung des Glases am Ballon berücksichtigen, so müßte der vorher gefundene Ausdruck noch durch

$$1 + \frac{t}{38\,700} = 1 + 0{,}00002583\,t \text{ dividiert werden.}$$

47.　War das Volumen der Glaskugel bei $0°$ C. x Kubikdezimeter, so war das Gewicht der Luft von $0°$ C. und $0{,}76$ m Druck (Tabelle 5 des Anhanges)

$$= x \cdot 1{,}293 \, g \quad \ldots \ldots \ldots \ldots \quad (I)$$

Durch Erwärmen der Kugel auf $100°$ wurde ihr Volumen $x \cdot \left(1 + \dfrac{100}{38\,700}\right)$ Kubikdezimeter, also das Gewicht der in ihr enthaltenen, gleichfalls auf $100°$ erwärmten Luft

$$= \frac{x \cdot 1{,}293}{\left(1 + \dfrac{100}{273}\right)\left(1 + \dfrac{100}{38\,700}\right)} = x \cdot 0{,}944 \, g \quad \ldots \ldots \quad (II)$$

Die Gewichte (I) und (II) voneinander abgezogen sind aber der Aufgabe gemäß $= 1\,g$, also

$$x = \frac{1}{1{,}293 - 0{,}944} = \text{nahe } 2{,}9 \, \text{cdm,}$$

folglich das gesuchte Gewicht der Luft nahe $= 2{,}9 \cdot 1{,}293 = 3{,}749 \, g$.

48.　Es bezeichne V den Rauminhalt des Ballons, sowie v dasjenige Volumen, welches die nach dem Evakuieren im Ballon zurückgebliebene Luft vor dem Evakuieren einnahm.

Da nun der Luftteil, welcher bei einem Drucke von $0{,}755$ m den Raum v einnahm, nach dem Evakuieren bis auf $0{,}005$ Druck den Raum V einnimmt, so hat man nach dem Mariotteschen Gesetz $\dfrac{V}{v} = \dfrac{0{,}755}{0{,}005}$, oder

$$\frac{V - v}{V} = \frac{0{,}755 - 0{,}005}{0{,}755} = \frac{0{,}75}{0{,}755}.$$

Das Gewicht der ausgepumpten Luft vom Volumen $V - v$ ergiebt sich aus der ersten und dritten Wägung $= 567{,}949 - 561{,}291 = 6{,}558 \, g$, und wenn man das Gewicht der überhaupt im Ballon enthaltenen Luft vom Volumen V mit p bezeichnet, so ergiebt sich $\dfrac{p}{6{,}658} = \dfrac{0{,}755}{0{,}75}$, oder $p = 6{,}702 \, g$.

Also ist das Gewicht des leeren Gefäßes $= 567{,}949 - 6{,}702 = 561{,}247 \, g$; folglich das Gewicht des Wassers $= 6133{,}162 - 561{,}247 = 5571{,}915 \, g$. Nun hat ein Gramm Wasser bei einer Temperatur von $20{,}5°$ ein Volumen von $1{,}001698$ ccm, folglich der Inhalt des Glasballons $V = 5571{,}915 \cdot 1{,}001698 = 5581{,}375$ ccm.

49.　Man wäge die Glasröhre erst leer und dann mit Quecksilber gefüllt. Die beiden Gewichte seien, in Grammen ausgedrückt, p_1 und p_2, so ist $p_2 - p_1$ das Gewicht der Quecksilbersäule von der Länge der Röhre. Dividiert man dies durch die Dichte d des Quecksilbers bei $t°$, so erhält man das verlangte Volumen in Kubikzentimetern ausgedrückt. Nun ist aber $d = \dfrac{13{,}568}{1 + D \cdot t}$, wo D den absoluten Ausdehnungskoeffizienten des Quecksilbers bezeichnet,

$$\text{also } V = \frac{(p_2 - p_1)(1 + D \cdot t)}{13{,}568}.$$

50. Mittels einer kleinen Quecksilbersäule, die man in die Röhre bringt und successiv verschiedene Lagen einnehmen läßt.

51. Man wäge den Apparat zuerst leer, fülle dann die Kugel und eine kleine Anzahl n_1 von Abteilungen der Röhre mit Quecksilber und wäge abermals, schütte nun nochmals Quecksilber hinzu, bis n_2 Abteilungen der Röhre angefüllt sind, und wäge zum drittenmal. Sind nun P, P_1, P_2 die durch die drei Wägungen erhaltenen Gewichte und N die gesuchte Zahl, so hat man, da $P_1 - P$ das Gewicht des zuerst in die Röhre gebrachten Quecksilbers, $P_2 - P_1$ das Gewicht des noch zugegossenen bedeutet, diese Gewichte aber wie die Volumina der Massen sich verhalten, welche bezüglich durch $N + n_1$, $n_2 - n_1$ ausgedrückt werden,

$$(P_1 - P) : (P_2 - P_1) = (N + n_1) : (n_2 - n_1)$$

und daraus

$$N = \frac{(P_1 - P)(n_2 - n_1)}{P_2 - P_1} - n_1.$$

52. Es sei m die Graduierungszahl der Röhre, bis zu welcher das Quecksilber in derselben reicht, wenn die Röhre in schmelzendem Eise sich befindet, m_1 die dem Siedepunkte des Wassers entsprechende Zahl, so hat das Volumen des Quecksilbers von 0 bis 100° C. um $m_1 - m$ Volumeneinheiten oder um $\frac{m_1 - m}{N + m}$ des ganzen Quecksilbervolumens zugenommen, der Koeffizient der scheinbaren Ausdehnung ist also $= \frac{m_1 - m}{100 (N + m)}$ $(= \,^1/_{6480})$.

53. Nimmt man das Volumen eines Röhrengrades als Volumeneinheit an und bezeichnet N die Anzahl der Volumeneinheiten, welche die Kugel enthalten muß, so hat man, wenn man (hier näherungsweise, vergl. Aufgabe 52) den scheinbaren Ausdehnungskoeffizienten des Quecksilbers $= \frac{1}{6480}$ annimmt, zur Bestimmung von N aus den Bedingungen der Aufgabe die Gleichung $N \cdot \frac{240}{6480} = 240$, also $N = 6480$, folglich $x = \,^{6480}/_{240} = 27$, oder der Rauminhalt der Kugel muß 27 mal so groß sein, wie der der Röhre.

Nimmt man gleich das Volumen der Röhre als Einheit an, so daß x das Volumen der Kugel bezeichnet, so hat man

$$\frac{x \cdot 240}{6480} = 1, \text{ also } x = 27.$$

54. Das Gewicht des Quecksilbers, welches die ganze Röhre ausfüllen würde, ist $= 260 \cdot \,^2/_{40} = 13\,g$, also das Gewicht des Quecksilbers, welches 1 Grad anfüllt, $= \,^{13}/_{180}\,g$. Das Volumen der anzublasenden Kugel ist $= \,^4/_3\,\pi\,x^3$, wo x den Halbmesser in Zentimetern bezeichnet. Ist sie mit Quecksilber gefüllt, so nimmt dessen Volumen für jeden Zentesimalgrad um $\,^4/_3\,\pi\,x^3 \cdot \,^1/_{6480}\,ccm$ zu, das Gewicht des Quecksilbers, welches **1 Grad**

ausfüllt, läßt sich also auch darstellen durch $\frac{4}{3}\pi x^3 \cdot \frac{1}{6480} \cdot 13{,}568$ g. Man hat also $\frac{13}{180} = \frac{4}{3}\pi x^3 \cdot \frac{1}{6480} \cdot 13{,}568$, woraus $x = 2{,}02$ cm folgt.

55. Dem Luftdrucke von $334'''$ ($753{,}8$ mm) entspricht (Tabelle 16) die Siedetemperatur von $99{,}76^0$, folglich hat man $99{,}76^0 . 100^0 = e : e_1$ und daraus $e_1 = \dfrac{100 . e}{99{,}76}$.

56. Zufolge der Aufgabe verhält sich das Volumen der in der Röhre befindlichen Luft bei der Temperatur des Schwefeldampfes zu dem Volumen derselben Luft bei 13^0 wie $610 : (610 - 317)$, man hat also (vergl. Auflösung zu 39)

$$610 : 293 = (273 + x) : (273 + 13),$$

woraus folgt $x = 322{,}8^0$.

57. Der Zwischenraum wird $= 1{,}5 \; (\frac{1}{582} - \frac{1}{1167})$ m $= 1{,}292$ mm groß sein.

58. Bezeichnet x das spezifische Gewicht des Quecksilbers bei 0^0, v das Volumen des im zweiten Schenkel befindlichen Quecksilbers bei 0^0, bei welcher Temperatur also seine Höhe der beobachteten Höhe h des Quecksilbers im ersten Schenkel gleich sein würde; ferner v_1 das Volumen und s_1 das spezifische Gewicht des Quecksilbers im zweiten Schenkel bei der Temperatur t, so hat man $v : v_1 = s_1 : s$ oder, da die Höhe im erwärmten zweiten Schenkel $= h_1$ ist, nach dem in der Aufgabe erwähnten hydrostatischen Gesetz $h : h_1 = s_1 : s$, also auch $v : v_1 = h : h_1$, woraus

$$\frac{v_1 - v}{v} = \frac{h_1 - h}{h}$$

folgt. Nun drückt in dieser Gleichung der Ausdruck links die Zunahme der Volumeneinheit bei Erhöhung der Temperatur von 0^0 auf t^0 aus, also auch der Ausdruck rechts dasselbe. Folglich ist die Zunahme der Volumeneinheit für die Temperaturzunahme von 0^0 bis 1^0, d. h. der absolute Ausdehnungskoeffizient des Quecksilbers $D = \dfrac{h_1 - h}{h . t}$ $\left(\text{nach Regnault bis zu } 100^0 \text{ C.}\right.$ zu nehmen $D = 0{,}00018 = \dfrac{1}{5550}\left.\right)$.

59. Die scheinbare Volumenzunahme der Quecksilbermenge bei ihrer Ausdehnung von 0^0 bis 100^0 ist $n_1 - n$ Volumeneinheiten der Röhrenteilung, ihre wirkliche Zunahme aber $n D . 100$, folglich die Zunahme des (inneren) Glasvolumens $n D . 100 - (n_1 - n)$ und daher die Zunahme der Volumeneinheit der Röhrenteilung für 1^0 Temperaturzunahme, d. h. der kubische Ausdehnungskoeffizient des Glases $K = \dfrac{n D . 100 - (n_1 - n)}{n . 100}$. Durch Einsetzung der in der Aufgabe gegebenen Werte erhält man $K = 0{,}000026$, woraus sich der lineare Ausdehnungskoeffizient $= 0{,}0000086$ ergiebt.

60. Bezeichnet man die Dichtigkeit des bis auf t_1^0 erwärmten Quecksilbers,

nämlich $\dfrac{d_1}{1 + \dfrac{t_1 + t}{5550}}$, kurz mit d_2, so ist die gesuchte Bestimmungsgleichung

$$\frac{P_2}{d_2} = \left[\frac{P}{d}\, C + \frac{P_1}{d_1}\, D - \left(\frac{P}{d} + \frac{P_1}{d_1}\right) K\right] (t_1 - t),$$

nämlich das Volumen des ausgeflossenen Quecksilbers ist gleich der Differenz zwischen der Ausdehnung des Metallstabes nebst der des Quecksilbers im Apparat und der Ausdehnung des Glases.

61. Der Bogen, welchen die Spitze des Zeigers l_2 beschreibt, ist $= \dfrac{l_2\,\pi\,w}{180}$,

und wenn man die Länge des Metallstabes bei der Temperatur t_1^0 mit L_1 bezeichnet, also die Längenzunahme desselben mit $L_1 - L$, so hat man genau genug $(L_1 - L) : \dfrac{l_2\,\pi\,w}{180} = l_1 : l_2$, also

$$L_1 - L = \frac{l_1\,\pi\,w}{180},$$

folglich den Ausdehnungskoeffizienten

$$= \frac{L_1 - L}{L\,(t_1 - t)} = \frac{l_1\,\pi\,w}{L\,(t_1 - t)\,180}.$$

62. Bezeichnet δ die gesuchte Ausdehnung der Volumeneinheit des Wassers, wenn es von 0^0 auf 100^0 C. erwärmt wird, so hat man

$$186\,(1 + \delta) - 186\,(1 + 0{,}000026 \cdot 100) = 9\,(1 + \delta),$$

also $\delta = 0{,}05358\,^*$).

63. Bezeichnet $\varDelta_1$ den Koeffizienten der scheinbaren Ausdehnung des Gases, so erhält man aus den Beobachtungen die Relation

$$(p_1 - p)\,(1 + \varDelta_1 \cdot 100) = p_1 \cdot \frac{b}{b_1 - \beta}$$

und daraus

$$\varDelta_1 = \frac{p_1\,b - (p_1 - p)\,(b_1 - \beta)}{100\,(p_1 - p)\,(b_1 - \beta)},$$

also, wenn D_1 den Koeffizienten der absoluten Ausdehnung des Gases, sowie K den kubischen Ausdehnungskoeffizienten des Glases bedeutet (vergl. Aufg. 59):

$$D_1 = \varDelta_1 + K\ (= 0{,}003665 = {}^1\!/_{273}).$$

64. Nach der Operation II. ist, wenn K den kubischen Ausdehnungskoeffizienten des Glases bedeutet, das Volumen der in der Flüssigkeit auf die noch unbekannte Temperatur t gebrachten Luft im Cylinder $= V\,(1 + Kt)$ und steht unter dem Drucke B, würde also auf die Temperatur 0^0 gebracht, bei gleichbleibendem Druck B und wenn α den Ausdehnungskoeffizienten der Luft bezeichnet, den Raum $\dfrac{V\,(1 + Kt)}{1 + \alpha t}$ einnehmen.

---

*) Die Ausdehnung des Wassers ist übrigens zwischen 0^0 und 100^0 ungleich (vergl. Aufgabe 33).

Aus I. und IV. findet sich das Gewicht des (zufolge III.) eingedrungenen Quecksilbers $= Q_1 - Q = q$, und daraus, wenn D den absoluten Ausdehnungskoeffizienten des Quecksilbers bezeichnet, das Volumen dieser Quecksilbermenge von $0^0 = \dfrac{q}{D}$, also das Volumen der nach Eintauchen in die Flüssigkeit noch im Cylinder verbliebenen, dann aber auf 0^0 gebrachten Luft $= V - \dfrac{q}{D}$, die unter dem Drucke $B - h = B_1$ steht.

Daraus ergiebt sich nach dem Mariotteschen Gesetz:

$$\frac{V (1 + Kt)}{1 + \alpha t} : \left(V - \frac{q}{D}\right) = B_1 : B,$$

woraus sich t berechnen läßt.

65.   Es sei δ die Ausdehnung der Volumeneinheit des Wassers beim Übergange seiner Temperatur von 4^0 auf t^0 C. und A der Koeffizient der kubischen Ausdehnung des festen Körpers. Denken wir uns zuerst, der feste Körper habe beim Einsenken in das Wasser seine Temperatur t behalten, das Wasser aber seine größte Dichtigkeit, also die Temperatur 4^0 C. gehabt, so würde der Gewichtsverlust des festen Körpers, d. h. das Gewicht des verdrängten Wassers, nicht $= p$, sondern $= p (1 + \delta)$ *) gewesen sein. Hätte aber das Wasser seine größte Dichtigkeit und zugleich der feste Körper die Temperatur 0^0 gehabt, so würde dieser letztere nicht ein Volumen vom Gewicht $p (1 + \delta)$, sondern ein $(1 + At)$mal kleineres Volumen, also ein Volumen vom Gewicht $\dfrac{p (1 + \delta)}{1 + At}$ verdrängt haben, und das korrigierte spezifische Gewicht ist also $= \dfrac{P \cdot (1 + At)}{p \cdot (1 + \delta)}$.

66.   Man muß das Gewicht P_1 der Flüssigkeit auf die Temperatur 0^0, das Gewicht P des Wassers auf die Temperatur 4^0 reduzieren, den Rauminhalt der Flasche aber auf die Temperatur 0^0 beziehen.

Es bezeichne δ_1 die Ausdehnung der Volumeneinheit der Flüssigkeit bei der Temperaturzunahme von 0^0 bis t_1^0, δ dasselbe vom Wasser von 4^0 bis t^0, K den kubischen Ausdehnungskoeffizienten des Glases.

Das Gewicht P_1 der Flüssigkeit würde, wenn ihre Temperatur auf 0^0 herabsänke, die Flasche aber ihre Temperatur t_1 beibehielte, in das Gewicht $P_1 (1 + \delta_1)$ übergehen. Dieses Gewicht würde aber, wenn auch die Temperatur der Flasche von t_1^0 auf 0^0 herabginge, $(1 + Kt_1)$mal so klein sein; das reduzierte Gewicht der Flüssigkeit ist also

$$= P_1 \frac{1 + \delta_1}{1 + Kt_1}.$$

---

*) Denn die Dichtigkeit des Wassers bei 4^0 verhält sich zu seiner Dichtigkeit bei t^0 wie $(1 + \delta) : 1$, und da sich bei gleichem Volumen die Gewichte verhalten wie die Dichtigkeiten, so hat man, wenn p das Gewicht des verdrängten Wassers bei t^0 und x dasselbe bei 4^0 bedeutet, $x : p = (1 + \delta) : 1$, also $x = p (1 + \delta)$.

Das Gewicht des Wassers würde, wenn es bei der Wägung seine größte Dichtigkeit gehabt, die Flasche aber die Temperatur t beibehalten hätte, nicht $= P$, sondern $= P(1 + \delta)$ gewesen sein; wenn aber zugleich die Flasche die Temperatur 0^0 gehabt hätte, würde dies Gewicht $(1 + K \cdot t)$ mal so wenig, also das reduzierte Gewicht des Wassers $P \dfrac{1 + \delta}{1 + Kt}$ betragen haben.

Das korrigierte spezifische Gewicht der Flüssigkeit ist demnach

$$= \frac{P_1 \dfrac{1 + \delta}{1 + Kt_1}}{P \dfrac{1 + \delta}{1 + Kt}} = \frac{P_1}{P} \cdot \frac{1 + \delta_1}{1 + \delta} \cdot \frac{1 + Kt}{1 + Kt_1}.$$

67. Bezeichnet Q das Gewicht der im Ballon befindlichen Luft von 18^0 C. und 754 mm Druck, so drückt $\dfrac{5}{754} Q$ das Gewicht der nach dem Auspumpen im Ballon zurückgebliebenen, also $\dfrac{749}{754} Q$ das Gewicht der ausgepumpten Luft aus und man hat der Aufgabe gemäß $\dfrac{749}{754} Q = 12{,}01$ g, folglich $Q = \dfrac{754}{749} \cdot 12{,}01 = 12{,}09$ g. Aber wenn ein Luftvolumen bei 18^0 C. und 754 mm Druck 12,09 g wiegt, so hat ein gleiches Volumen, mit Luft von 0^0 C. und 760 mm Druck ausgefüllt, das Gewicht $Q_0 = 12{,}09$ $(1 + 0{,}003665 \cdot 18) \cdot \dfrac{760}{754}$ g $= 12{,}995$ g [vergl. Aufgabe 44 b)]. Also wiegt ein Liter oder Kubikdezimeter Luft bei 0^0 und 760 mm Druck 1,2995 g oder ein Kubikzentimeter 0,0012995 g; da aber 1 ccm Wasser 1 g wiegt, so ergiebt sich daraus die Dichtigkeit der Luft bei 0^0 C. und 760 mm Barometerdruck $= 0{,}0012995$ (nahe $= {}^1/_{770}$) der Dichtigkeit des Wassers von 4^0 C.

Genauer ist nach Regnault das normale Gewicht eines Kubikzentimeters Luft $= 0{,}0012932$ g, also die normale Dichtigkeit der Luft $= 0{,}0012932$ oder nahe $= {}^1/_{773}$ der Dichtigkeit des Wassers von 4^0 C.

68. Das Gasvolumen V wird unter dem Drucke von 0,76 m $= V \cdot \dfrac{b}{0{,}76}$ und bei der Temperatur $0^0 = V \dfrac{B}{0{,}76} \cdot \dfrac{273}{273 + t}$. Nun wiegt aber ein Liter Luft von demselben Drucke und derselben Temperatur 1,2932 g, also eine Luftmenge vom Volumen des Gases $V \cdot 1{,}2932 \cdot \dfrac{B}{0{,}76} \cdot \dfrac{273}{273 + t}$ g, folglich ist die gesuchte Dichtigkeit des Gases, wenn P Gramme bedeutet,

$$= \frac{P}{V \cdot 1{,}2932 \cdot \dfrac{B}{0{,}76} \cdot \dfrac{273}{273 + t}} = \frac{P \cdot 0{,}76 \cdot (273 + t)}{V \cdot 1{,}2932 \cdot B \cdot 273}.$$

69.   Die Dichtigkeit der Luft bei 0^0 C. und 760 mm Barometerstand ist (nach Aufgabe 67), auf die Dichte des Wassers von 4^0 C. bezogen, $= {}^1/_{773}$, bei der Temperatur t also $= {}^1/_{773} \cdot \dfrac{273}{273 + t}$, und beim Barometerstande B

$$= {}^1/_{773} \cdot \frac{273}{273 + t} \cdot \frac{B}{760}, \text{ oder } = \frac{0{,}00129318}{1 + 0{,}003665\,t} \cdot \frac{B}{760}.$$

70.   a) Ein Kubikdezimeter atmosphärische Luft wiegt nach Regnault (siehe Aufgabe 67) bei 0^0 C. und 760 mm Druck 1,2932 g, folglich ein Kubikmeter bei derselben Temperatur und demselben Druck 1,2932 kg, also bei t^0 C. und B Millimeter Druck

$$\frac{1{,}2932}{1 + 0{,}003665\,t} \cdot \frac{B}{760}\ \text{kg}.$$

b) Da ein preußischer Kubikfuß $= 0{,}030916$ cbm und 1 kg $= 2$ preußische Pfund ist, also 1 cbm 2 . 1,2932 Pfund wiegt, so wiegt ein Kubikfuß Luft bei der Normaltemperatur und dem Normaldrucke 0,030916 . 2 . 1,2932 $= 0{,}07996$ Pfd. (nahe 2,4 Lot), also bei t^0 C. und dem Drucke von B Pariser Zoll

$$\frac{0{,}07996}{1 + 0{,}003665\,t} \cdot \frac{B}{28}\ \text{Pfd}.$$

Auflösungen zu XXI.

1. $m \cdot i$ Kalorien.

2. $(m_1 + m_2)\, t = m_1 t_1 + m_2 t_2.$

3.   Aus $(7 + 3)\, x = 7 . 25 + 3 . 65$ folgt $x = 37^0.$

4. $\dfrac{6 . 20 + 4 . 50}{6 + 4} = 32^0.$

5.   Das Wasser hat 18 . 15, das Eisen $x . 10 . 100$ Kalorien, wenn x die spezifische Wärme des Eisens bezeichnet, die Summe der Kalorien ist also $= 18 . 15 + x . 10 . 100$. Nach der Mischung hat aber das Wasser 18 . 20, das Eisen $x . 10 . 20$ Kalorien und die Summe dieser muß offenbar der vorhergehenden gleich sein. Man hat also $18 . 15 + x . 10 . 100 = 18 . 20 + x . 10 . 20$, woraus folgt $x = 0{,}1125.$

Andere Auflösung: Die 10 kg Eisen geben $10 . (100 - 20) . x$ Kalorien ab, die 18 kg Wasser dagegen erhalten $18 . (20 - 15)$ Kalorien, es muß also $10 . (100 - 20)\, x = 18 . (20 - 15)$ sein oder $x = 0{,}1125$, wie vorher.

6.   Aus $7 + 100 \cdot x = 10 + x \cdot 10$, oder aus $10 - 7 = x\,(100 - 10)$ folgt $x = {}^1\!/_{30}$.

7.   Man erhält je nach der Ableitung (vergl. Auflösung zu 5)

$$w_1 m_1 t_1 + w_2 m_2 t_2 = w_1 m_1 t + w_2 m_2 t,$$

oder $\qquad\qquad w_1 m_1\,(t - t_1) = w_2 m_2\,(t_2 - t),$

woraus sich, wenn sechs der sieben Größen gegeben sind, die siebente finden läßt, z. B. $t = \dfrac{w_1 m_1 t_1 + w_2 m_2 t_2}{w_1 m_1 + w_2 m_2}$.

8.   a) $\quad x = \dfrac{8 \cdot 100 + {}^1\!/_{30} \cdot 10 \cdot 22{,}5}{8 + {}^1\!/_{30} \cdot 10} = 96{,}9^0$.

        b) $\quad x = \dfrac{{}^1\!/_{30} \cdot 15 \cdot 10 + 0{,}1138 \cdot 8 \cdot 60}{{}^1\!/_{30} \cdot 15 + 0{,}1138 \cdot 8} = 42{,}3^0$ C.

9.   Nimmt man aus Tabelle 13 die spezifische Wärme des Platins $= 0{,}037$, so ergiebt sich aus $0{,}037 \cdot 0{,}1 \cdot x + 9 = 0{,}037 \cdot 0{,}1 \cdot 13 + 13$

$$x = 1094^0\,\text{C}.$$

10.   Bezeichnen p_1 und p_2 die gesuchten Kilogramme, so erhält man aus den beiden Gleichungen $w_1 p_1\,(t - t_1) = w_2 p_2\,(t_2 - t)$ und $p_1 + p_2 = p$:

$$p_1 = \frac{w_2\, p\,(t_2 - t)}{w_1\,(t - t_1) + w_2\,(t_2 - t)},$$

$$p_2 = \frac{w_1\, p\,(t - t_1)}{w_1\,(t - t_1) + w_2\,(t_2 - t)}.$$

11.   Das Wasser nimmt nach dem Eintauchen der Kupfermasse m_2 an Wärme auf $M\,(t - t_1)$, das Gefäß $w\,m_1\,(t - t_1)$; dagegen verliert die eingetauchte Kupfermasse an Wärme $w\,m_2\,(t_2 - t)$, woraus die Gleichung folgt:

$$M\,(t - t_1) + w\,m_1\,(t - t_1) = w\,m_2\,(t_2 - t),$$

folglich $\qquad\qquad w = \dfrac{M\,(t - t_1)}{m_2\,(t_2 - t) - m_1\,(t - t_1)}$.

12.   Aus $w \cdot 3 \cdot 100 = 0{,}38 \cdot 80{*}$) folgt $w = 0{,}10133 \ldots$

13.   Aus $w \cdot 5 \cdot 80 = 0{,}57 \cdot 80$ folgt $w = 0{,}114$.

14.   Wie $7 : 5$ oder $1{,}4 : 1$; nach genaueren Bestimmungen wie $1{,}421 : 1$.

15.   Bezeichnet s das spezifische Gewicht des Körpers und w seine spezifische Wärme, d. h. die Kalorien, welche 1 kg desselben zur Temperaturerhöhung um 1^0 C. bedarf, so drückt $s \cdot w$ die Anzahl der Kalorien aus, welche s Kilogramm oder ein Kubikdezimeter des Körpers zur Erhöhung seiner Temperatur um 1^0 C. bedarf.

16.   Daß die relative Wärme für diejenigen Körper am kleinsten ist, welche die weichsten sind, deren Teilchen also sich am leichtesten auseinander treiben lassen, und daß sie mit der Zähigkeit und Kohäsion der Körper wächst.

---

*) Die latente Wärme des Wassers ist nach neueren Untersuchungen $= 80{,}25^0$ C. (nach älteren Bestimmungen 75^0 C.).

17. Nehmen wir diejenige Wärme, welche nötig ist, um 1 kg Wasser um 1⁰ zu erhöhen, als Wärmeeinheit (Kalorie) an, so haben die 7 kg Wasser von 100⁰ C. 7 . 100 Kalorien und die nach der Mischung entstandenen 10 kg Wasser von 46,2⁰ C. 10 . 46,2 Kalorien. Zur Schmelzung der 3 kg Eis sind also 700 — 462 = 238 Kalorien erforderlich oder für jedes Kilogramm $^{238}/_3$ = 79,3 Kalorien, d. h. ebensoviel Wärme, als nötig ist, um 1 kg Wasser von 0⁰ bis zu 79,3⁰ C. zu erwärmen. Oder, wenn x die gesuchte Anzahl Wärmegrade bezeichnet, so folgt aus $3x + 10 . 46,2 = 7 . 100$ der Wert von $x = 79,3⁰$ C.

18. Die 4 kg siedendes Wasser enthalten 4 . 100 Kalorien, die 3 kg Eis von 0⁰ bedürfen aber, um Wasser von 0⁰ zu werden, 3 . 80 Kalorien. Der Rest von 400 — 240 = 160 Kalorien verteilt sich nun gleichmäßig auf die 7 kg Wasser, welche also die Temperatur von $^{160}/_7 = 22^6/_7⁰$ erhalten.

Oder, wenn x die gesuchte Temperatur ist, so erhält man aus $3 . 80 + 7$ $x = 400$ wieder $x = 22^6/_7⁰$.

19. Aus $(6 + x) . 10 + x . 80 = 6 . 95$ folgt $x = 5^2/_3$ kg.

20. Die latente Wärme des Wassers = 80⁰, die des Wasserdampfes = 540⁰.

21. Zur Erhöhung der Temperatur der 120 kg Wasser von 30⁰ auf 40⁰ waren 120 . 10 = 1200 Kalorien erforderlich. Diese wurden durch die Verdichtung der 2 kg Wasserdampf und Abkühlung des gebildeten Wassers von 100⁰ auf 40⁰, also um 60⁰ geliefert. Bezeichnet x die latente Wärme eines Kilogramms Wasserdampf, so läßt sich also die vom Dampfe abgegebene Wärme durch $2x + 2 . 60$ Kalorien ausdrücken; folglich ist $2x + 2 . 60$ $= 1200$, also $x = 540$ Kalorien.

22. Von 100⁰; denn 1 kg Wasserdampf von 100⁰ C. enthält 650 Kalorien, davon 540 gebunden, welche hier beim Übergange des Dampfes in den tropfbaren Zustand an die 5,4 kg Wasser abgegeben werden und gerade hinreichen, um diese bis auf 100⁰ zu erwärmen.

23. Die 4 kg Wasserdampf enthalten 4 . 640 Kalorien und diese verteilen sich gleichmäßig auf 60 + 4 kg Wasser, so daß also jedes Kilogramm $^{2560}/_{64} = 40$ Wärmeeinheiten enthält, also die ganze Masse eine Temperatur von 40⁰ zeigt.

Oder auch, wenn x die gesuchte Temperatur bezeichnet, so ergiebt sich aus $60 . x = 4 . (640 — x)$ wieder $x = 40⁰$.

24. Aus $60 (x — 16) = 4 (640 — x)$ folgt $x = 55⁰$.

25. Die Wärme des Wassers soll um 28 — 11 = 17⁰ C. erhöht werden, man braucht also noch 17 . 300 = 5100 Kalorien. 1 kg Dampf von 121⁰ giebt aber, in Wasser von 28⁰ verdichtet, $(121 + 519) — 28 =$ 612 Kalorien ab. Die Anzahl der nötigen Kilogramme Dampf ist also $= {}^{5100}/_{612} = 8^1/_3$ kg.

Oder, da $300 . (28 — 11) = x (640 — 28)$ sein muß, so ist $x = 8^1/_3$ kg und man erhält dann $308^1/_3$ kg Wasser von 28⁰ C.

26. Nehmen wir an, ein Kilogramm Wasser sei bis —10⁰ C. erkaltet, und es finde dann plötzlich Eisbildung statt. Die gesamte latente Wärme des

Wassers kann natürlich nicht augenblicklich frei werden, wohl aber eine solche Menge, welche zur Erhöhung der Temperatur des Wassers von 10^0 C. auf 0^0 erforderlich ist, also 10 Kalorien, und da in der angenommenen Wassermasse 80 Kalorien an latenter Wärme vorhanden sind, so kann $1/_8$ des Wassers augenblicklich erstarren.

27.   Nach Tabelle 15 des Anhanges schmilzt das Zinn bei 235^0 C. und die dazu erforderliche latente Wärme ist $= 14{,}3$, d. h. 14,3 mal soviel, als nötig ist, um eine dem Zinn gleiche Gewichtsmenge Wasser um einen Grad zu erhöhen. Nach Tabelle 13 ist aber die spezifische Wärme des Zinns $= 0{,}0562$, die zum Schmelzen desselben erforderliche latente Wärme würde also dieselbe Gewichtsmenge Zinn um $\dfrac{14{,}3}{0{,}0562} = 255$ Wärmegrade erhöhen (d. h. es würde die Temperatur des Zinns um eine Wärmemenge zunehmen, die 255 mal so groß ist, wie diejenige, welche die Temperatur des Zinns um 1^0 erhöht). Die Temperatur würde demnach $= 235 + 255 = 490^0$ C. sein.

28.   Um x Kilogramm Äther von 0^0 bis $35{,}6^0$ C. zu erwärmen, bedarf man, da die spezifische Wärme des Äthers (Tabelle 13 des Anhanges) $= 0{,}52$ ist, $x \cdot 35{,}6 \cdot 0{,}52$ Kalorien. Nun ist (nach Tabelle 16) die beim Verdampfen von 1 kg Äther gebundene Wärme $= 91{,}1$ Kalorien, es muß also $x \cdot 35{,}6 \cdot 0{,}52 = 91{,}1$, folglich $x = 4{,}92$ kg sein.

Auflösungen zu XXII.

1.   Da sich aus der Formel der Aufgabe die Dichte der Luft bei 100^0 C. und 760 mm Druck $= \dfrac{1}{1056}$ ergiebt, so verhält sich die Dichte des Wasserdampfes zu der der Luft, beide bei 100^0 C. und 760 mm Druck, wie $\dfrac{1}{1700} : \dfrac{1}{1056} = 0{,}622 : 1$, d. h. näherungsweise wie $5 : 8$, und man kann sich vielfachen Beobachtungen gemäß erlauben, dieses Verhältnis auch auf andere, der Luft und dem Wasserdampfe gemeinschaftliche Temperaturen und Spannkräfte auszudehnen, so daß allgemein die Dichte des Wasserdampfes von t^0 C. und B Millimetern Druck 0,622 oder $\dfrac{5}{8}$ mal so groß angenommen werden kann, wie die Dichte der Luft von gleicher Temperatur und Spannung.

2. Mittels der aus Tabelle 9 c. des Anhanges entnommenen Dichten des Sauerstoffes und Wasserstoffes ergiebt sich die Dichte des Wasserdampfes

$$= \frac{1{,}1056 + 2 \cdot 0{,}0688}{2} = 0{,}622.$$

3. Die Spannkraft des Wasserdampfes von 0^0 ist (Tabelle 18) nahe $= 5\,\mathrm{mm}$; Luft von dieser Spannkraft würde aber eine Dichtigkeit von $\frac{5}{760}$ der Dichtigkeit der Luft von mittlerem Atmosphärendruck, also von $\frac{1}{773} \cdot {}^5\!/_{760}$ der Dichte des Wassers haben, folglich ist (da sich die Dichtigkeit des Wasserdampfes von beliebiger Temperatur zur Dichtigkeit der Luft von derselben Temperatur und demselben Drucke wie 5 : 8 verhält) die Dichtigkeit des Wasserdampfes von 0^0, auf die letztere Einheit bezogen, $= {}^5\!/_8 \cdot {}^1\!/_{773} \cdot {}^5\!/_{760} = 0{,}0000053.$

4. Aus Aufgabe 1 folgt die Dichte des Wasserdampfes bei 40^0 C. und $55\,\mathrm{mm}$

$$\text{Druck} = {}^5\!/_8 \cdot \frac{273}{313 \cdot 773} \cdot \frac{55}{760} = \text{nahe } \frac{1}{20\,000} \text{ der Dichte des Wassers.}$$

5. Nach der Auflösung zu 70 a. in XX. wiegt ein Kubikmeter Luft bei einer Temperatur von t^0 C. und einem Drucke von B Millimetern $\dfrac{1{,}2932}{1 + 0{,}003665 \cdot t}$

$\cdot \dfrac{B}{760}$ kg. Da nun aus Tabelle 18 des Anhanges für gesättigten Wasserdampf von 50^0 und 100^0 C. der Druck B bezüglich $= 92$ und $760\,\mathrm{mm}$ ist, so ergiebt sich das Gewicht eines Kubikmeters Wasserdampf

a) von 50^0 C. $= {}^5\!/_8 \cdot \dfrac{1{,}2932}{1 + 0{,}003665 \cdot 50} \cdot \dfrac{92}{760} = 0{,}0827\,\mathrm{kg};$

b) von 100^0 C. $= 0{,}5914\,\mathrm{kg}.$

6. Die Dichtigkeit des gesättigten Wasserdampfes von 25^0 C. ist (da die entsprechende Expansivkraft des Dampfes $= 23{,}6\,\mathrm{mm}$)

$$= {}^5\!/_8 \cdot \frac{23{,}6}{760} \cdot \frac{273}{298 \cdot 773} = 0{,}000023, \text{ der Dichte des Wassers bei } 4^0,$$

also das Gewicht eines Kubikzentimeters dieses Dampfes $= 0{,}000023\,\mathrm{g}$, folglich das Gewicht eines Kubikmeters des Dampfes $= 0{,}023\,\mathrm{kg}.$

7. Wasserdampf, der nicht mit Wasser in Verbindung ist, verhält sich bei einer Temperaturerhöhung gerade wie die Luft. Wird aber Luft von 100^0 C. bis auf 121^0 C. erwärmt, ohne daß eine Vergrößerung des Volumens erfolgen kann, so nimmt dadurch die Spannkraft der Luft oder ihr Druck gegen die Gefäßwände in dem Verhältnis von $\left(1 + \dfrac{100}{273}\right) : \left(1 + \dfrac{121}{273}\right)$ oder $373 : 394$ zu. Man hat also, da die Spannkraft des Wasserdampfes von $100^0 = 760\,\mathrm{mm}$ ist und wenn x die gesuchte Spannkraft dieses Wasserdampfes bei 121^0 bezeichnet,

$$760 : x = 373 : 394 \text{ oder } x = \frac{760 \cdot 394}{373} = 803\,\mathrm{mm}.$$

8. Das Volumen einer Luftmenge nimmt bei der Erwärmung von 100^0 auf 121^0 C., der vorhergehenden Auflösung gemäß, im Verhältnis von $373 : 394$

zu, und da sich der Wasserdampf im vorliegenden Falle gerade so verhält, so hat man aus $1700 : x = 373 : 394$ den gesuchten Raum

$$= \frac{394 \cdot 1700}{373} = \text{beinahe } 1800 \text{ cbm.}$$

9. Weil die Dämpfe bei einer Temperaturerhöhung nicht bloß sich mehr auszudehnen streben, sondern auch dichter werden, indem sich eine größere Menge von Dampf aus dem Wasser entwickelt.

10. Die Dichte der Luft bei 121° C. und normalem Druck ist (vergl. Auflösung zu 4) $= \dfrac{273}{394 \cdot 773}$ der Dichte des Wassers, also bei 121° C. und

doppeltem Atmosphärendrucke $= \dfrac{2 \cdot 273}{394 \cdot 773}$ der Dichte des Wassers, also die

Dichte des Wasserdampfes von 121° C. $= \dfrac{5}{8} \cdot \dfrac{2 \cdot 273}{394 \cdot 773} = \text{nahe } \dfrac{1}{892}$

der Dichte des Wassers, also nicht ganz das Doppelte der Dichte des Wasserdampfes von 100° C.

11. Aus voriger Auflösung folgt 892 cbm.

12. Wasserdampf von einer Spannung von 5 Atmosphären $= 5 \cdot 760$ $= 3800$ mm hat eine Temperatur von nahe 153° C., also ist seine Dichte

$$= \frac{5}{8} \frac{5 \cdot 273}{426 \cdot 773} = \frac{1}{386} = 0,0026 \text{ der Dichte des Wassers.}$$

Ein Kubikdezimeter dieses Dampfes wiegt also 0,0026 kg.

13. Man findet nach der Holzmann'schen Interpolationsformel $p = 1078$ mm Quecksilberhöhe, was einem Drucke von $^{1078}/_{760} = 1{,}392$ Atmosphären entspricht.

14. Der Druck ist gleich dem von 7 Atmosphären, also auf den Quadratzentimeter $= 7 \cdot 1{,}033 = 7{,}231$ kg.

15. Gesetzt, der Dampf habe im Behälter eine Temperatur von 134° C., seine Expansivkraft sei also $= 3$ Atmosphären. Beim Ausströmen aus dem Ventile dehnt er sich aus, bis seine Expansivkraft $= 1$ Atmosphäre ist. Durch diese Ausdehnung erhöht sich die latente Wärme, die im Behälter $640 - 134 = 506°$ C. betrug, auf 540, so daß dem ausströmenden Dampfe nur noch 100° freie Wärme bleiben. Wegen der erlangten Geschwindigkeit der Dampfteilchen geht aber die Ausdehnung über diese Grenze hinaus und deshalb, sowie wegen der Mischung des ausströmenden Dampfes mit der kälteren Luft wird seine Temperatur viel tiefer als 100°.

16. Da die beobachteten Siedepunkte (99,5° und 97° C.) nach Tabelle 16 im Anhange den Luftdrücken von bezüglich 330,85 und 301,48 Par. Linien entsprechen, so findet man mit Anwendung der Mayer'schen Formel (Auflösung zu 25 in XVII) den gesuchten Höhenunterschied $= 60\,000\,(log\ 330{,}85 - log\ 301{,}48) = 2422$ Par. Fuß.

17. 10 000 ccm Luft wiegen $^{10000}/_{773} = 12{,}93$ g, da 1 ccm Wasser 1 g wiegt und die Dichtigkeit der Luft $= {}^{1}/_{773}$ derjenigen des Wassers beträgt. Der Ballon wiegt also luftleer $1015 - 12{,}93 = 1002{,}07$ g, folglich der

Dampf 1010 — 1002,07 = 7,93 g. Da sich nun bei gleichem Volumen die Dichtigkeiten wie die absoluten Gewichte verhalten, so erhält man, die Dichtigkeit der Luft von $0^0 = 1$ gesetzt, aus $x : 1 = 7,93 : 12,93$, $x = 0,613$.

18. Die Druckfläche des Kolbens beträgt 1962 qcm, sein Weg in jeder Sekunde $\dfrac{48 : 1,25}{60} = 1$ m; und der wirksame Dampfdruck $= 1,6 - 0,1$ $= 1,5$ kg auf den Quadratzentimeter, folglich der theoretische Effekt $= 1962 . 1,5 . 1 = 2943$ mkg oder $^{2943}/_{75} = 39$ Pferdekräfte.

Nehmen wir, wie gewöhnlich, die Hälfte des theoretischen Effektes als Nutzeffekt, so ist dieser $19^1/_2$ Pferdekräfte.

19. Die bewegende Kraft des Dampfes ist wegen des entgegenwirkenden Druckes der atmosphärischen Luft $5 - 1 = 4$ Atmosphären, also, da der Dampfkolben einen Querschnitt von 500 qcm hat, $= 4 . 1,033 . 500 = 2066$ kg (nach Aufgabe 1 in XVII), folglich der theoretische Effekt der Maschine (bei einer Geschwindigkeit von 1,5 m in der Sekunde) $1,5 . 2066 = 3099$ mkg $= \dfrac{3099}{75} =$ etwas über 41 Pferdekräfte. Als Nutzeffekt kann man die Hälfte, also nahe 21 Pferdekräfte annehmen.

Zur Hervorbringung dieses Effektes sind in jeder Sekunde $1,5 . 0,05 = 0,075$ cbm Dampf von 5 Atmosphären Druck nötig. Ein Kubikmeter Dampf von dieser Spannung wiegt aber (nach der Auflösung zu 12) $1000 . 0,0026 = 2,6$ kg, folglich wiegen 0,075 cbm . . . 0,195 kg. In jeder Stunde werden also $3600 . 0,195 = 702$ kg oder 702 cdm Wasser verbraucht.

20. Annähernd, aber etwas zu groß, findet man den alsdann stattfindenden mittleren Druck durch das folgende gewöhnliche Verfahren:

der Druck während des ersten Viertelhubes ist . . . $= 1,6$ kg

der Druck während des zweiten Viertelhubes

$$\text{ist im Mittel} = \frac{1,6 + 0,8\,{}^*)}{2} = 1,2 \quad \text{„}$$

der Druck während des dritten Viertelhubes

$$\text{ist im Mittel} = \frac{0,8 + 0,53}{2} = 0,66 \quad \text{„}$$

der Druck während des vierten Viertelhubes

$$\text{ist im Mittel} = \frac{0,53 + 0,4}{2} = 0,46 \quad \text{„}$$

$$\overline{\qquad\qquad 3,92\ \text{kg}}$$

---

*) Hierbei ist angenommen, daß der Druck des Dampfes zu Ende des zweiten Viertelhubes $\dfrac{1,6}{2} = 0,8$ kg, zu Ende des dritten Viertelhubes $\dfrac{1,6}{3} = 0,53$ kg u. s. w. betrage, weil er einen zweimal, dreimal u. s. w. so großen Raum einnimmt; dies ist jedoch nicht ganz richtig, weil die Temperatur des Dampfes durch die Expansion abnimmt, der Dampf also z. B. bei der halben Dichte weniger als halb soviel Spannung hat.

Hieraus der mittlere Druck $= \dfrac{3,92}{4} = 0,98\,$kg und nach Abzug des Gegen=
drucks von 0,1 kg der mittlere Druck auf das Quadratzentimeter $= 0,88\,$kg.
Also der theoretische Effekt $= 1962 \cdot 0,88 \cdot 1 = 1726,56\,$mkg $= 23$ Pferde=
kräfte und folglich der Nutzeffekt $= 11,5$ Pferdekräfte (etwas mehr als
die Hälfte des Nutzeffektes, welchen man mittels derselben Maschine ohne
Expansion erhält, während doch nur der vierte Teil des zur letzteren erforder=
lichen Dampfes verbraucht wird, woraus eine bedeutende Ersparnis an Brenn=
material hervorgeht).

21.   a) Ein Pfund Wasser giebt $1700 : 61,83 = 27,5$ Kubikfuß Wasser=
dampf von 100^0 und kann also durch diesen einen Kolben von 1 Quadratfuß,
welcher mit $144 \cdot 14,13 = 2034,7$ Pfd. belastet ist, 27,5 Fuß hoch heben,
folglich ist die Arbeit dieses Dampfes $= 27,5 \cdot 2034,7 = 55\,954$ Fuß=
pfund.

b) Ein Kilogramm Wasser giebt 1700 cdm Wasserdampf von 100^0 und
kann also durch diesen einen Kolben von 1 qdm, welcher mit $100 \cdot 1,033$
$= 103,3\,$kg belastet ist, 1700 dm oder 170 m hoch heben, folglich ist die
Arbeit dieses Dampfes $= 170 \cdot 103,2 = 17\,561$ mkg, also die Arbeit
des Dampfes von 0,5 kg Wasser $= 8780,5\,$mkg.

Nun ist $1\,$mkg $= 3,1862 \cdot 2 = 6,3724$ Fußpfunde. Multipliziert
man mit dieser Zahl die vorher gefundene, so erhält man gleichfalls die in
a) gefundene Anzahl von Fußpfunden.

22.   Ein Kubikmeter mit Wasserdampf völlig gesättigter Luft enthält ebenso=
viel Dampf, als derselbe Raum im luftleeren Zustande, also (vgl. Aufgabe 6)

$$\tfrac{5}{8} \cdot \frac{1000}{773} \cdot \frac{23,6}{760} \cdot \frac{273}{298} = 0,023\,\text{kg}.$$

23. $\tfrac{5}{8} \cdot \dfrac{1000}{773} \cdot \dfrac{105}{760} \cdot \dfrac{273}{298} = 0,0102\,$kg.

24.   Das Gewicht der in einem bestimmten Raume enthaltenen Dampfmenge
bei 13^0 C. verhält sich zu dem bei 24^0 C., wenn in beiden Fällen der Raum
mit Dämpfen gesättigt ist, wie die diesen Temperaturen entsprechenden
Spannkräfte der Dämpfe, d. h. im vorliegenden Falle wie 11,16 zu 22,18.
Demnach beträgt in unserer Aufgabe die vorhandene Dampfmenge $\dfrac{11,16}{22,18}$
der möglichen Dampfmenge, oder, wie es oft ausgedrückt wird, $\dfrac{11,16}{22,18} \cdot 100$
$=$ nahe 50 Proz. der möglichen Dampfmenge.

25.   Die 14 000 Millionen Kubikmeter enthalten, da die Dichtigkeit des Wasser=
dampfes von $20^0 = 0,000017$ ist, $17 \cdot 44\,000 = 238\,000$ cbm Wasser.
Wenn aber die Temperatur auf 11^0 herabsinkt, so können, wie sich auf ähn=
liche Weise ergiebt, nur noch $10 \cdot 14\,000 = 140\,000$ cbm Wasser als
Dampf in jenem Raume zurückbleiben, es müssen also $238\,000 - 140\,000$
$= 98\,000$ cbm Wasser als Regen niedergeschlagen werden, die sich auf eine
Fläche von 14 Millionen Quadratmeter verteilen, so daß e i n Kubikmeter

auf je 143 qm oder 7 cdm auf jeden Quadratmeter fällt, also die Regen=
höhe 7 mm betragen würde.

26.　　$(13 - 10) . 14\,000 = 42\,000$ cbm.

27.　　Sie beruht 1) darauf, daß ein bestimmter Raum bei einer bestimmten
Temperatur auch nur eine bestimmte Menge Wasser in Dampfform aufnehmen
kann, wovon also stets ein Teil in Nebelgestalt übergehen muß, wenn die
Temperatur sinkt, sowie 2) darauf, daß die Wärmekapazität der Luft mit ihrer
Verdünnung zunimmt. Aus letzterem Grunde nimmt die Temperatur der
Luft unterm Rezipienten nach den ersten Kolbenstößen ab, und folglich muß
nach 1) ein Teil des Wasserdampfes in Nebelform sich niederschlagen (wenn
nämlich die Luft völlig oder nahezu mit Wasserdampf gesättigt war). Da nun
mit der Luft immer auch ein Teil des Wasserdampfes aus dem Rezipienten
geschafft wird, so kann sich der Nebel nach weiteren Kolbenstößen wieder in
Dampfform auflösen.

28.　　Durch Erhitzen wird ein Teil der Feuchtigkeit herausgeschafft, nach dem
Erkalten schlägt sich aber wieder ein Teil an die Wände des Gefäßes nieder.
Wenn man aber ein Rohr in das erhitzte Glas steckt und saugt, so gelingt
die Austrocknung viel rascher und besser.

29.　　Im ersten Falle, wenn es draußen kälter ist als in der Stube, im zweiten,
wenn es in der Stube kälter ist als draußen.

30.　　Weil Öl fast gar nicht verdunstet.

Auflösungen zu XXIII.

1.　　$5 . 7800 = 39\,000$ Kalorien (nach Tabelle 19) *).

2.　　Für 1 Thlr. erhält man $^{1500}/_{12} = 125$ kg Holz, die bei ihrer Verbren=
nung $125 . 3000 = 375\,000$ Kalorien erzeugen, dagegen für dasselbe
Geld $\frac{350}{2^{1/_3}} = 150$ kg Torf, welche $150 . 1500 = 225\,000$ Kalorien
geben; der Brennwert des Holzes verhält sich also zu dem des Torfes wie
$5 : 3$.

3.　　Beim Verbrennen von 1 kg Steinkohle entstehen 6000 Kalorien, zum
Verdampfen von 6 kg Wasser sind aber nur $6 . 640 = 3840$ erforderlich,

------

*) In diesem Abschnitt sind die älteren Beobachtungen der Tab. 19 beibehalten
worden, weil sich aus diesen eine Folgerung ergiebt (siehe Aufgabe 9), welche eine in
der Praxis bewährte genäherte Berechnung der Verbrennungswärme vegetabilischer
Brennstoffe aus ihrer Zusammensetzung gestattet.

folglich gehen verloren 6000 — 3840 = 2160 Kalorien. (Überhaupt rechnet man die in den besten Öfen benutzbare Wärme nur zu $^3/_5$ der entwickelten.)

4. $\dfrac{300}{6} = 50\,\mathrm{kg}$ in der Stunde, wenn man, wie gewöhnlich, 1 kg Steinkohle als zum Verdampfen von 6 kg Wasser erforderlich annimmt.

5. 1 kg Kohlenstoff bedarf zu seiner vollständigen Verbrennung 2,65 kg oder etwa 1,85 cbm Sauerstoff, also, da 1 cbm Luft nur 0,21 cbm Sauerstoff enthält, $\dfrac{1,85}{0,21} = 8,8$ cbm Luft. Hiernach würde also durch 1 kg Steinkohle $^6/_7$. 8,8 = 7,5 cbm Luft verbraucht. Weil aber gewöhnlich nur die Hälfte der in den Rost dringenden Luft ihren Sauerstoff abgiebt, so muß man das Doppelte der eben berechneten Zahl nehmen.

6. Da sich der Wärmeeffekt der Verbindung aus den Wärmeeffekten der Bestandteile zusammensetzt, der Wärmeeffekt des Wasserstoffes aber (Tabelle 19) dreimal so groß ist, wie der des Kohlenstoffes, so hat man $a = 3\,w + k$.

7. Wenn der ganze Sauerstoffgehalt als mit Wasserstoff schon verbunden betrachtet werden muß, so hat man, da 1 Gewichtsteil Sauerstoff mit $^1/_8$ Gewichtsteil Wasserstoff im Wasser verbunden ist, in der Formel der vorigen Aufgabe statt w zu setzen $w - ^1/_8\,s$, so daß man erhält $a = 3\,(w - ^1/_8\,s) + k$; den nicht im Wasser der Verbindung vorkommenden Teil des Sauerstoffes hat man nicht zu berücksichtigen.

8. Da die Hälfte des im Alkohol vorhandenen Sauerstoffes als bereits mit Wasserstoff verbunden zu betrachten ist, so hat man nach der Formel der vorigen Auflösung den gesuchten Wärmeeffekt, auf den eines gleichen Gewichtes Kohlenstoff als Einheit bezogen, $= 3\,(0{,}129 - ^1/_8 \cdot ^1/_2 \cdot 0{,}3444) + 0{,}5266 = 0{,}85$, oder, da ein Gewichtsteil Kohlenstoff 7800 Kalorien erzeugt, $= 0{,}85 \cdot 7800 = 6630$ Kalorien, was von der durch Versuche gefundenen Zahl 6700 (Tabelle 19) nur wenig abweicht.

9. Da 1 Gewichtsteil Kohlenstoff zu seiner Verbrennung $2^2/_3$ Gewichtsteile Sauerstoff und 1 Gewichtsteil Wasserstoff zu seiner Verbrennung 8 Gewichtsteile Sauerstoff verbrauchen, und da ferner 1 Gewichtsteil Kohlenstoff bei seiner Verbrennung 78 Gewichtsteile Wasser und 1 Gewichtsteil Wasserstoff bei seiner Verbrennung 236 Gewichtsteile Wasser vom Gefrierpunkt bis zum Siedepunkte erhitzen, so folgt, daß 1 Gewichtsteil Sauerstoff bei seiner Verbrennung mit Kohlenstoff $\dfrac{78}{2^2/_3} = 29{,}25$, 1 Gewichtsteil Sauerstoff bei seiner Verbrennung mit Wasserstoff $^{236}/_8 = 29{,}5$ Gewichtsteile Wasser von 0° bis 100° C. erhitzen; der Wärmeeffekt des Sauerstoffs beträgt also in runder Zahl 3000 Kalorien.

Bei Berechnungen wird gewöhnlich diese runde Zahl 3000 genommen, nicht bloß der Erleichterung wegen, sondern auch, weil es sehr wahrscheinlich ist, daß bei den betreffenden Versuchen ein etwas zu geringer Wärmeeffekt gefunden wurde. Bezeichnet man die von einem Gewichtsteile eines Brennmaterials erforderliche Sauerstoffmenge mit s, so läßt sich der Wärmeeffekt dieses Brennmaterials in Kalorien ausdrücken durch $a = 3000 \cdot s$.

10. Das Verfahren ist darauf gegründet, daß für jeden Gewichtsteil Sauerstoff, welchen Kohlenstoff und Wasserstoff bei ihrer Verbrennung aufnehmen, 3000 Kalorien entwickelt werden (siehe vorige Aufgabe). — Da nun im Bleioxyd 12,94 Gewichtsteile Blei mit 1 Gewichtsteil Sauerstoff verbunden sind, so waren mit den nach der Aufgabe erhaltenen n Gramm regulinischem Blei $\frac{n}{12,94}$ g Sauerstoff verbunden, welche zur Verbrennung von $1\,\mathrm{g}$ Steinkohle verwendet worden sind, folglich ist der gesuchte Wärmeeffekt

$$= 3000 \cdot \frac{n}{12,94} = 231,8 \cdot n \text{ Kalorien.}$$

11. Durch die Verbrennung von 1 Gewichtsteil Kohlenstoff werden $3^2/_3$ Gewichtsteile Kohlendioxyd gebildet und dieses Kohlendioxyd muß alle beim Verbrennungsprozesse entwickelte Wärme in sich aufnehmen. Nun ist der Wärmeeffekt des Kohlenstoffes, wenn man ihn nach Auflösung zu 9 berechnet, $= 3000 \cdot 2^2/_3 = 8000$ Kalorien, d. h. 1 Gewichtsteil Kohlenstoff vermag durch die bei seiner Verbrennung entwickelte Wärme 8000 Gewichtsteile Wasser von 0^0 bis auf 1^0 C. zu erwärmen, oder, was dasselbe ist, 1 Gewichtsteil Wasser von 0^0 bis auf 8000^0 C., also $3^2/_3$ Gewichtsteile Wasser von 0^0 bis auf $\frac{8000}{3^2/_3} = 2182^0$ C., und diese Temperatur würde das in jedem Moment entwickelte Kohlendioxyd haben müssen, wenn seine Wärmekapazität dieselbe wäre, wie die des Wassers. Nun ist aber die spezifische Wärme des Kohlendioxyds, auf die des Wassers bezogen, $= 0,2164$, folglich die Verbrennungstemperatur des Kohlenstoffes im reinen Sauerstoff $\frac{2182}{0,2164}$ $= 10\,083^0$ C. Diese Bestimmungsweise läßt sich verallgemeinern. Bezeichnet nämlich s diejenige Gewichtsmenge Sauerstoff, mit welcher sich 1 Gewichtsteil eines brennbaren Körpers bei seiner Verbrennung verbindet, und σ die spezifische Wärme des Verbrennungsproduktes, so ist die Verbrennungstemperatur

$$T = 3000 \cdot \frac{s}{(1 + s)\,\sigma}.$$

12. Nach der Formel der vorigen Auflösung erhält man

$$T = 3000 \cdot \frac{8}{(1 + 8) \cdot 0,475} = 5614^0 \text{ C.}$$

13. In der atmosphärischen Luft sind mit je 1 Gewichtsteil Sauerstoff $\frac{76,9}{23,1}$ $= 3,33$ Gewichtsteile Stickstoff gemengt. Da nun 1 Gewichtsteil Kohlenstoff zu seiner Verbrennung $2^2/_3$ Gewichtsteile Sauerstoff verbraucht, so werden dadurch aus der atmosphärischen Luft $2^2/_3 \cdot 3,33 = 8,88$ Gewichtsteile Stickstoff abgeschieden. Diese 8,88 Gewichtsteile Stickstoff von einer Temperatur vor der Erhitzung, die man ohne erheblichen Fehler $= 0^0$ annehmen

kann, mischen sich nun mit den durch die Verbrennung entstandenen $3^2/_3$ Ge=
wichtsteilen Kohlendioxyd von $10\,083^0$ C. (siehe Auflösung zu 11), und da
die spezifische Wärme des Stickstoffes $= 0{,}2440$, die des Kohlendioxyds
$= 0{,}2164$ ist, so erhält man (nach Aufgabe 7 in XXI) die Temperatur
der Mischung

$$= \frac{3^2/_3 \,.\, 10083 \,.\, 0{,}2164 + 8{,}88 \,.\, 0 \,.\, 0{,}2440}{3^2/_3 \,.\, 0{,}2164 + 8{,}88 \,.\, 0{,}2440} = 2703^0 \text{ C.,}$$

welches die gesuchte Verbrennungstemperatur ist.

Verallgemeinert man wieder diese Bestimmungsweise mittels der zu Ende
der Aufgabe 11 gebrauchten Bezeichnungen, so erhält man nach den nötigen
Reduktionen

$$T = 3000 \cdot \frac{s}{(1 + s)\,\sigma + 0{,}917\,s}.$$

14. Nach der Formel der vorigen Auflösung erhält man

$$T = 3000 \cdot \frac{8}{(1 + 8) \,.\, 0{,}475 + 0{,}917 \,.\, 8} = 2067^0 \text{ C.}$$

15. Der Grund liegt darin, daß

1) die spezifische Wärme des Wasserdampfes fast viermal so groß ist wie
die des Kohlendioxyds, d. h. daß die durch Verbrennung des Wasserstoffes er=
zeugte Wärme an einen Körper, den Wasserdampf, gebunden ist, welcher eine
beinahe viermal so große Wärmemenge nötig hat (um auf dieselbe Temperatur
erhitzt zu werden), als das Kohlendioxyd, an welches die durch Verbrennung
des Kohlenstoffes entwickelte Wärme gebunden ist;

2) daß ein Gewichtsteil Wasserstoff bei der Verbrennung 9 Gewichtsteile
Wasserdampf liefert, während 1 Gewichtsteil Kohlenstoff nur $3^2/_3$ Gewichts=
teile Kohlendioxyd erzeugt.

———

Auflösungen zu XXIV.

———

1. Damit Eis von 0^0 in flüssiges Wasser von 0^0 übergehe, bedarf es einer
großen Menge Wärme ($1\,\text{kg}$ 80 Kalorien); der Annahme aber, daß diese
Wärme durch den bei der Reibung stattfindenden Druck aus dem Eise heraus=
gepreßt werden könnte, steht die Thatsache entgegen, daß das Eis eine geringere
(nur halb so große) Wärmekapazität besitzt als das Wasser.

2. Im festen Zustande schwingen die Moleküle um gewisse Gleichgewichts-
lagen, aus denen sie zwar durch eine Wärmequelle etwas herausgedrängt
werden können, ohne aber ihre gegenseitige Lage zu verändern und den Bereich
der gegenseitigen Anziehung zu verlassen. Im flüssigen Zustande sind zwar
die Moleküle der gegenseitigen Anziehung nicht ganz entzogen, haben aber keine
bestimmte Gleichgewichtslage mehr; sie können sich um ihren Schwerpunkt
drehen und der Schwerpunkt selbst kann sich aus seiner Lage fortbewegen, in-
sofern andere gleichwirkende Moleküle an die Stelle der verlassenen treten; es
findet also in der Flüssigkeit eine schwingende, wälzende und fortschreitende Bewegung statt, wobei sich nur an der Grenze der Flüssigkeit einzelne Moleküle
der Anziehung durch die übrigen entziehen können, so daß auch ohne äußeren
Druck das Volumen nahezu erhalten bleibt. Im gasförmigen Zustande
sind die Moleküle aus dem Bereich ihrer gegenseitigen Anziehung heraus-
gekommen, sie bewegen sich in gerader Linie mit gleichbleibender Geschwindigkeit,
bis sie gegen andere Gasmoleküle oder eine für sie undurchdringliche Wand
stoßen, dadurch den Druck auf diese letztere verursachen, wieder zurückfliegen 2c.;
mit den fortschreitenden Bewegungen sind wahrscheinlich auch drehende und
schwingende verbunden.

3. Nach dieser Theorie werden die schwingenden Bewegungen der Atome durch
den Einfluß der Wärmequelle allmählich schneller und größer, dadurch die
Atome auseinander gedrängt und das Volumen des Körpers vergrößert; ein
Teil der lebendigen Kraft der schwingenden Atome wird also in die zur Vergrößerung des Volumens erforderliche Arbeit umgesetzt und geht für die Einwirkung auf unsere Nerven und auf das Thermometer verloren. (Der Vor-
gang ist dem Heben eines schweren Körpers vergleichbar, dem die zu Gebote
stehende, die Schwere überwindende Kraft zugleich eine pendelartige Bewegung
zu erteilen vermag.)

Hört die Einwirkung der Wärmequelle auf, so verringert sich die Energie
der Schwingungen, die vorher zum Teil überwundene Anziehungskraft der
Atome wird wieder wirksamer, die Atome fallen aufeinander und dadurch
wird derjenige Teil der lebendigen Kraft, der bei der Erwärmung in Hebungs-
arbeit verwandelt wurde, wieder ersetzt (ähnlich wie ein von einer Höhe
fallender Körper eine lebendige Kraft erlangt, vermöge welcher ein Körper von gleichem Gewicht wieder auf die nämliche Höhe gehoben werden
könnte).

4. Aus der bedeutenden Größe der Arbeit, die verrichtet werden muß, um die
Molekularanziehung beim Übergang in den flüssigen Zustand zum großen
Teil, bei der Verdampfung ganz zu überwinden (siehe Aufgabe 13). Zu
dieser inneren Arbeit kommt bei der Verdampfung noch die äußere, die in
der Überwindung des Atmosphärendrucks besteht.

5. Daß diese Atome gleiche spezifische Wärme haben, daß also ein Wasserstoffatom dieselbe lebendige Kraft besitzt, wie ein Sauerstoff- oder Stickstoffatom,
folglich, was dem Wasserstoffatom an Masse abgeht, durch größere Geschwindigkeit ersetzt wird.

6. Daraus, daß das Produkt aus dem Atomgewicht und der spezifischen Wärme des Atoms für alle Elemente nahe das nämliche ist und man annehmen kann, alle diese Produkte würden einander vollkommen gleich sein, wenn man die spezifische Wärme für einen bestimmten Zustand der Atome rücksichtlich ihrer Temperatur und Aggregatform in Rechnung bringen könnte.

7. Um ein Kubikmeter atmosphärischer Luft von 0^0 C. Temperatur und bei einem konstanten Druck von 0,76 m Barometerhöhe um 1^0 C. zu erwärmen, sind, da das Gewicht dieses Luftquantums $= 1,2932$ kg und die spezifische Wärme der Luft bei konstantem Druck $= 0,2375$ ist, $1,2932 . 0,2375 = 0,30714$ Kalorien nötig. Dagegen sind zur Erhöhung der Temperatur desselben Quantums Luft um 1^0 C. bei konstantem Volumen, da sich die Wärmemenge, welche die Luft bei konstantem Volumen aufnimmt, zu derjenigen, welche sie bei konstantem Druck aufnimmt, wie 1 zu 1,421 verhält, nur $\dfrac{0,30739}{1,41} = 0,21784$ Kalorien erforderlich. Folglich werden $0,30714 - 0,21784 = 0,08930$ Kalorien bloß zur Ausdehnung verwendet, wenn ein Kubikmeter Luft von 0^0 C. bei einem konstanten Druck von 0,76 m auf 1^0 C. erwärmt wird; die übrige Wärme dagegen dient bloß zur Erhöhung der Temperatur.

Denken wir uns nun jenes Kubikmeter Luft in einer Säule von 1 qm Grundfläche und mit fester Wandung so eingeschlossen, daß sie sich nach einer Richtung hin ausdehnen kann und dabei den Druck der Atmosphäre zu überwinden hat. Für jede Temperaturzunahme von 1^0 C. dehnt sich aber die Luft um 0,003665 ihres Volumens bei 0^0 aus, also im vorliegenden Falle jenes Kubikmeter um eine Länge von 0,003665 m, und überwindet dabei einen Atmosphärendruck von $1000 . 0,76 . 13,6 = 10\,336$ kg (die mittlere Höhe der Quecksilbersäule im Barometer $= 0,76$ m, die Dichte des Quecksilbers $= 13,6$ gesetzt). Daraus folgt, daß mittels der vorhin berechneten Wärmemenge von 0,08930 Kalorien eine Last von 10 336 kg um 0,003665 m, also durch eine Kalorie eine Last von $\dfrac{10\,336 . 0,003665}{0,08930}$

$= 424$ kg um 1 m gehoben werden kann (welche Berechnung zuerst Dr. Mayer gab). Im Mittel aus vielfachen genauen Versuchen hat Joule das Arbeitsäquivalent der Wärmeeinheit (Kalorie) ebenfalls $= 424$ mkg gefunden.

8. $\dfrac{1275 . 20}{424} = 60$ Kalorien (ungefähr), also eine Wärmemenge, welche 60 kg Wasser um 1^0 C. zu erwärmen vermag.

9. Da (nach Aufgabe 7) 424 mkg einer Kalorie äquivalent sind, so ist 1 mkg äquivalent $\dfrac{1}{424} = 0,00236$ Kalorien, also h Meterkilogramm $= 0,00236 . h$ Kalorien.

10. Betrachtet man v als die Endgeschwindigkeit des Körpers nach einem Falle von der Höhe h, so ist nach voriger Auflösung die erzeugte Wärme $= 0,00236 . \dfrac{v^2}{2g} = 0,00012 . v^2$ Kalorien.

11. Für jedes Kilogramm des Asteroids ist nach voriger Aufgabe die entwickelte Wärme $= 0{,}00012 \cdot (6 \cdot 7500)^2 = 243\,000$ Kalorien.

12. Ist Q das Gewicht der Kugel in Kilogrammen, so entwickelt sie bei ihrem Falle $\dfrac{Qh}{424} = 0{,}00236\,Qh$ Kalorien, die sich auf die Masse der Kugel verteilen. Ist t die dadurch bewirkte Temperaturerhöhung derselben, so kann die erzeugte Wärmemenge auch ausgedrückt werden durch Qtw Kalorien, und aus der Gleichsetzung dieser beiden Ausdrücke erhält man

$$t = \frac{0{,}00236 \cdot h}{w} = \frac{0{,}00236 \cdot 40}{0{,}0324} = 2{,}9^0\,\mathfrak{C}.$$

Warum ist das Gewicht Q der Kugel auf die Temperaturerhöhung ohne Einfluß?

13. a) Beim Verbrennen eines Kilogramms Wasserstoff werden 34 000 Kalorien erzeugt (Tabelle 19), welche einer mechanischen Arbeit von $34\,000 \cdot 424$ oder über 14 Millionen Meterkilogramm äquivalent sind.

b) Bei der Verdichtung von 9 kg Wasserdampf im Wasser werden $9 \cdot 540 = 4860$ Kalorien frei, deren Arbeitswert $= 4860 \cdot 424$ oder über 2 Millionen Meterkilogramm ist.

c) Beim Übergang von 9 kg Wasser von 0^0 in Eis werden nahe $9 \cdot 80 = 720$ Kalorien frei, die einer Arbeit von $306\,000$ mkg entsprechen.

14. Während bei der Leitung der Wärme die Vibrationen wesentlich nur von einem materiellen Teilchen zu den benachbarten materiellen sich fortpflanzen, findet bei der Strahlung die Fortpflanzung der Schwingungen mittels des Äthers statt. Jene Fortpflanzung entspricht der des Schalles, diese der des Lichtes.

Auflösungen zu XXV.

---

1. $tg\ \tfrac{1}{2}x = {}^{15}/_{18} = 0{,}833\ldots$, also $\tfrac{1}{2}x = 39^0\,48'\,20''$ und folglich $x = 79^0\,36'\,40''$.

2. $x = 2 \cdot 51830 \cdot tg\ 15'\,31{,}5'' = 468$ Meilen.

3. a) $x = \dfrac{3}{tg\ 20''} = $ nahe $309{,}4$ m.

b) Nicht in weiterer Entfernung, als den schwarzen Kreis in a), weil sonst die Dicke des Pfahls, also der Pfahl überhaupt nicht zu sehen wäre.

4. Aus $1 : (x\pi) = 1 : (180 . 60 . 60)$ folgt $x = \dfrac{180 . 60 . 60}{3,1416} =$ etwas mehr als $206\,000$ m oder $27,6$ Meilen.

5. $\alpha = \dfrac{0,001 . 180 . 60}{3,1416} =$ nahe $3,75$ Minuten.

6. Der gesuchte geometrische Ort ist ein Kreisbogen, welchem die gegebene Strecke als Sehne und der Sehwinkel als Peripheriewinkel zugehört.

7. Unser Urteil über die Größe eines Gegenstandes hängt ab von dem Seh= winkel, unter welchem der Körper erscheint, und von unserer Meinung über seine Entfernung. Diese wird aber wesentlich bestimmt einesteils durch das Vorhandensein uns bekannter Gegenstände zwischen unserm Auge und dem betrachteten Gegenstande, andernteils durch die Beleuchtung oder die natür= liche Helligkeit desselben. Wir schätzen eine Entfernung um so richtiger, je mehr uns bekannte Gegenstände sich innerhalb derselben befinden, beim Mangel solcher Gegenstände schätzen wir die Entfernung in der Regel zu klein. Ferner erscheint uns ein Gegenstand bei guter Beleuchtung näher zu sein als bei schlechter. Bei einem hoch stehenden Himmelskörper fehlen die zur Vergleichung dienenden zwischenliegenden Gegenstände, auch wird sein Licht weniger durch die Atmosphäre geschwächt, als bei einem tiefer stehenden, der letztere scheint uns daher entfernter zu sein, als der erstere, folglich, da wir ihn unter dem nämlichen Sehwinkel erblicken, einen größeren Durchmesser zu haben.

8. Auf einer weiten Ebene, besonders einer großen Wasserfläche, beurteilt man die Entfernung eines Gegenstandes meist zu kurz (siehe Auflösung zur vorigen Aufgabe); daher fällt die Kugel gewöhnlich vor Erreichung des Zieles nieder.

9. Aus der Ähnlichkeit der beiden Dreiecke (Fig. 42) ABC und abc (wegen $A = a$, $C = c$) folgt $0,5 : 10,4 = 2 : x$, also $x = 41,6$ m.

10. $x = \dfrac{10}{tg\,30^0} = 17,32$ m.

11. Von jedem Punkte der Sonne fällt ein Lichtbündel, das man wegen der großen Entfernung der Sonne als ein prismatisches betrachten kann, auf die Öffnung O (Fig. 43), die wir zunächst als eine runde und sehr enge

Fig. 42.
Fig. 43.

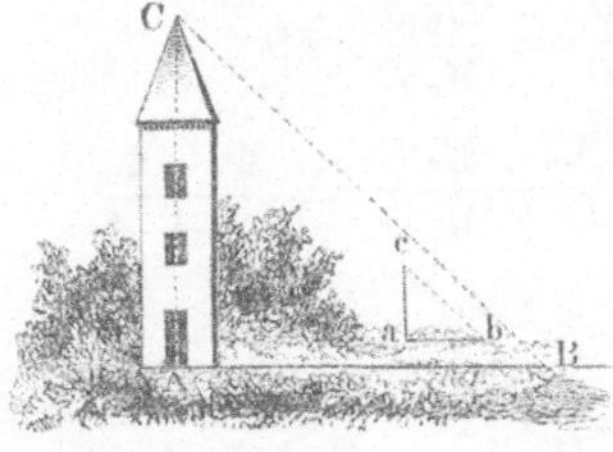
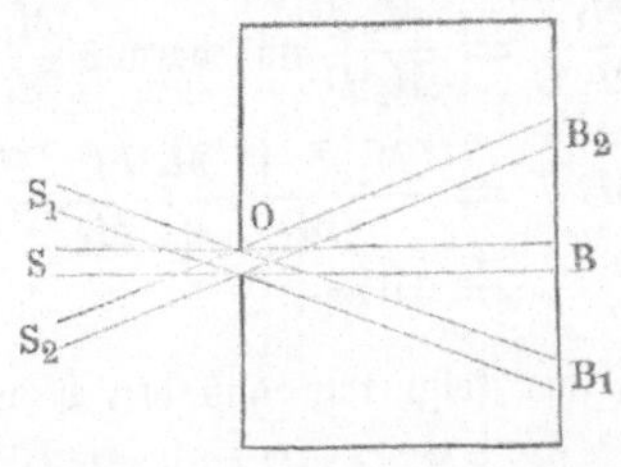

annehmen wollen, und durch diese auf den Schirm. Ist $S_1 B_1$ ein solches Lichtbündel vom oberen Rande der Sonne, $S_2 B_2$ ein solches von ihrem

unteren Rande, so ist der Winkel $S_1\,O\,S_2 = B_1\,O\,B_2$ nahe gleich dem Seh=
winkel von 32 Minuten, unter welchem der Durchmesser der Sonne erscheint.
Hat die Öffnung die Form eines Quadrates, so würde, wenn nur von
einem Punkte der Sonne ein Lichtbündel auf die Öffnung fiele, ein helles
Quadrat auf dem Schirme erscheinen; denkt man sich aber ein solches Licht=
bündel um den Rand der Sonne gedreht, so erhält man auf dem Schirme
einen Kreis u. s. w. Bei größerer Öffnung würde, wenn bloß von einem
Punkte der Sonne ein Lichtbündel darauf fiele, ein Bild von der Größe der
Öffnung auf dem Schirme entstehen; die vom Sonnenrande kommenden
Strahlen schließen aber mit den vom Mittelpunkte kommenden am Rande der
Öffnung einen Winkel von 16 Minuten ein, woraus sich eine Verbreiterung
des Bildes ergiebt.

12. ad I. Aus Fig. 44 folgt wegen der Ähnlichkeit der beiden Dreiecke

$$M_1\,A\,H \text{ und } M_2\,B\,H \ldots \frac{M_1\,M_2 + M_2\,H}{M_1\,A} = \frac{M_2\,H}{M_2\,B}$$

und daraus $M_2\,H = \dfrac{M_1\,M_2\,.\,M_2\,B}{M_1\,A - M_2\,B} = \dfrac{40\,.\,4}{12 - 4} = 20\,\text{cm}.$

Fig. 44.

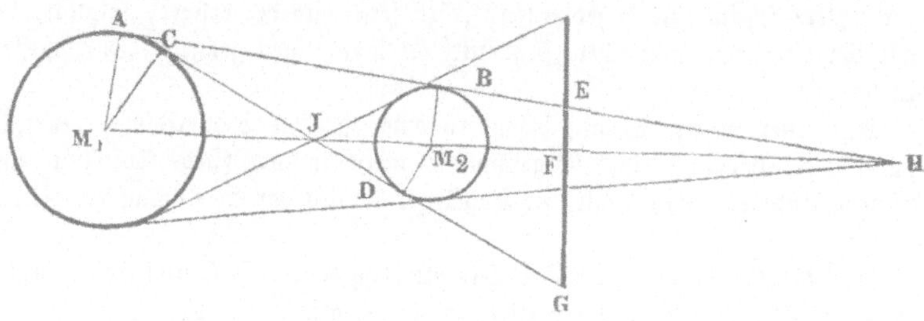

ad II. Aus den ähnlichen Dreiecken $M_2\,B\,H$ und $F\,E\,H$ folgt

$$F\,E = \frac{F\,H\,.\,M_2\,B}{B\,H} = \frac{F\,H\,.\,M_2\,B}{\sqrt{(M_2\,H)^2 - (M_2\,B)^2}} = \frac{(20 - 5)\,.\,4}{\sqrt{20^2 - 4^2}}$$
$$= 3{,}06\,\text{cm}.$$

ad III. Aus den ähnlichen Dreiecken $M_1\,C\,J$ und $M_2\,D\,J$ folgt

$$\frac{M_1\,J}{M_1\,C} = \frac{M_2\,J}{M_2\,D} \text{ und daraus } \frac{M_1\,J + M_2\,J}{M_1\,C + M_2\,D} = \frac{M_2\,J}{M_2\,D}, \text{ also}$$

$$M_2\,J = \frac{(M_1\,J + M_2\,J)\,.\,M_2\,D}{M_1\,C + M_2\,D} = \frac{M_1\,M_2\,.\,M_2\,D}{M_1\,C + M_2\,D} = \frac{40\,.\,4}{12 + 4}$$
$$= 10\,\text{cm}.$$

Ferner folgt nun aus den beiden ähnlichen Dreiecken $M_2\,D\,J$ und $G\,F\,J$:

$$F\,G = \frac{M_2\,D\,.\,F\,J}{D\,J} = \frac{M_2\,D\,.\,(M_2\,J + M_2\,F)}{\sqrt{(M_2\,J)^2 - (M_2\,D)^2}} = \frac{4\,.\,(10 + 5)}{\sqrt{10^2 - 4^2}}$$
$$= 6{,}547\,\text{cm}.$$

13. Aus der vorigen Auflösung folgt, wenn man die entsprechenden Werte der vorliegenden Aufgabe setzt,

$$\text{ad I.} \quad x = \frac{23\,984 \cdot 1}{112 - 1} = 216 \text{ Erdhalbmesser,}$$

$$\text{ad II.} \quad x = \frac{(216 - 60) \cdot 1}{\sqrt{216^2 - 1}} = 0{,}72 \text{ Erdhalbmesser,}$$

$$\text{ad III.} \quad x = \frac{1 \cdot \left(\dfrac{23\,984}{112 + 1} + 60 \right)}{\sqrt{\left(\dfrac{23\,984}{12 + 1} \right)^2 - 1^2}} = 1{,}28 \text{ Erdhalbmesser.}$$

Da der Mondhalbmesser nur 0,25 Erdhalbmesser beträgt, so folgt aus II., daß eine ringförmige Mondfinsternis nicht stattfinden kann.

14. $x = {}^{590000}/_{14} = 42\,100$ Meilen.

15. Bezeichnet x die gesuchte Geschwindigkeit, in Meilen ausgedrückt, sowie τ den sehr kleinen Zeitteil, welchen das Licht nötig hat, um von der Pupille des Auges zum Sehnerv zu gelangen, so ist $x \cdot \tau$ der im Inneren des Auges vom Licht durchlaufene und $4{,}12 \cdot \tau$ der vom Auge senkrecht auf die Richtung des Sternenlichts zurückgelegte Weg während der Zeit τ. Ein auf der Pupille anlangender Lichtstrahl des Sternes wird nun freilich in gerader Richtung fortgehen, aber, da sich das Auge mit der Erde bewegt, nicht an der-

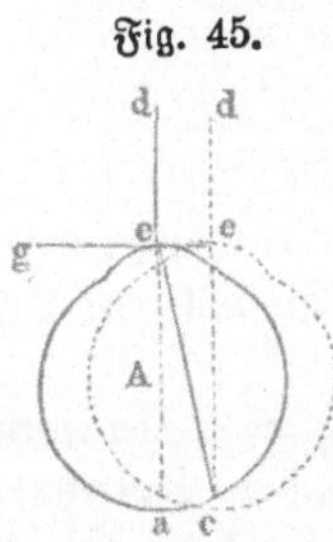

Fig. 45.

jenigen Stelle der Netzhaut anlangen, zu welcher er gekommen sein würde, wenn das Auge still gestanden hätte, sondern an einer Stelle der Netzhaut, die nach derjenigen Seite hin liegt, von welcher sich die Erde herbewegt. Dies macht aber auf den Beobachter denselben Eindruck, als ob der Lichtstrahl schief eingetreten wäre. Ein Strahl da also (Fig. 45), der bei ruhendem Auge A auf den Punkt a treffen würde, trifft wegen der Bewegung des Auges nach der Richtung eg den Punkt c und daher scheint es dem Beobachter, der Strahl habe die schiefe Richtung ec.

Zur Bestimmung von x hat man nun $tg\ aec = \dfrac{ac}{ae}$, d. h. $tg\ 20{,}25''$

$$= \frac{4{,}12 \cdot \tau}{x \cdot t}, \text{ also } x = \frac{4{,}12}{tg\ 20{,}25''} = 41\,961 \text{ Meilen, welches Resultat}$$

nahe genug mit dem der vorigen Aufgabe übereinstimmt.

16. Aus der dauernden Unsichtbarkeit des Bildes in f, während das Rad 12,6 Umdrehungen in der Sekunde macht, muß man schließen, daß die vom Spiegel s durch eine Zahnlücke nach dem Spiegel p gehenden Strahlen erst dann wieder nach f zurückkehrten, als statt der Zahnlücke der nächste Zahn vor den Punkt f getreten und dadurch die Fortpflanzung des Lichtes nach dem Auge gehindert war. Um also die Strecke zwischen den beiden Fernrohren zweimal, nämlich $2 \cdot 8633 = 17\,266$ m zu durchlaufen, bedurfte das Licht einer Zeit, die sich,

weil das Rad 720 Zähne und ebensoviel Zahnlücken hatte und 12,6 Umdrehungen in der Sekunde machte, $= \dfrac{1}{2 \cdot 720 \cdot 12{,}6}$ Sekunden ergiebt,
woraus die Geschwindigkeit des Lichtes (in der Sekunde, die Meile
$= 7500\,\mathrm{m}$ gesetzt) $= \dfrac{17\,266}{7500} : \dfrac{1}{2 \cdot 720 \cdot 12{,}6} = 41\,742$ Meilen folgt.
Die dauernde Sichtbarkeit des Bildes in f, wenn das Rad eine doppelt so
große Umdrehungsgeschwindigkeit hatte wie im vorigen Falle, erklärt sich, was
kaum der Bemerkung bedarf, nunmehr daraus, daß im Augenblick der Rückkehr des Lichtes nach f die nächste Zahnlücke an die Stelle des Zahns im
vorigen Falle getreten und die Fortpflanzung des Lichtes nach dem Auge
ermöglicht war u. s. w.

Auflösungen zu XXVI.

---

1. $L : 1 = FI : fi$.

2. Durch $3 \cdot 2 = 6$.

3. Die scheinbaren Helligkeiten verhalten sich umgekehrt wie die Quadrate ihrer
Entfernungen, die scheinbare Lichtstärke dagegen bleibt in allen Entfernungen
dieselbe, wenn man in beiden Fällen von dem hemmenden Einflusse der Luft
und überhaupt der zwischenliegenden Mittel absieht.

Denn denken wir uns ein Auge zuerst in eine Entfernung $= 1$ von einem
leuchtenden Punkte, sodann aber in die zweifache, dreifache u. s. w. Entfernung
gebracht, so wird derselbe Lichtkegel, der in der Entfernung $= 1$ die Pupille
zur Basis hatte, in den anderen Fällen eine viermal, neunmal u. s. w.
größere Basis haben; es wird also viermal, neunmal u. s. w. weniger Licht
in die Pupille gelangen und daraus ergiebt sich die erste der obigen Behaup-
tungen.

Während aber die von einem leuchtenden Körper ins Auge gelangende Lichtmenge im Verhältnisse der Quadrate der Entfernungen abnimmt, nimmt auch
die Größe seines Bildes in unserm Auge in demselben Verhältnis ab, also
wird die Energie des Lichtes auf die getroffenen Stellen der Netzhaut, d. h.
die scheinbare Lichtstärke, dieselbe bleiben.

4. Ist B die Beleuchtung einer Ebene, welche von der Lichtquelle mit der
Lichtmenge L_1 um die Strecke E_2 entfernt ist und auf welche die
Strahlen unter dem Winkel α_1 auffallen, dagegen

b die Beleuchtung einer Ebene, welche bei derselben Lichtmenge und Entfernung der Lichtquelle gegen die Strahlen um den Winkel α_2 geneigt ist,

so bestehen zwischen den zusammengehörigen Größen

$$B_1, \; L_1, \; E_1, \; \alpha_1,$$
$$B_2, \; L_2, \; E_2, \; \alpha_2,$$
$$B, \; L_1, \; E_2, \; \alpha_1,$$
$$b, \; L_1, \; F_2, \; \alpha_2$$

die Gleichungen: 1. $B_1 : B = \dfrac{1}{E_1^2} : \dfrac{1}{E_2^2}$,

$$2. \quad B : b = \sin \alpha_1 : \sin \alpha_2,$$

$$3. \quad b : B_2 = L_1 : L_2,$$

und daraus durch Multiplikation:

$$\text{I.} \quad B_1 : B_2 = \frac{L_1 \sin \alpha_1}{E_1^2} : \frac{L_2 \sin \alpha_2}{E_2^2}.$$

Für $B_1 = B_2$ und $\alpha_1 = \alpha_2$ folgt aus dieser Gleichung

$$\text{II.} \quad L_1 : L_2 = E_1^2 : E_2^2,$$

d. h. bei gleicher Beleuchtung einer Fläche und gleicher Neigung der auffallenden Strahlen verhalten sich die von den Lichtquellen ausgehenden Lichtmengen wie die Quadrate ihrer Entfernungen von der Fläche.

5. Wie $25 : 49$ oder fast wie $1 : 2$.

6. Aus $x : 1 = 4^2 : 1$ folgt $x = 16$.

7. Da sich bei gleicher Beleuchtung die Lichtmengen der leuchtenden Körper verhalten wie die Quadrate ihrer Entfernungen, im gegenwärtigen Falle aber auch wie die Größe der Oberflächen, so ergiebt sich, wenn E die Entfernung der Sonne, D ihren Durchmesser, d die Größe von 5 m in Meilen ausgedrückt bezeichnet,

$$x^2 : E^2 = \left(\frac{d}{2}\right)^2 \pi : \left(\frac{D}{2}\right)^2 \pi, \quad \text{also } x = E \cdot \frac{d}{D},$$

folglich $x = 20 \cdot 10^6 \cdot \dfrac{0{,}000007}{192\,000} = \dfrac{0{,}14}{192}$ Meilen $=$ nahe 5,4 m.

8. Bezeichnet x die Entfernung des Schirmes von der Lampe, also $5 - x$ seine Entfernung vom Wachslicht, so folgt aus $\dfrac{x^2}{(5-x)^2} = \dfrac{6}{1}$, $x_1 = 3{,}55$, $x_2 = 8{,}45$ m, wovon der erste Wert die Stellung des Schirmes innerhalb der Verbindungslinie, der zweite die in der Verlängerung angiebt.

9. Wenn B_1, B_2 die Beleuchtungen der beiden Flächen bezeichnen, so hat man nach Aufgabe 4

$$B_1 : B_2 = \frac{\sin x}{3^2} : \frac{\sin 45^0}{10^2},$$

also, da $B_1 = B_2$ sein soll,

$$\frac{\sin x}{3^2} = \frac{\sin 45^0}{10^2},$$

folglich

$$x = \frac{9 \cdot \sin 45^0}{100},$$

und daraus

$$x = 3^0\,38'55''.$$

10.   Nach Auflösung 4, II. hat man $L : l - 2{,}5^2 : 0{,}95^2 = 25 : 3{,}61$ oder nahe $= 7 : 1$.

11. $l : L = 30^2 : 70^2 = 1 : 5{,}44 \ldots$

12. $K : k = \dfrac{100}{42} : \dfrac{14{,}4}{10} =\; 2{,}38 : 1{,}44 = 1{,}653 : 1,$

$$W : w = \frac{100}{42} : \frac{14{,}4}{10 \cdot 3} = 2{,}38 : 0{,}48 = 5 : 1 \text{ nahezu.}$$

13. $L_1 : L_2 : L_3 = 100 : 10{,}9 : 13{,}7.$

$$K_1 : K_2 : K_3 = \frac{100}{40} : \frac{10{,}9}{10} : \frac{13{,}7}{9}$$
$$= 100 : 43{,}6 : 60{,}6,$$
$$W_1 : W_2 : W_3 = \frac{100}{40} : \frac{10{,}9}{10 \cdot 1{,}4} : \frac{13{,}7}{9 \cdot 4{,}6}$$
$$= 100 : 31{,}1 : 13{,}2.$$

Auflösungen zu XXVII.

---

1.   Es sei (Fig. 46) AF ein vom leuchtenden Punkte A senkrecht auf den Spiegel fallender Lichtstrahl und AB, AC seien zwei andere in schiefer Richtung auffallende, die nach BD, CE reflektiert werden, so folgt aus einfachen geometrischen Lehren, daß $\angle ABF > \angle ACF$, also (da dem Grundgesetze der Reflexion gemäß $\angle DBN = \angle ABF$ und $\angle ECN = \angle ACF$) auch $\angle DBN > \angle ECN$ ist. Folglich müssen die beiden Linien BD und CE nach der Seite von A_1 zu einander schneiden. Ist nun A_1 ihr Durchschnittspunkt, so ist $\triangle A_1BC \cong \triangle ABC$ (weil $BC = BC$, $\angle A_1BC = \angle ABC$, $\angle A_1CB = \angle ACB$), folglich auch $A_1B = AB$. Verbindet man nun A_1 mit F, so ist das dadurch entstandene $\triangle A_1FB \cong \triangle AFB$ (weil $FB = FB$, $A_1B = AB$

und $\llcorner A_1 BF = \llcorner ABF$), folglich ist $\llcorner A_1 FB = \llcorner AFB = R_1$, d. h. $A_1 F$ und AF bilden eine gerade Linie, sowie $A_1 F = AF$. Der

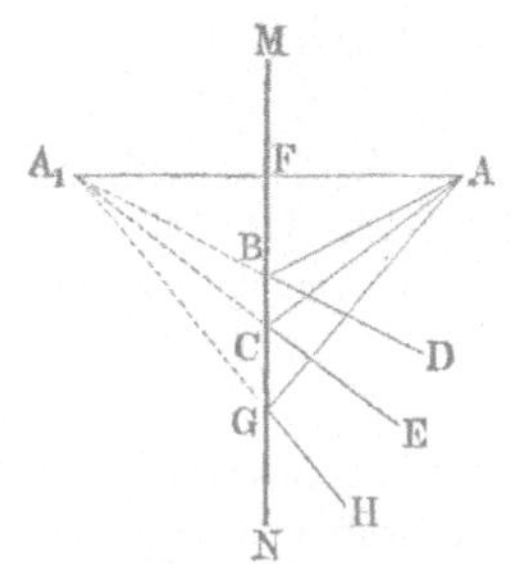

Fig. 46.

Satz ist also rücksichtlich der beiden Strahlen AB und AC bewiesen. Er ist aber auch für jeden andern von A kommenden und z. B. in G nach der Richtung GH reflektierten Strahl richtig. Denn zieht man $A_1 G$, so ist $\triangle A_1 FG \cong AGF$ (weil $A_1 F = AF$, $FG = FG$ und $\llcorner A_1 FG = \llcorner AFG$), folglich $\llcorner A_1 GF = \llcorner AGF$, also auch $= \llcorner HGN$, d. h. $A_1 G$ liegt in der Verlängerung von GH oder umgekehrt GH ist die Verlängerung von $A_1 G$.

2. Man fälle vom leuchtenden Punkte A (Fig. 46) eine Senkrechte AA_1 auf den Spiegeldurchschnitt MN, mache $A_1 C = AC$, verbinde das Auge E mit A_1, so geben AD und DE den Weg des Lichtstrahles an, der bei dieser Lage des Auges vom Punkte A in dasselbe gelangt. (Richtiger: sie geben die Lage der Achse des reflektierten Lichtkegels an, der A zur Spitze und die Pupille des Auges zur Basis hat.)

3. Die Auflösung ergiebt sich aus Fig. 47.

Fig. 47.   Fig. 48.

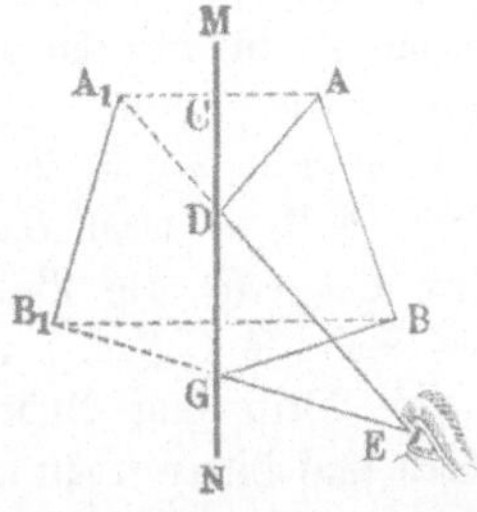 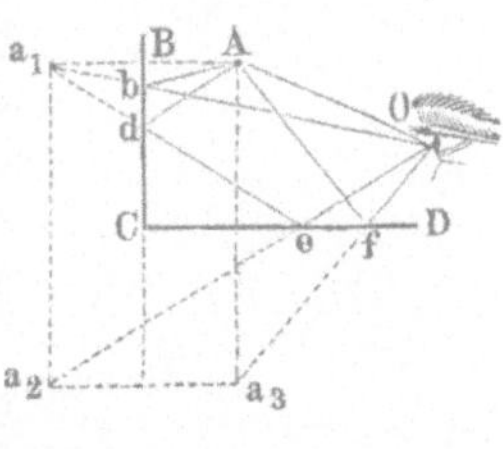

4. a) Es seien (Fig. 48) BC und CD zwei unter einem rechten Winkel gegeneinander geneigte Spiegel, A der leuchtende Punkt vor den Spiegeln, O das Auge. Man konstruiere

I. das Bild a_1 des Punktes A vom Spiegel BC. Wäre nur der Spiegel BC vorhanden, so würde nur der in b auffallende Lichtkegel, dessen Achse Ab ist, nach seiner Reflexion in der Richtung bO ins Auge gelangen und dort den Eindruck machen, als käme der Lichtkegel vom Punkte a_1, alle übrigen von A auf den Spiegel BC auffallenden Strahlen würden aber nach ihrer Reflexion am Auge vorbeigehen. Wegen des Vorhandenseins des zweiten Spiegels CD kann nun ein Teil der von BC reflektierten Strahlen auf CD fallen und nach abermaliger Reflexion zum Teil gleichfalls ins Auge gelangen. Um die Achse dieses zweiten ins Auge fallenden Lichtkegels zu finden, betrachte man den Punkt a_1, von welchem ja die auf CD fallenden Strahlen zu kommen scheinen, als leuchtenden Punkt und bestimme

II. das Bild a_2 desselben vom Spiegel CD. Verbindet man dann a_2 mit O, ferner e mit a_1 und d mit A, so stellt $A\,d\,e\,O$ die Achse desjenigen Lichtkegels dar, der, vom Punkte A ausgehend, nach seiner Reflexion in d und e ins Auge gelangt.

III. Konstruiert man noch das Bild a_3 des Punktes A vom Spiegel CD, welches durch Reflexion des Lichtkegels, dessen Achse $A\,f\,O$ ist, entsteht und das zusammenfällt mit dem Bilde des Punktes a_2 in Beziehung auf den Spiegel CB, so hat man die drei Bilder, welche die beiden Spiegel geben können, wenn sie einen rechten Winkel bilden. Man überzeugt sich leicht, daß von den auf die Spiegel fallenden Strahlen keine andern als die angegebenen ins Auge gelangen können.

Beschreibt man mit einem Halbmesser $= CA$ um C einen Kreis, so liegen alle Bilder in der Peripherie dieses Kreises; denn denkt man sich CA, Ca_1, Ca_2, Ca_3 gezogen, so erhält man die gleichschenkeligen Dreiecke $A\,Ca_1$, $a_1\,Ca_2$, $a_2\,Ca_3$, $a_3\,CA$, deren Schenkel sämtlich einander gleich sind. Daraus folgt eine einfachere Konstruktion der Lage der Bilder, die wir auf den Fall anwenden wollen, wenn

b) der Winkel, welchen die beiden Spiegel CB und CD einschließen, 60° beträgt (Fig. 49). Ist A der leuchtende Punkt und zieht man aus C mit

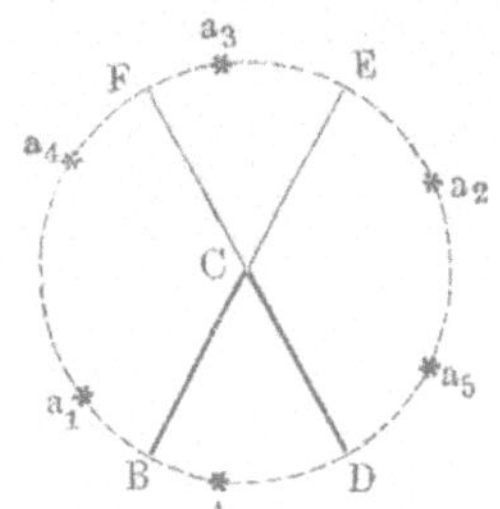

Fig. 49.

dem Halbmesser CA einen Kreis, so ist, wenn man Bogen $B\,a_1 = BA$ macht, a_1 das Bild von A in Beziehung auf den Spiegel CB, ferner, wenn Bogen $D\,a_2 = D\,a_1$, a_2 das Bild von a_1 in Beziehung auf den Spiegel CD, — wenn $B\,a_3 = B\,a_2$ oder $E\,a_3 = E\,a_2$, a_3 das Bild von a_2 bezüglich des Spiegels CB u. s. w. Man erhält auf diese Weise fünf Bilder von A. (Die nämlichen fünf Bilder erhält man, wenn man umgekehrt wie vorhin erst das Bild von A in bezug auf den Spiegel CD bestimmt, dann das Bild des gefundenen Punktes in bezug auf den Spiegel CB u. s. w.)

5. Es entstehen $n - 1$ Bilder, welche symmetrisch in der Peripherie eines Kreises liegen, dessen Mittelpunkt im Scheitelpunkte des Winkelspiegels und dessen Radius der Entfernung dieses Scheitelpunktes vom leuchtenden Punkte gleich ist.

6. Es seien (Fig. 50) B und D die beiden parallelen Spiegel, A ein leuchtender Punkt, O das Auge. Man bestimme

I. das Bild a_1 des Punktes A in Beziehung auf den Spiegel B, ziehe $O\,a_1$ und $b\,A$, so ist $A\,b\,O$ die Achse eines in das Auge gelangenden Lichtkegels, der von a_1 zu kommen scheint. Betrachtet man nun a_1 als leuchtenden Punkt und bestimmt sein Bild a_2 in Beziehung auf den Spiegel D, sowie ferner wieder das Bild a_3 des Punktes a_2 in Beziehung auf den Spiegel B, zieht die Linien $O\,a_3$, $f\,a_2$, $e\,a_1$ und $d\,A$, so stellt die gebrochene Linie

$A\,d\,e\,f\,O$ die Achse eines zweiten ins Auge gelangenden Lichtkegels dar, der von a_3 zu kommen scheint. (Man könnte nun noch weiter das Bild von a_1 in Beziehung auf den Spiegel D und von diesem wieder das Bild in Beziehung auf den Spiegel B bestimmen u. s. w.) Bestimmt man nun noch

II. das Bild α_1 des Punktes A in Beziehung auf den Spiegel D, von diesem das Bild α_2 in Beziehung auf B, das Bild a_3 in Beziehung auf den

Fig. 50.

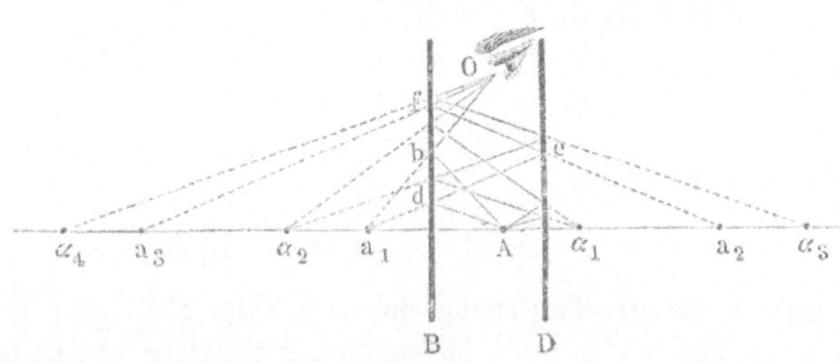

Spiegel D und von diesem das Bild α_4 in Beziehung auf B (welches Ver-fahren man gleichfalls noch fortsetzen könnte),

so sind a_1, α_2, a_3, α_4 . . . die vom Auge O im Spiegel B gesehenen Bilder des Punktes A.

7.   a) Um das Doppelte des vom Spiegel zurückgelegten Weges, also um 30 cm.

b) Er muß halb so hoch und breit sein, als der Mensch selbst; denn stellt (Fig. 51) AB die Höhe des Menschen von dem Spiegel MN dar, so er-

Fig. 51.   Fig. 52.

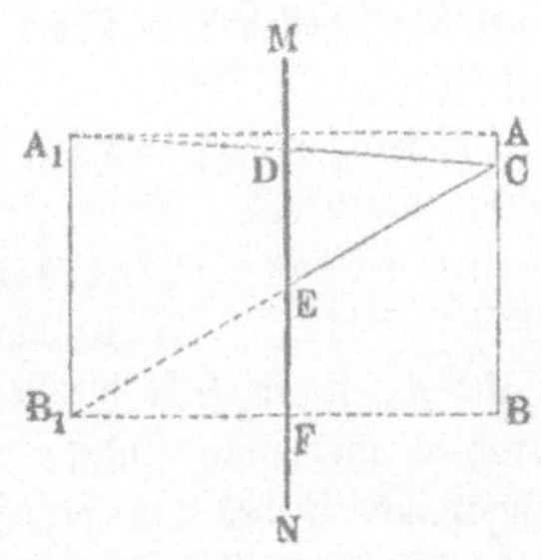

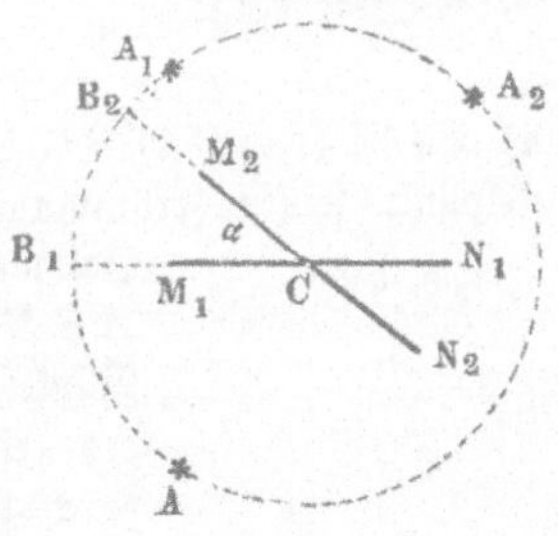

blickt das Auge C desselben sein Bild $A_1 B_1$ innerhalb des Spiegelraumes DE. Es ist aber

$$\frac{DE}{A_1 B_1} = \frac{CE}{CB_1} = \frac{BF}{BB_1} = {}^1/_2.$$

c) Sie erscheinen in lotrechter Stellung.

8.   Winkel $\alpha = \beta$, aber auch $\alpha = \gamma = \delta$, folglich $AC \parallel BO$.

9.   Winkel $O = 180^0 - OAB - OBA$
$$= 180^0 - (180^0 - 2\alpha) - 2\beta$$
$$= 2(\alpha - \beta) = 2E.$$

10. Ist (Fig. 52, a. v. S.) $M_1 N_1$ der Durchschnitt eines auf der Bildfläche senkrecht stehenden, um die Achse C drehbaren Spiegels, A ein leuchtender Punkt vor demselben, so liegt das Bild A_1 dieses Punktes so, daß Bogen $B_1 A_1$ = Bogen $B_1 A$. Während sich nun der Spiegel um den Winkel α dreht, also in die Lage $M_2 N_2$ kommt, gelangt das Bild des Punktes A von A_1 nach A_2 und es ist zu beweisen, daß Bogen $A_1 A_2$ doppelt so groß ist, als Bogen $B_1 B_2$, der den Winkel α mißt.

$$\text{Bogen } A_1 A_2 \text{ ist} = B_2 A_2 - B_2 A_1;$$

da aber
$$B_2 A_2 = B_2 A = B_1 B_2 + B_1 A$$

sowie
$$B_2 A_1 = B_1 A_1 - B_1 B_2,$$

also auch
$$= B_1 A - B_1 B_2$$

ist, so folgt durch Substitution

$$\text{Bogen } A_1 A_2 = B_1 B_2 + B_1 A - (B_1 A - B_1 B_2) = 2\, B_1 B_2.$$

11. Man lege in einiger Entfernung von BS (Fig. 53) einen Spiegel C horizontal auf die Erde, nehme dann eine solche Stellung an, daß die Spitze S in dem Spiegel und zwar nahe am Rande desselben erscheint, lasse ein Bleilot AD vom Auge herabhängen und messe die Länge desselben, sowie die Längen von CD und BC, so bestimmt sich wegen der Ähnlichkeit der Dreiecke SBC und ACD die Höhe $SB = \dfrac{BC \cdot AD}{CD}$. Statt des Spiegels kann man auch ein Gefäß mit Wasser nehmen, dessen Oberfläche immer horizontal ist.

Fig. 53.

12. a) Es sei (Fig. 54) SC der Spiegel, MC seine **Hauptachse**, M der Mittelpunkt seiner Krümmung und AS der Lichtstrahl. Man ziehe den Halbmesser MS, so ist dieser das **Einfallslot** und ASM der **Einfallswinkel**. Macht man den Winkel $MSD = MSA$, so ist SD die Richtung des reflektierten Strahles und man findet, daß sie durch den Halbierungspunkt B des mit der Hauptachse zusammenfallenden Spiegelhalbmessers MC geht, vorausgesetzt, daß der auffallende Strahl der Hauptachse nahe liegt. Denn aus $\angle ASM = \angle MSD$ (nach der Konstruktion) und $\angle ASM = \angle SMC$ (als Wechselwinkel bei parallelen Linien) folgt $\angle MSD = \angle SMC$, also wenn man den Durchschnittspunkt von SD und MC mit B bezeichnet, $MB = BS$. Enthält nun der Bogen SC nur wenige Grade, so kann man $BS = BC$ setzen, also ist dann $MB = BC$, d. h. B liegt in der Mitte des Krümmungshalbmessers MC. Diesen Punkt B, in welchem alle mit der Hauptachse parallel auffallenden Strahlen nach ihrer Reflexion zusammentreffen, nennt man den **Hauptbrennpunkt** des Spiegels.

Fig. 54.

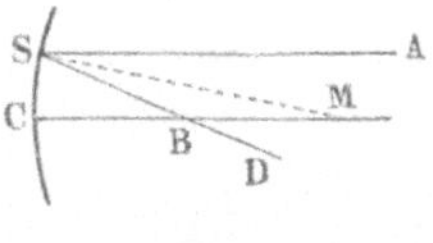

b) und c). Ist (Fig. 55 und 56) AS der Strahl, so ziehe man eine Parallele MC_1 mit AS durch den Krümmungsmittelpunkt M des Spiegels

Fig. 55.   Fig. 56.

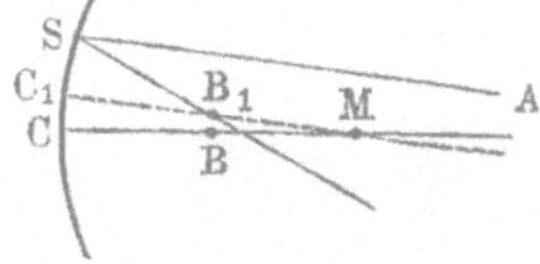 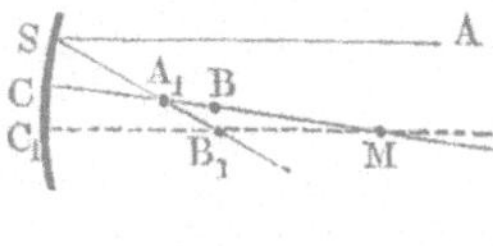

und dann von S durch den Halbierungspunkt B_1 der Strecke MC_1 (Brennpunkt des Spiegels in Beziehung auf die Achse MC_1) die Linie SB_1, so ist diese die Richtung des reflektierten Strahles.

13.   a) Die Strahlen sind der Hauptachse parallel, gehen also [Aufgabe 12, a)] nach ihrer Reflexion vom Spiegel alle durch den Hauptbrennpunkt B (Fig. 57).

b) Man ziehe (Fig. 58) vom Punkte A außer dem mit der Hauptachse zusammenfallenden Strahle AC noch einen beliebigen Strahl AS und suche

Fig. 57.   Fig. 58.

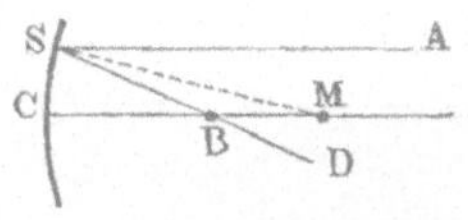 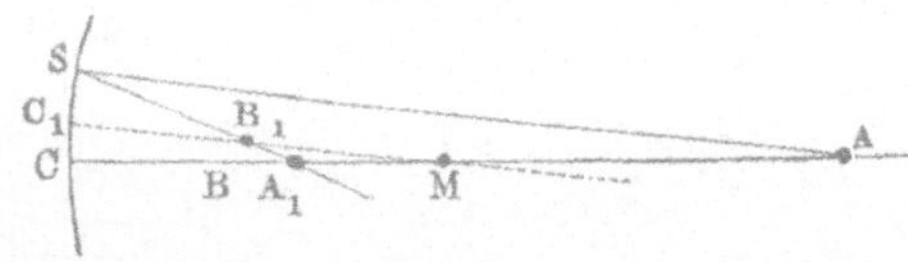

nach 12, b) die Richtung desselben nach seiner Reflexion, so ist der Durchschnittspunkt A_1 dieses Strahles mit der Hauptachse der gesuchte Vereinigungspunkt.

c) Gleichfalls im Mittelpunkte der Spiegelkrümmung.

d) Ähnlich wie in b) (Fig. 59).

Fig. 59.

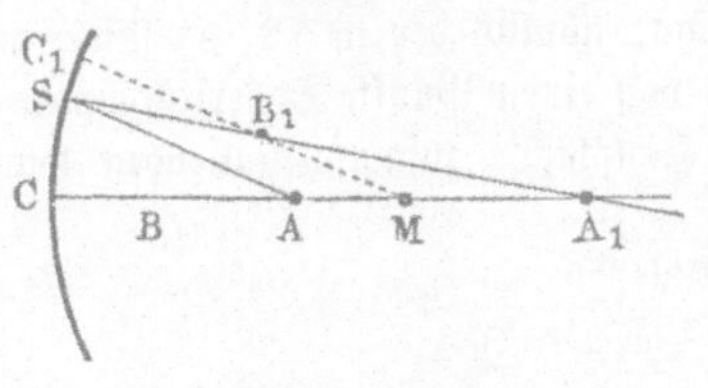

e) Die reflektierten Strahlen sind der Hauptachse parallel (Fig. 57).

f) Ähnlich wie in b) (Fig. 60).

14.   a) Man ziehe (Fig. 61) vom leuchtenden Punkte A einen Strahl AS parallel mit der Hauptachse, so wird dieser [12, a)] nach dem Hauptbrennpunkte B reflektiert. Ferner ziehe man von A einen zweiten

Fig. 60.   Fig. 61.

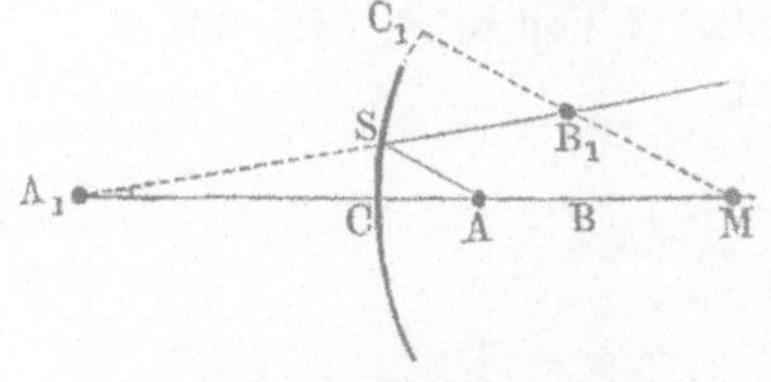 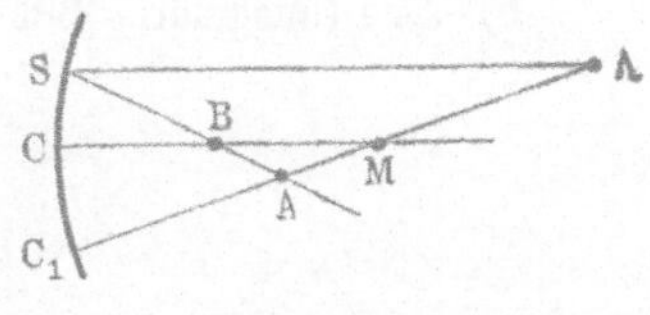

Strahl AC_1 durch den Krümmungsmittelpunkt M, so ist der Durchschnittspunkt A_1 der gesuchte Vereinigungspunkt.

b) (Fig. 62.)   c) (Fig. 63.)

15.   Man bestimme nach den vorhergehenden Aufgaben den Ort des Bildes, ziehe durch diesen vom Mittelpunkte der Pupille eine gerade Linie bis zum

Fig. 62.   Fig. 63.

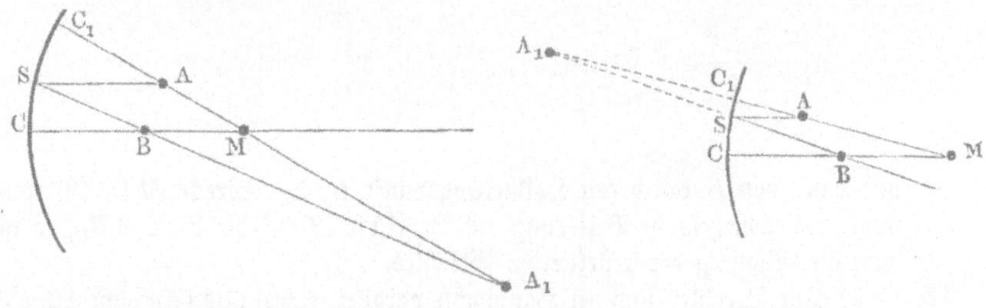

Spiegel und dann von dem dadurch bestimmten Punkte des Spiegels eine gerade Linie nach dem senkrechten Punkte.

16.   Die Auflösung ist aus Fig. 64 ersichtlich, worin AZ die gegebene Linie, $A_1 Z_1$ ihr Bild darstellt.

Fig. 64.

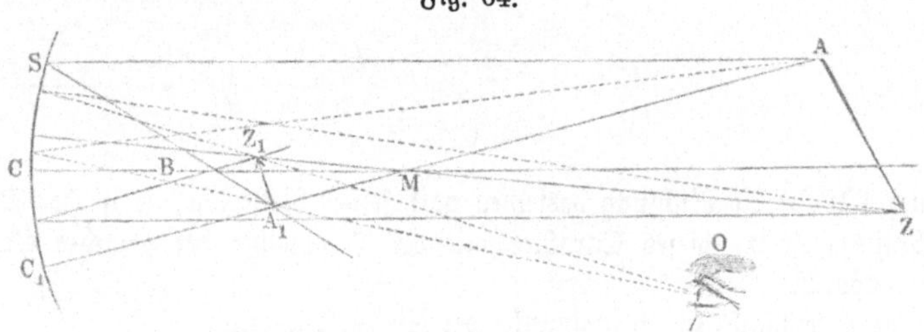

17.   Sind (Fig. 56 auf S. 135) AS und MC die beiden Strahlen, so ist A_1 der gesuchte Punkt.

18.   1. a) Durch eine Konstruktion, ähnlich der in 12, a) findet man, daß die Strahlen nach ihrer Reflexion von einem Punkte B herzukommen scheinen, der in der Mitte des mit der Hauptachse zusammenfallenden Halbmessers liegt (Fig. 65).

Fig. 65.

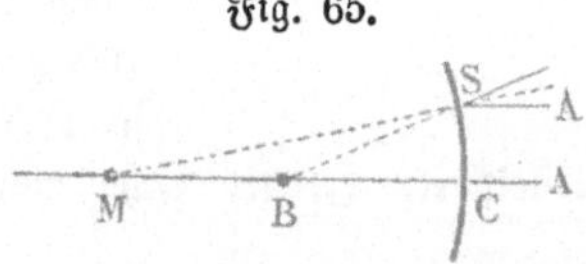

   b) Das (imaginäre) Bild des Punktes A liegt in A_1 (Fig. 66).

Fig. 66.

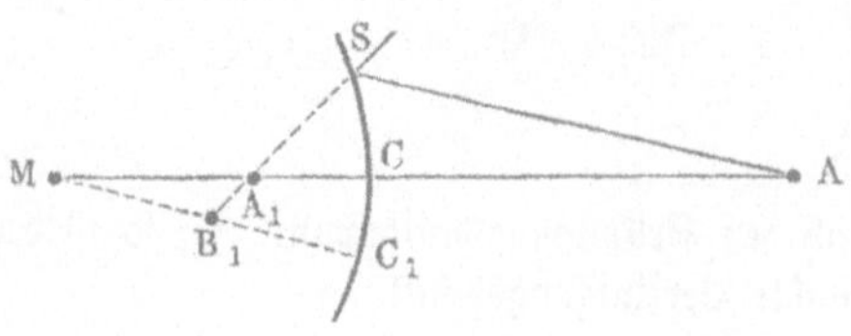

2. Man erhält das Bild $A_1 Z_1$ (Fig. 67) durch ähnliche Konstruktion wie in Fig. 64.

Fig. 67.

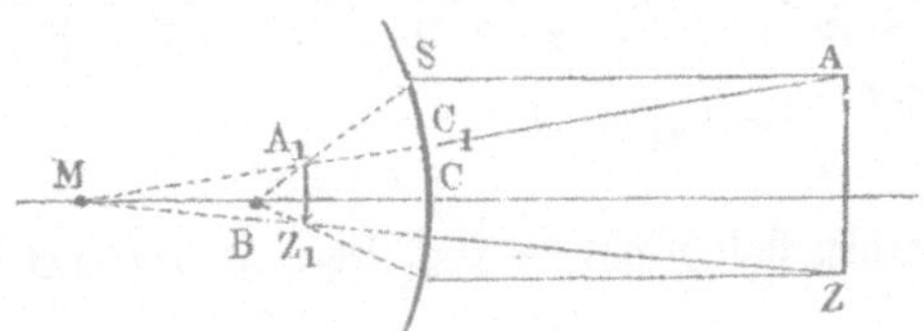

19.   In dem Dreieck $A S A_1$ (Fig. 68), dessen Winkel S durch SM halbiert ist, hat man $A_1 S : SA = A_1 M : MA$, oder, da $A_1 S$ nahe $= A_1 C$

Fig. 68.

$= \alpha$ und AS nahe $= AC = a$ ist, $\alpha : a = (2p - \alpha) : (a - 2p)$*) und daraus

$$\text{I.} \quad \alpha = \frac{ap}{a - p} \quad \text{oder}$$

$$\text{II.} \quad \frac{1}{a} + \frac{1}{\alpha} = \frac{1}{p}.$$

20.   1. $\alpha = p$;   2. $\alpha < 2p$ und zwar $\alpha = {}^{10}/_9 \, p$;   3. $\alpha = 2p$;   4. $\alpha > 2p$ und zwar $\alpha = 5p$;   5. $\alpha = \infty$;   6. α ist negativ, d. h. das (imaginäre) Bild liegt hinter dem Spiegel, oder: die Lichtstrahlen divergieren nach ihrer Reflexion und scheinen also von einem Punkte herzukommen, der hinter dem Spiegel liegt, und zwar ist $\alpha = - {}^{1}/_9 \, p$.

21.   Ein negativer Wert von a bedeutet, daß die Lichtstrahlen konvergierend auf den Spiegel fallen, also verlängert in einem Punkte hinter dem Spiegel zusammenlaufen, und giebt die Entfernung dieses Punktes vom Spiegel an.

Aus Fig. 69 ergiebt sich in ähnlicher Weise wie in Aufgabe 19: $A_1 S : \mathfrak{A} S$

Fig. 69.

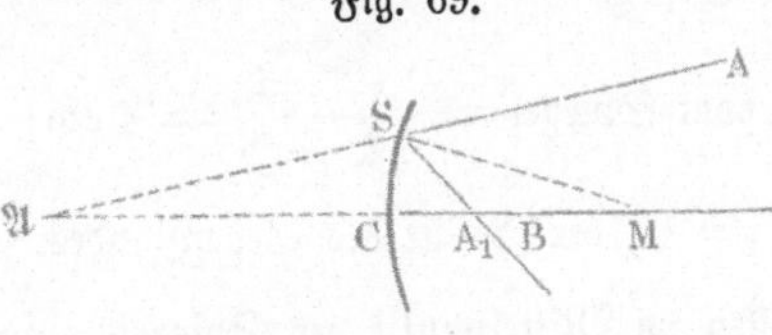

$= A_1 M : \mathfrak{A} M$ oder $\alpha : a$
$= (2p - \alpha) : (a + 2p)$,

woraus $\alpha = \dfrac{ap}{a + p}$ oder

$-\dfrac{1}{a} + \dfrac{1}{\alpha} = \dfrac{1}{p}$ folgt,

also Ausdrücke, die aus I.

---

*) Aus dieser Proportion geht hervor, daß die Strecke CM in den Punkten A_1 und A harmonisch geteilt ist, also C, M, A_1 und A harmonische Punkte sind.

und II. der Aufgabe 19 sich ergeben, wenn man dort — a statt a setzt. Die gesuchten Werte von α sind beziehungsweise

$$\frac{2\,p\,p}{2\,p + p} = {}^2\!/_3\,p; \quad \frac{p\,p}{p + p} = \frac{p}{2}; \quad \frac{0,5\,p\,p}{0,5\,p + p} = {}^1\!/_3\,p;$$

$$\frac{0,1\,p\,p}{0,1\,p + p} = {}^1\!/_{11}\,p.$$

22. Man braucht statt p nur $-p$ zu setzen, so daß man statt jener Formeln erhält

$$\text{I. } \alpha = -\frac{a\,p}{a + p}, \quad \text{oder II. } \frac{1}{a} + \frac{1}{\alpha} = -\frac{1}{p}.$$

23. 1. $\alpha = -p$; 2. α negativ und kleiner als p und zwar $\alpha = -{}^{10}\!/_{11}\,p$; 3. $\alpha = -{}^1\!/_2\,p$; 4. α negativ und kleiner als ${}^1\!/_2\,p$ und zwar $= -{}^1\!/_{11}\,p$.

24. 1. α negativ und $> p$ und zwar $\alpha = -{}^{10}\!/_9\,p$; 2. $\alpha = -\infty$; 3. α positiv und zwar $= {}^1\!/_9\,p$.

25. a) $46\,\text{cm}$; b) $37,4\,\text{cm}$; c) $35,2\,\text{cm}$.

26. $p = \dfrac{a\,\alpha}{a + \alpha} = \dfrac{50 \cdot 2}{50 + 2} = 1,923\,\text{dm}.$

27. a) Wegen der Ähnlichkeit der Dreiecke $A\,M\,Z$ und $A_1\,M\,Z_1$ (Fig. 70) hat man, wenn die auf der Hauptachse gemessenen Entfernungen des Gegenstandes $A\,Z$ und seines Bildes $A_1\,Z_1$ vom Punkte M mit D und D_1 bezeichnet werden, $\dfrac{A_1\,Z_1}{A\,Z} = \dfrac{D_1}{D} = \dfrac{2\,p - \alpha}{a - 2\,p}$, und wenn man darin für α aus Aufgabe 19

Fig. 70.

seinen Wert $\dfrac{a\,p}{a - p}$ setzt, $\dfrac{A_1\,Z_1}{A\,Z} = \dfrac{p}{a - p}$ oder $A_1\,Z_1 = \dfrac{p}{a - p}\,A\,Z.$

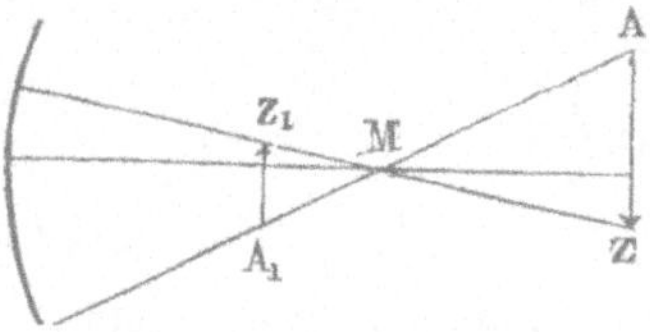

b) Aus Fig. 67 findet sich in ähnlicher Weise $\dfrac{A_1\,Z_1}{A\,Z} = \dfrac{2\,p - \alpha}{a + 2\,p}$ und wenn man für α aus Aufgabe 22 seinen Wert $\dfrac{a\,p}{a + p}$ (ohne Berücksichtigung des Vorzeichens) setzt, $A_1\,Z_1 = \dfrac{p}{a + p} \cdot A\,Z.$

28. a) Entfernung des Bildes vom Spiegel $= \dfrac{12 \cdot 3}{12 - 3} = 4\,\text{cm}$;

Größe desselben $= \dfrac{3}{12 - 3} = {}^1\!/_3$ der Größe des Gegenstandes.

b) Bild und Gegenstand fallen im Mittelpunkte des Spiegels zusammen.

c) Entfernung des Bildes vom Spiegel $= \dfrac{4 \cdot 3}{4 - 3} = 12\,\text{cm}$;

Größe desselben $= \dfrac{3}{4 - 3} =$ dreimal so groß wie der Gegenstand.

d) Entfernung $= \dfrac{3 \cdot 3}{3 - 3} = \infty$, d. h. es giebt kein Bild.

e) Entfernung $= \dfrac{2 \cdot 3}{2 - 3} = -6\,\text{cm}$, d. h. das Bild liegt 6 cm hinter dem Spiegel;

Größe des Bildes $= \dfrac{3}{2 - 3} = -3$, d. h. das hinter dem Spiegel liegende Bild ist dreimal so groß wie der Gegenstand.

29. a) Entfernung $= -\dfrac{12 \cdot 3}{12 + 3} = -2{,}4\,\text{cm}$, d. h. das Bild liegt 2,4 cm weit hinter dem Spiegel.

Größe des Bildes $= \dfrac{3}{12 + 3} = {}^{1}/_{5}$ der Größe des Gegenstandes.

b) Entfernung $= 2\,\text{cm}$, Größe $= {}^{1}/_{3}$.
c) Entfernung $= 1\,{}^{5}/_{7}\,\text{cm}$, Größe $= {}^{3}/_{7}$.
d) Entfernung $= 1\,{}^{1}/_{2}\,\text{cm}$, Größe $= {}^{1}/_{2}$.
e) Entfernung $= 1\,{}^{1}/_{5}\,\text{cm}$, Größe $= {}^{2}/_{5}$. Das imaginäre Bild bleibt immer hinter dem Spiegel, nähert sich dem Spiegel, je mehr sich der Gegenstand diesem nähert, und nimmt dabei an Größe zu.

30. Betrachten wir den Randstrahl AS (Fig. 71). Ist A_1 sein Durchschnittspunkt mit der Spiegelachse, so folgt aus dem Dreieck MSA_1, wenn $MS = r$ ist,

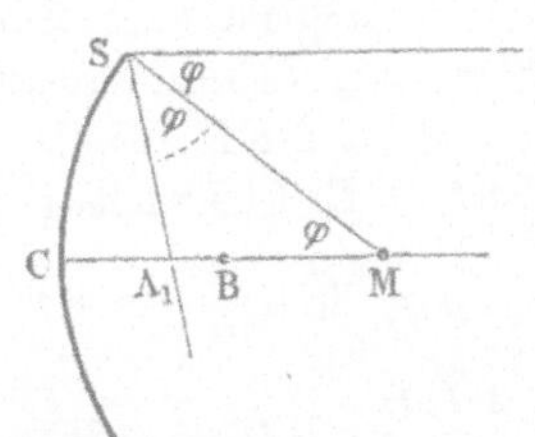

Fig. 71.

$$\frac{MA_1}{r} = \frac{\sin \varphi}{\sin 2\varphi} = \frac{1}{2 \cos \varphi}, \text{ also } MA_1 = \frac{0{,}5}{\cos \varphi} \cdot r.$$

Der Punkt A_1 kann daher nur dann genau mit dem Halbierungspunkte der Strecke MC, d. h. mit dem Brennpunkte B zusammenfallen, wenn $\cos \varphi = 1$, also $\varphi = 0$ ist; da aber der Quotient $\dfrac{0{,}5}{\cos \varphi}$ nur wenig von 0,5 verschieden ist, wenn φ bis zu 4^0 wächst, so darf in der Regel der Mittelpunktswinkel des Spiegels 8^0 betragen.

31. Es seien (Fig. 72, a. f. S.) $S_1 C S_2$ der Hohlspiegel, mn der ebene Spiegel und A der leuchtende Punkt. Wäre der Spiegel mn nicht vorhanden, so würde ein Bild des Punktes A in A_2 entstehen, dessen Entfernung vom Hohlspiegel nach Aufgabe 19 sich bestimmt zu $\dfrac{8 \cdot 3}{8 - 3} = 4\,{}^{4}/_{5}\,\text{dm}$. Nun werden aber die vom Hohlspiegel reflektierten Strahlen $S_1 m$ und $S_2 n$ vom Planspiegel mn so zurückgeworfen, daß die Strahlen $m A_1$ und $n A_1$ mit mn ein Dreieck $mn A_1$ bilden, welches dem Dreiecke $mn A_2$ kongruent ist, wonach sich darthun läßt, daß Dreieck $D n A_1 \cong$ Dreieck $D n A_2$, also $D A_1 = D A_2$ und $\llcorner A_1 D A_2 = R$ ist. Das Bild A_1 des Punktes A

liegt also $4\tfrac{4}{5} - 4 = \tfrac{4}{5}$ dm von der Mitte des Planspiegels in einer auf der Achse des Hohlspiegels senkrechten Richtung.

32.   Es sei (Fig. 73) CD der Hohlspiegel, M sein Krümmungsmittelpunkt, DE der Halbmesser seiner Öffnung, sowie BB_1 der Halbmesser des Sonnenbildes, so ist

a) $BB_1 = BM \cdot tang\, BMB_1 = 4 \cdot tang\, 16' = 0{,}01862$ dm.

b) Der Halbmesser DE der Spiegelöffnung ist $= DM \cdot sin\, DME$ $= 8 \cdot sin\, 10^0 = 1{,}3892$ dm. Da nun alle den Hohlspiegel treffenden

<table>
<tr><td>Fig. 72.</td><td>Fig. 73.</td></tr>
</table>

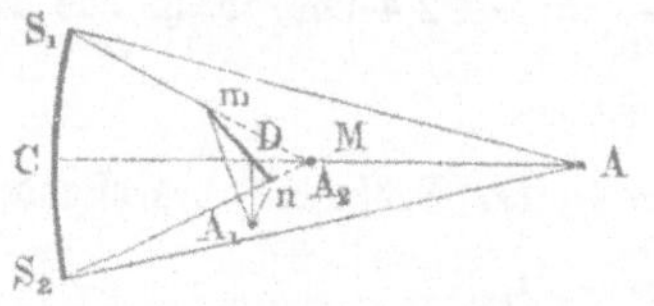
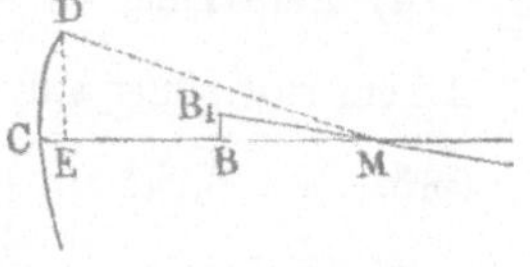

Sonnenstrahlen durch die Reflexion im Brennraume vereinigt werden, so verhält sich die natürliche Dichte der Strahlen am Spiegel zu der Dichte derselben im Brennraume umgekehrt, wie die Fläche der Spiegelöffnung zur Fläche des Sonnenbildes, oder umgekehrt, wie die Quadrate ihrer Halbmesser, also im vorliegenden Falle, wie $(0{,}01862)^2 : (1{,}3892)^2 = 1 : 5566{,}4$.

33.   Da (Fig. 74) $\llcorner BFD = \llcorner OFS = \llcorner BSE = \tfrac{1}{3} R$, aber auch $\llcorner AFB = \llcorner OFS = \tfrac{1}{3} R$, also $\llcorner AFD = \tfrac{2}{3} R$, also, wie sich

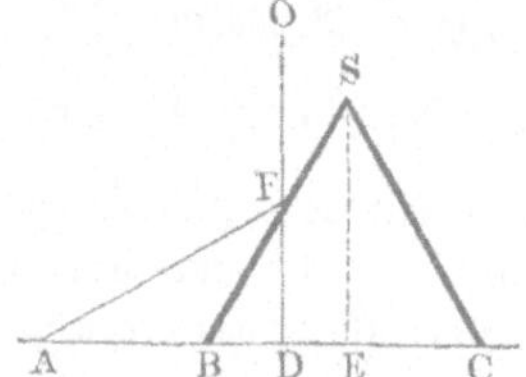

Fig. 74.

aus dem bei D rechtwinkeligen Dreieck AFD darthun läßt (Ebene Geometrie, §. 108, 1), $FA = 2FD$, folglich, da $\llcorner AFD$ durch FB halbiert wird und also $\dfrac{BA}{BD} = \dfrac{FA}{FD}$ ist,

$$BA = \frac{2\,FD}{FD} \cdot BD = 2\,BD,$$

b. h. man findet den Punkt A, welcher dem Auge in D zu liegen scheint, wenn man $BA = 2\,BD$ macht. (Zieht man von E aus einen Kreis mit dem Halbmesser EA, so liegen in der Peripherie desselben alle Punkte, welche den in der Peripherie des Kreises vom Halbmesser ED liegenden Punkten entsprechen.)

Auflösungen zu XXVIII.

1. a) $x = \dfrac{\sin 30^0}{\sin 22^0} = \dfrac{0{,}5}{0{,}375} = {}^4/_3.$

  b) $x = \dfrac{\sin 24^0}{\sin 15^0 45'} = \dfrac{0{,}4067}{0{,}2714} = {}^3/_2.$

2. a) Aus $\dfrac{\sin 60^0}{\sin \beta} = {}^4/_3$ folgt $\sin \beta = \dfrac{\sin 60^0}{{}^4/_3} = \dfrac{0{,}866 \cdot 3}{4} = 0{,}649,$
also $\beta = 40^0 30'.$

  b) Aus $\dfrac{\sin 11^0 15'}{\sin \beta} = {}^3/_4$ folgt $\sin \beta = {}^4/_3 \sin 11^0 15' = {}^4/_3 \cdot 0{,}194$
$= 0{,}259,$ also $\beta = 15^0.$

3. **Erste Konstruktion.** Es sei MN (Fig. 75) die Durchschnittslinie der
Einfallsebene mit der Trennungsfläche der beiden Medien, AB der einfallende Strahl, und das Brechungsverhältnis sei $= {}^3/_2$. Man errichte im Punkte B auf MN das Einfallslot BD, ziehe mit einem beliebigen Halbmesser BA einen Kreis um B, fälle von A eine Senkrechte AF zum Einfallslot, teile AF in drei gleiche Teile, trage zwei derselben auf die Verlängerung und ziehe dann die Parallele GC mit dem Einfallslot, so ist, wenn man die Linie BC zieht, diese die Richtung des gebrochenen Strahles.   Denn es ist alsdann

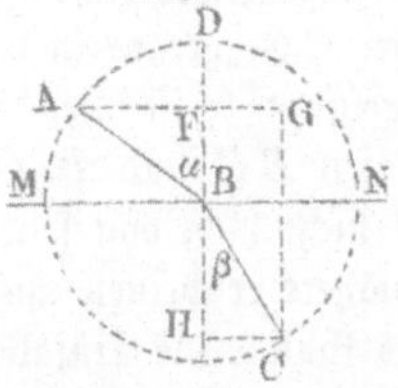

$$AB \cdot \sin \alpha = AF$$
$$B C \cdot \sin \beta = CH \,(= FG),$$

folglich, da $AB = BC$ ist,

$$\frac{\sin \alpha}{\sin \beta} = \frac{AF}{CH} = {}^3/_2.$$

Wäre das Brechungsverhältnis $= {}^2/_3$, so müßte man AF in zwei gleiche Teile teilen, FG gleich drei solcher Teile machen, außerdem aber ganz wie vorher verfahren.

Zweite Konstruktion. Ist wieder MN (Fig. 76, a. f. S.) die Durchschnittslinie der Einfallsebene mit der Trennungsfläche beider Medien, AB der einfallende Strahl, und das Brechungsverhältnis $= {}^3/_2$, so beschreibe man um B mit einem beliebigen Halbmesser BF einen Halbkreis, teile BF in drei gleiche Teile und beschreibe mit der Länge von zwei solchen Teilen, nämlich BG, gleichfalls einen Halbkreis. Alsdann verlängere man AB

Fig. 76.

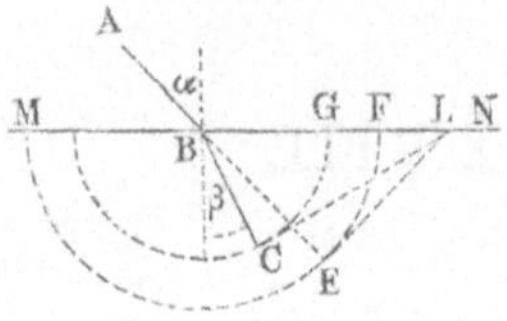

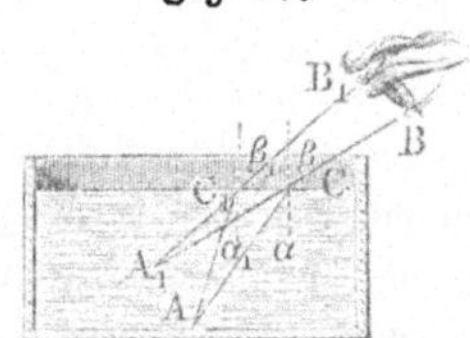

bis E, ziehe in E eine Tangente an den Halbkreis und von dem Punkte L aus, in welchem diese Tangente die Linie MN schneidet, eine Tangente an den mit BG beschriebenen Halbkreis. Ist LC diese Tangente, so ist BC die gesuchte Richtung des gebrochenen Strahles. Denn es ist

$$BL \cdot \sin BLE = BE,$$
$$BL \cdot \sin BLC = BC,$$

folglich, da $\llcorner BLE = \llcorner \alpha$ und $\llcorner BLC = \llcorner \beta$,

$$\frac{\sin \alpha}{\sin \beta} = \frac{BE}{BC} = \frac{BF}{BG} = {}^3/_2.$$

4. Ein von dem Punkte A (Fig. 77) im Wasser ausgehender Strahl gelangt nicht in gerader Linie nach dem in der Luft befindlichen Auge (falls

Fig. 77.

sich dieses nicht gerade in der von A auf die Oberfläche des Wassers senkrecht gezogenen Linie befindet), sondern hat vorher an der Grenze beider Mittel eine Brechung zu erleiden, die dem Brechungsverhältnisse $^3/_4$ entspricht. Es sei nun CAC_1 ein solcher von A ausgehender Lichtkegel, der nach seiner Brechung bei CC_1 gerade in das bei BB_1 befindliche Auge gelangt, so ist klar, daß das Auge den Punkt A in der Verlängerung der Linien BC und $B_1 C_1$, nämlich in A_1 erblicken wird. Daß aber der Punkt A nicht bloß von seiner Stelle gerückt, sondern auch gehoben und dem Auge genähert erscheinen muß, läßt sich aus den Brechungsgesetzen in folgender Weise darthun. Die Einfalls= winkel der Strahlen $AB \ldots AC_1$, nämlich $\alpha \ldots \alpha_1$, nehmen kontinuierlich ab, also auch die Brechungswinkel $\beta \ldots \beta_1$, und zwar die letzteren stärker; denn da die Winkel $\alpha \ldots \alpha_1$ kleiner sind als die Winkel $\beta \ldots \beta_1$, und da die Sinus kleiner Winkel schneller abnehmen als die größerer, also $\sin \alpha \ldots$ $\sin \alpha_1$ schneller als $\sin \beta \ldots \sin \beta_1$, so müssen, damit die Gleichung

$$\frac{\sin \alpha}{\sin \beta} = \cdots = \frac{\sin \alpha_1}{\sin \beta_1} = {}^3/_4 \text{ bestehen kann, notwendig die Brechungs=}$$

winkel $\beta \ldots \beta_1$ selbst noch stärker abnehmen, als die Einfallswinkel $\alpha \ldots \alpha_1$. Daraus folgt aber, daß CB und $C_1 B_1$ oder $A_1 C$ und $A_1 C_1$ mehr diver= gieren als AC und AC_1, d. h. daß der Winkel $CA_1 C_1 > CAC_1$, es liegt also, wie sich leicht daraus darthun läßt, A_1 näher an der Oberfläche des Wassers als A.

5. Denken wir uns, ein Auge EF (Fig. 78) sehe nach dem Punkte A eines Wasserbodens in einer Richtung GA, welche auf dem Wasserspiegel BC senkrecht steht. BAC sei der dünne, in der Figur viel vergrößert dargestellte Strahlenkegel, welcher, von A ausgehend, nach seiner Brechung ins Auge

gelangt, und A_1 sei der Ort, in welchem sich der Punkt A wegen seiner Hebung durch die Brechung zu befinden scheint.

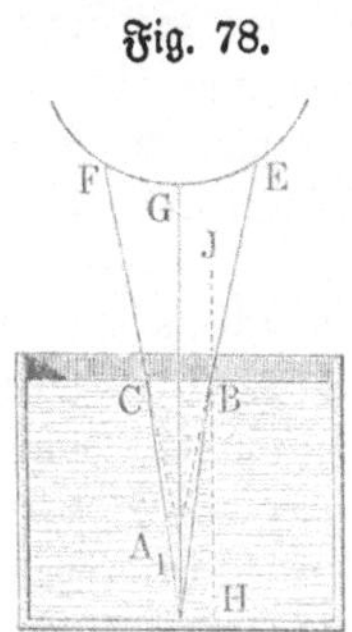
Fig. 78.

Im Dreieck $A A_1 B$ ist $\dfrac{A A_1}{A_1 B} = \dfrac{sin\, A_1 B A}{sin\, A_1 A B} \ldots$ (I)

Nach dem Brechungsgesetz und weil $\llcorner A_1 B H = E B J$,

ist aber $\dfrac{sin\, A_1 B H}{sin\, A B H} = {}^4/_3$ oder, da es sich hier nur um

sehr kleine Winkel handelt, bei welchen die Sinus der Winkel den Winkeln selbst proportional sind,

$$\frac{A_1 B H}{A B H} = {}^4/_3 \text{ oder } A_1 B H = {}^4/_3\, A B H, \text{ also}$$

$$A_1 B A = A_1 B H - A B H = {}^1/_3\, A B H \ldots \text{(II)}$$

Setzt man diesen Wert von $A_1 B A$ in die obige Gleichung (I) und berück-

sichtigt, daß Winkel $A_1 A B = A B H$ ist, so erhält man $\dfrac{A A_1}{A_1 B} = \dfrac{sin\,({}^1/_3\, A B H)}{sin\, A B H}$

oder statt der Sinus die ihnen proportionalen sehr kleinen Winkel selbst setzend,

$$\frac{A A_1}{A_1 B} = {}^1/_3, \text{ also } A A_1 = {}^1/_3\, A_1 B, \text{ also auch nahezu} = {}^1/_3\, A_1 D.$$

6.   a) Weil nach dem vorigen jeder im Wasser befindliche Punkt desselben von seiner Stelle gerückt und um $1/4$ seiner Tiefe unter dem Wasserspiegel gehoben erscheint.

Fig. 79.

b) Erklärt sich leicht durch Fig. 79 und Aufgabe 4.

7.   Aus der in jedem Augenblicke veränderten Brechung der Lichtstrahlen von jenen Gegenständen, — verursacht durch die unaufhörliche Luftströmung, die rasch abwechselnd Luft von verschiedener Dichtigkeit zwischen jene Gegenstände und das Auge bringt.

8.   Zwei von einem fernen Lichtpunkte kommende Strahlen können möglicherweise, weil durch Luftschichten von verschiedener Dichte gehend, mit einem Gangunterschiede auf den nämlichen Punkt unserer Netzhaut gelangen, so daß die Oszillationen des einen Strahles die des anderen zum Teil oder ganz aufheben, also einen Wechsel in der Beleuchtung der Netzhaut verursachen. Dadurch läßt sich das Funkeln der Fixsterne, die uns nur als Lichtpunkte von noch nicht einer Sekunde Durchmesser erscheinen, erklären. Daß uns die Planeten, die einen viel größeren scheinbaren Durchmesser (z. B. Jupiter 40 Sekunden) haben, in ruhigerem Lichte erscheinen, erklärt sich daraus, daß sie als aus vielen Lichtpunkten bestehend zu betrachten sind, deren Strahlen in ihrer Wirkung auf unsere Netzhaut sich gegenseitig unterstützen können.

9.   Da Erfahrung und Theorie lehren, daß ein durch verschiedene aufeinander folgende Mittel gehender Lichtstrahl um so weniger durch teilweise Reflexionen geschwächt wird, je gleichartiger in optischer Hinsicht diese Mittel sind, d. h. je mehr ihre Brechungsverhältnisse übereinstimmen, so erklärt sich die

Erscheinung schon aus der Annahme, daß Öl mit der Materie des Papiers optisch gleichartiger ist als Luft.

10. Weil 1) die in der Luft schwimmenden Staubteilchen schon vor dem Regen aus der mit Wasserdampf gesättigten Luft diesen anziehen und, dadurch schwerer geworden, niedersinken können, durch den Regen aber gänzlich niedergeschlagen werden, und weil 2) Wasserdampf mit atmosphärischer Luft optisch gleichartig ist (siehe vorige Auflösung).

11. Unter astronomischer Strahlenbrechung versteht man die Brechung der von einem Gestirn E (Fig. 80) kommenden Lichtstrahlen bei ihrem Durchgange

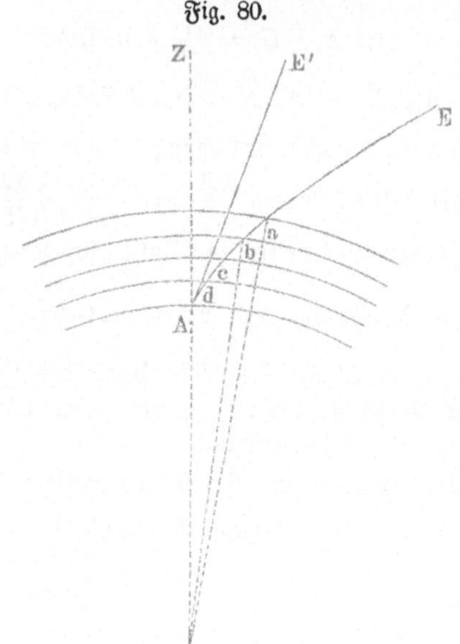

Fig. 80.

durch die nach unten immer dichter werdende Atmosphäre der Erde, infolge deren das Gestirn in größerer Höhe über dem Horizont, also geringerer Zenithdistanz ZAE' erscheint, als es wirklich steht. Diese Strahlenbrechung ist in der Nähe des Zeniths Z nur gering, nimmt mit der Zenithdistanz in immer stärkerem Verhältnis zu und beträgt in der Nähe des Horizonts, also bei einer Zenithdistanz von 90°, über einen halben Grad (siehe Tabelle 21, B).

Ein ähnliches Heben durch die atmosphärische Strahlenbrechung wird auch zuweilen von Objekten beobachtet, die sich in der Erdatmosphäre befanden, in welchem Falle man von terrestrischer Strahlenbrechung spricht (Fata Morgana).

12. a) und b) erklären sich aus Aufgabe 11.

13. Bezeichnen c_1, c_2, c_3, c_4 die Fortpflanzungsgeschwindigkeiten des Lichtes in den bezüglichen Mitteln M_1, M_2, M_3, M_4 (Fig. 81), sowie n_1, n_2, n_3 die Brechungsverhältnisse, welche dem Übergang eines Lichtstrahles bezüglich aus M_1 in M_2, aus M_2 in M_3, aus M_3 in M_4 entsprechen, so ist nach der Wellentheorie

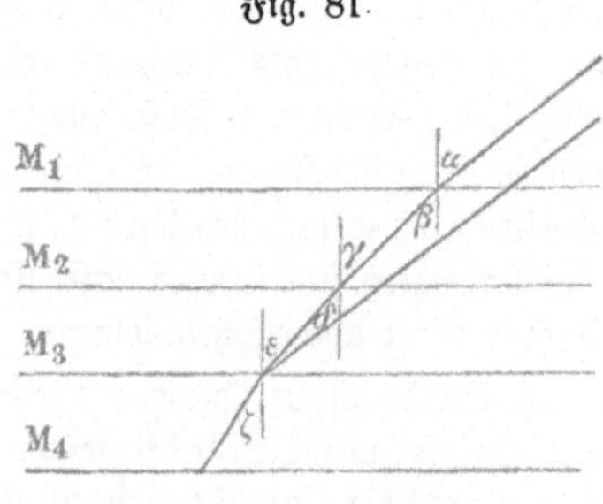

Fig. 81.

$$n_1 = \frac{c_1}{c_2}, \quad n_2 = \frac{c_2}{c_3}, \quad n_3 = \frac{c_3}{c_4}, \text{ folglich}$$

$$n_1 \cdot n_2 \cdot n_3 = \frac{c_1}{c_4}.$$ Bezeichnet aber n den Brechungsexponenten bezüglich des Überganges eines Strahles aus dem Mittel M_1

unmittelbar in das Mittel M_4, so ist $n = \frac{c_1}{c_4}$, folglich $n = n_1 \cdot n_2 \cdot n_3$.

Wenn die Grenzflächen der Mittel einander parallel sind, so ist nach dem Brechungsgesetz und weil $\angle\,\beta = \gamma$, $\angle\,\delta = \varepsilon$

$$n_1 = \frac{sin\ \alpha}{sin\ \beta}, \quad n_2 = \frac{sin\ \beta}{sin\ \delta}, \quad n_3 = \frac{sin\ \delta}{sin\ \zeta},$$

folglich

$$n = \frac{sin\ \alpha}{sin\ \zeta}.$$

Die Richtung des gebrochenen Strahles ist also im letzten Mittel M_4 die nämliche, als ob der Strahl aus dem ersten Mittel M_1 unmittelbar auf die Grenzfläche des letzten gefallen wäre.

14.   Bezeichnet n_1 den (absoluten) Brechungsexponenten beim Übergange eines Lichtstrahles aus dem leeren Raume in atmosphärische Luft, so ergiebt sich aus Aufgabe 13) $sin\ \varepsilon = n_1\ sin\ z_1$. Für 0^0 Temperatur und $760\ \mathrm{mm}$ Barometerstand ist $n_1 = 1{,}000294$, bei 10^0 C. dagegen $1{,}00028$ (siehe Tabelle 21, B, in welcher indessen nur die Refraktion bis zu 85^0 scheinbarer Zenithdistanz nach dieser einfachen Gleichung berechnet ist).

15.   a) Um diesen zu finden, braucht man nur in der Gleichung $\frac{sin\ \alpha}{sin\ \beta} = {}^4/_3$, wo α den Einfallswinkel, β den Brechungswinkel und ${}^4/_3$ das Brechungsverhältnis darstellt, $\alpha = 90^0$ zu setzen, wodurch sich findet:

$$sin\ \beta = \frac{sin\ 90^0}{{}^4/_3} = {}^3/_4 = 0{,}75,$$

also β, d. h. der Grenzwinkel des gebrochenen Strahles beim Übergange aus Luft in Wasser $= 48^0\,35'$.

b) Aus $\frac{sin\ \alpha}{sin\ \beta} = {}^3/_2$ findet sich, wenn man wieder $\alpha = 90^0$ setzt,

$$sin\ \beta = \frac{sin\ 90^0}{{}^3/_2} = {}^2/_3 = 0{,}666\ldots,$$

also der Grenzwinkel $\beta = 41^0\,48'$.

16.   Für Strahlen, die aus Glas oder Wasser in Luft übergehen, sind die Brechungsverhältnisse bezüglich ${}^2/_3$ und ${}^3/_4$, es sind also die Brechungswinkel größer als die Einfallswinkel. Ein Strahl also, der aus Glas oder Wasser in Luft übergeht, muß unter einem Einfallswinkel auffallen, der kleiner ist als 90^0, wenn der Brechungswinkel höchstens 90^0 betragen soll, und die Grenze des Einfallswinkels ergiebt sich

1) für Glas aus $\frac{sin\ \alpha}{sin\ 90^0} = {}^2/_3$, nämlich aus $sin\ \alpha = {}^2/_3 = 0{,}666\ldots$
folgt $\alpha = 41^0\,48'$;

2) für Wasser aus $\frac{sin\ \alpha}{sin\ 90^0} = {}^3/_4$, woraus $sin\ \alpha = {}^3/_4 = 0{,}75$ oder $\alpha = 48^0\,35'$ folgt.

Alle Strahlen also, die aus Glas unter einem größeren Einfallswinkel als $41^0\,48'$ oder aus Wasser unter einem größeren als $48^0\,35'$ auf die Begrenzungsfläche fallen, können nicht mehr in die Luft übergehen, sondern erleiden nur eine Reflexion, und zwar eine totale, die einzige, die überhaupt vorkommt.

17.   Der erste Teil der Erscheinung erklärt sich daraus, daß der Brechungswinkel eines aus Luft in Wasser übergehenden Lichtstrahles höchstens 48°35′ betragen kann, der zweite daraus, daß, wenn die Einfallswinkel der aus Wasser auf Luft treffenden Strahlen jene Grenze überschreiten, diese Strahlen nicht in die Luft übergehen können, sondern eine totale Reflexion stattfindet (siehe vorige Aufgabe).   Um den Winkel zu finden, unter welchem das Auge den Durchmesser des fraglichen Kreises sieht, denke man sich in der Peripherie jenes Kreises eine Normale auf die Oberfläche des Wassers gezogen, so bildet diese mit einem der äußersten das Auge treffenden Strahlen den Grenzwinkel von 48°35′, und diesem muß der Winkel, den die erwähnten Strahlen mit der Normalen durch den Mittelpunkt des Kreises machen, gleich sein.   Es erscheint also der Durchmesser jenes Kreises unter einem Winkel von 79°10′.

18.   Bei starker Sonnenhitze und ruhiger Luft ist es möglich (Fig. 82), daß die unteren Luftschichten, vom Erdboden erhitzt, eine geringere Dichtigkeit haben,

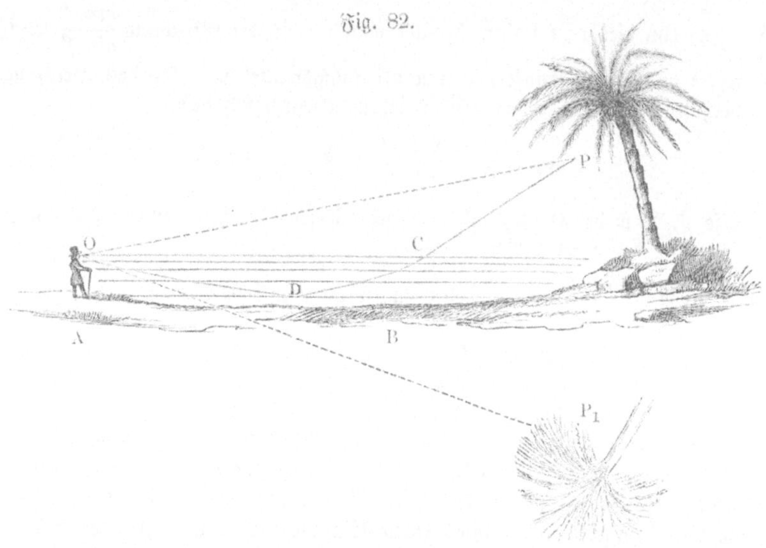

Fig. 82.

als die über ihnen liegenden, weshalb ein vom Punkte P kommender Lichtstrahl PC in krummer Linie nach D gebrochen, hier aber, weil der Einfallswinkel den Grenzwinkel überschreitet, nach dem Auge O reflektiert werden kann, so daß das Auge O außer dem Punkte P über dem Boden AB auch ein Spiegelbild P_1 desselben unter dem Boden sieht.

19.   a) Ist (Fig. 83) AKB ein auf der Kante senkrechter Durchschnitt des Prismas und $L_1 S_1$ der einfallende Strahl, so kann die Konstruktion nach Aufgabe 3 geschehen, kürzer aber auf folgende Weise: Man zieht $KN \parallel L_1 S_1$, macht $KA = 1$ (von beliebiger Länge anzunehmen, aber dieser entsprechend) $KN = n$ ($= 1{,}5$ für Glas), zieht aus K Kreisbogen durch die Punkte

A und N, sodann durch A die Linie AB senkrecht auf KA und durch B die Linie BC senkrecht auf KB, endlich aber $S_1 S_2 \parallel KB$ und $S_2 L_2 \parallel KC$, so ist die Aufgabe gelöst. Aus dem $\triangle KAB$ hat man nämlich $\dfrac{\sin KAB}{\sin KBA}$ oder $\dfrac{\sin NAB}{\sin KBA} = \dfrac{n}{1}$, oder da $\angle NAB = \alpha$ und $\angle KBA = \beta$ ist,

$\dfrac{\sin \alpha}{\sin \beta} = n$, folglich ist $S_1 S_2$ der im Prisma gebrochene Strahl u. s. w.

Rücksichtlich des Einflusses, den die Größe des brechenden Winkels auf den Gang der Lichtstrahlen hat, ist zu bemerken: 1) Wenn $u = 41^0 48'$, so treten nur die innerhalb des $\llcorner A S_1 E$ im Punkte S_1 auffallenden Strahlen auf der andern Seite des Prismas aus. 2) Wenn $u > 41^0 48'$, so kann nur noch ein Teil der im $\llcorner A S_1 E$ auffallenden Strahlen, und wenn

Fig. 83.

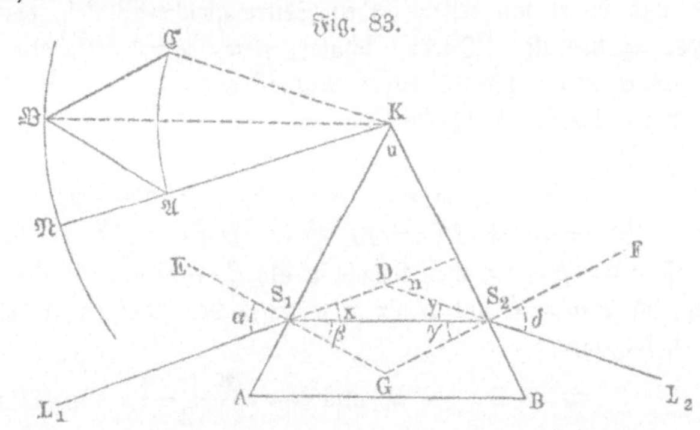

$u < 41^0 48'$, außer den im $\llcorner A S_1 E$ auffallenden, auch noch ein Teil der im $\llcorner K S_1 E$ liegenden auf der andern Seite des Prismas austreten.

b) Ist der brechende Winkel des Prismas = oder $> 83^0 36'$, so tritt kein einziger der auf der Seite AK auffallenden Strahlen auf der Seite BK aus, sondern jeder, der die Seite BK trifft, wird dort reflektiert.

20.   Ist (Fig. 83) AKB der Durchschnitt des Prismas, $u = 60^0$, $L_1 S_1$ der auffallende Lichtstrahl und $\alpha = 50^0$, so ist $\sin \beta = {}^2/_3 \sin 50^0$, also $\beta = 30^0 42' 37''$, folglich ist (da $u = \beta + \gamma$, weil sowohl u als $\beta + \gamma$ den $\llcorner G$ zu 180^0 ergänzen) $\gamma = 60^0 - 30^0 42' 37'' = 29^0 17' 23''$, also $\sin \delta = {}^3/_2 \sin \gamma = {}^3/_2 \sin 29^0 17' 23''$, folglich δ, d. h. der Winkel, welchen der austretende Strahl mit seinem Einfallslot einschließt, $= 47^0 12' 33''$.

21.   Wenn (Fig. 83) $L_1 S_1$ der auffallende, $S_1 S_2$ der im Prisma parallel der Basis AB laufende Lichtstrahl, so ist $\llcorner K S_1 S_2 = \llcorner K S_2 S_1 = 60^0$, folglich $\beta = 30^0$, also $\sin \alpha = {}^3/_2 \sin \beta = {}^3/_2 \sin 30^0$, woraus $\alpha = 48^0 35' 25''$ folgt, und ebenso groß ist auch $\llcorner \delta$.

22.   Er geht ungebrochen in das Glas, fällt unter einem Winkel von 45^0 auf die Basis des Prismas, wird dort unter gleichem Winkel reflektiert (nach 16) und fährt unter einem Winkel von 90^0 auf die zweite Seitenfläche und ungebrochen in die Luft.

10*

23. Es ist (Fig. 83) $sin\ \delta = n \cdot sin\ \gamma$, oder, da $\beta + \gamma = u$ (weil sowohl $\beta + \gamma$ als u den Winkel G zu 180^0 ergänzen), also $\gamma = u - \beta$ ist, $sin\ \delta = n \cdot sin\ (u - \beta) = n \cdot sin\ u \cdot cos\ \beta - n \cdot cos\ u \cdot sin\ \beta$, oder, da $n\ sin\ \beta = sin\ \alpha$, also $cos\ \beta = \sqrt{1 - \dfrac{sin^2\ \alpha}{n^2}}$ ist,

$$sin\ \delta = n \cdot sin\ u \cdot \sqrt{1 - \frac{sin^2\ \alpha}{n^2}} - cos\ u\ sin\ \alpha.$$

24. Da (Fig. 83) $\llcorner x = \alpha - \beta$, $\llcorner y = \delta - \gamma$, so ist der gesuchte Winkel $w = \alpha - \beta + \delta - \gamma = \alpha + \delta - (\beta + \gamma) = \alpha + \delta - u$, also im vorliegenden Falle (siehe Auflösung zu 20):

$$\text{Winkel } w = 50^0 + 47^0\ 12'\ 33'' - 60^0 = 37^0\ 12'\ 33''.$$

25. In diesem Falle (Fig. 83) geht der Strahl parallel der Basis durch das Prisma und bildet mit dessen beiden Seiten gleiche Winkel, von denen also hier jeder $= 60^0$ ist. Daraus folgt $\llcorner \beta = \gamma = 30^0$, also (aus $sin\ \alpha = \frac{3}{2}\ sin\ \beta$) $\alpha = 48^0\ 35'\ 25''$. Nun ist $x = \alpha - \beta = 18^0\ 35'\ 25''$, folglich $w = 2\ x = 37^0\ 10'\ 50''$.

26. Es ist (Fig. 83):

$$w = x + y, \text{ oder, da } x = \alpha - \beta,\ y = \delta - \gamma,$$
$$w = (\alpha - \beta) + (\delta - \gamma) = (\alpha + \delta) - (\beta + \gamma).$$

Ferner ist $u = \beta + \gamma$, weil sowohl u als $\beta + \gamma$ den Winkel G zu 180^0 ergänzen, sowie $\alpha = \delta$ und $\beta = \gamma$, wenn w den kleinsten Ablenkungswinkel bezeichnet, folglich:

$$w = 2\ \alpha - u, \text{ also } \alpha = \frac{w + u}{2},$$
$$u = 2\ \beta, \qquad \text{also } \beta = \tfrac{1}{2}\ u.$$

Man erhält also:

$$\mu = \frac{sin\ \alpha}{sin\ \beta} = \frac{sin\ \dfrac{w + u}{2}}{sin\ \tfrac{1}{2}\ u} = \frac{sin\ \dfrac{24^0\ 46' + 21^0\ 12'}{2}}{sin\ \dfrac{21^0\ 12'}{2}} = 2{,}123.$$

27. Wenn durch zwei aneinander stoßende verschiedene Mittel A und B (Fig. 84), deren Trennungsfläche den beiden äußeren Grenzflächen parallel ist, ein Lichtstrahl in ein Mittel übergeht, das demjenigen gleich ist, aus welchem der Strahl in das Mittel A ging, so ist nach Aufgabe 13 seine Richtung beim Ausfahren aus dem zweiten Mittel B parallel der Richtung, in welcher er auf das erste Mittel A fiel. Man hat also $\llcorner \zeta = \alpha$, aber auch $\llcorner \gamma = \beta$, $\llcorner \delta = \varepsilon$. Aus $\dfrac{sin\ \alpha}{sin\ \beta} = n_1$ und $\dfrac{sin\ \zeta}{sin\ \varepsilon} = n_2$ folgt daher $\dfrac{sin\ \alpha}{sin\ \gamma} = n_1$ und

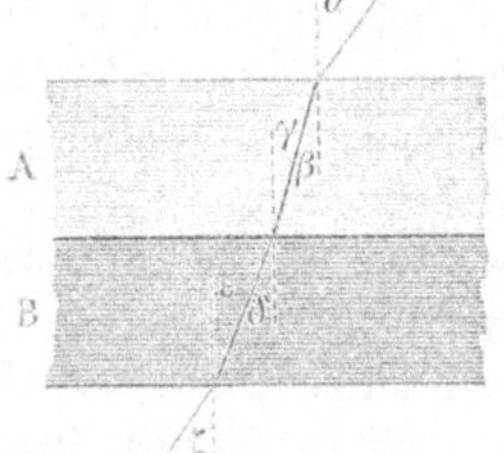

Fig. 84.

$\dfrac{\sin \alpha}{\sin \delta} = n_2$, folglich durch Division der zweiten Gleichung durch die erste

$\dfrac{\sin \gamma}{\sin \delta} = \dfrac{n_2}{n_1}$. Ist nun das Mittel A Wasser, das Mittel B Spiegelglas, so ist für einen Strahl, der aus A in B übergeht, das relative Brechungs= verhältnis $n = \dfrac{\sin \gamma}{\sin \delta} = \dfrac{n_2}{n_1}$, oder, da sich aus Tabelle 22 $n_2 = 1{,}533$ und $n_1 = 1{,}336$ findet, $n = 1{,}147$.

28. Um den Weg des Lichtstrahles $A S_1$ (Fig. 85) durch die Linse zu finden, müßte man streng genommen nach Aufgabe 3 verfahren, indem man die Tangenten an den Kreisbögen in den Punkten S_1 und S_2 als die Durch= schnitte der Trennungsflächen der Mittel betrachtet. Man kann sich aber, wenn der Einfallswinkel $A S_1 g$ nicht zu groß ist, auch folgenden annähern-

Fig. 85.

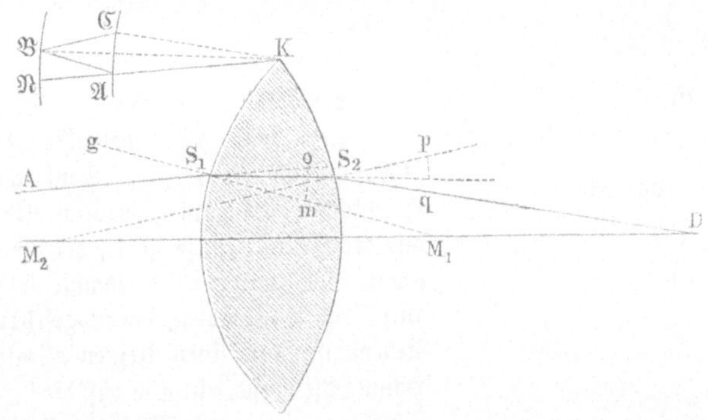

den Verfahrens bedienen. Man beschreibe, nachdem das Einfallslot, d. h. der Krümmungshalbmesser $M_1 S_1$ gezogen ist, einen Kreisbogen om von beliebigem Radius zwischen den Schenkeln des Scheitelwinkels vom Einfalls= winkel $A S_1 g$, teile diesen Kreisbogen in drei gleiche Teile und ziehe die Linie $S_1 S_2$ so, daß sie von o aus $\frac{1}{3}$ des Bogens om abschneidet, so stellt $S_1 S_2$ den gebrochenen Strahl annäherungsweise, in dem Falle aber genau dar, wenn der Einfallswinkel $A S_1 g$ sehr klein ist, weil dann $\dfrac{\sin A S_1 g}{\sin S_2 S_1 m}$

$= \dfrac{A S_1 g}{S_2 S_1 m} = {}^3/_2$ ist. Auf ähnliche durch die Figur erläuterte Weise ergiebt sich auch die Richtung des aus der Linse fahrenden Strahles.

Kürzer aber verfährt man so: Man zieht $K\mathfrak{N} \parallel A S_1$, macht $K\mathfrak{A} = 1$ und $K\mathfrak{N} = n$, beschreibt aus K Kreisbögen durch $\mathfrak{A}$ und $\mathfrak{N}$, zieht $\mathfrak{A}\mathfrak{B} \parallel M_1 S_1$, sodann innerhalb der Linse $S_1 S_2 \parallel K\mathfrak{B}$, hierauf $\mathfrak{B}\mathfrak{C} \parallel M_2 S_2$ und endlich $S_2 D \parallel K\mathfrak{C}$. Der Beweis der Richtigkeit der Konstruktion ist ähnlich dem in Aufgabe 19.

29. Der Vereinigungspunkt aller dieser Strahlen, d. h. der Hauptbrenn= punkt der Linse, liegt im Mittelpunkte B der Linsenkrümmung (Fig. 86 a. f. S.).

30.   a) Der Strahl geht ungebrochen durch.

b) Der Strahl ist nach der Brechung seiner ursprünglichen Richtung parallel; bei einer sehr dünnen Linse, wie sie hier vorausgesetzt ist, und wenn der Winkel, den der Strahl mit der Hauptachse bildet, sehr klein ist, kann man annehmen, daß er ungebrochen durchgeht.

c) Man verbinde (Fig. 86) die beiden Durchschnittspunkte der Linsenkrümmungen durch eine gerade Linie, d. h. ziehe die Mittellinie, verlängere den Strahl AS bis zu dieser und ziehe von da eine Linie BS nach dem Mittelpunkte B der Krümmung, der zugleich der Hauptbrennpunkt der Linse ist.

Fig. 86.   Fig. 87.

d) Ist AS (Fig. 87) der bis zur Mittellinie verlängerte Strahl und B der Hauptbrennpunkt der Linse, so ziehe man die Nebenachse DC parallel

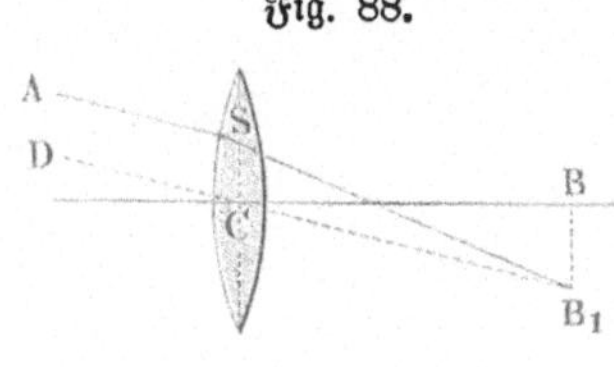

Fig. 88.

AS, errichte in B eine Senkrechte auf die Hauptachse bis zum Durchschnittspunkte B_1 mit der Parallelen, so ist B_1 der Vereinigungspunkt aller mit der Nebenachse DC parallel auffallenden Strahlen, vorausgesetzt, daß diese Nebenachse nur einen kleinen Winkel mit der Hauptachse einschließt und daß die ihr parallelen Strahlen nahe der Achse auffallen, welche Voraussetzung hier immer gemacht wird (Lehrbuch §. 159). Die Richtung des Strahles nach der Brechung ist also SB_1. (Näherungsweise kann man $CB_1 = CB$ machen.)

e) Dieselbe Konstruktion, wie im vorhergehenden Falle (Fig. 88).

31.   a) Man ziehe (Fig. 89) vom leuchtenden Punkte A außer dem mit der Hauptachse AC zusammenfallenden Hauptstrahle noch einen beliebigen Strahl AS

Fig. 89.

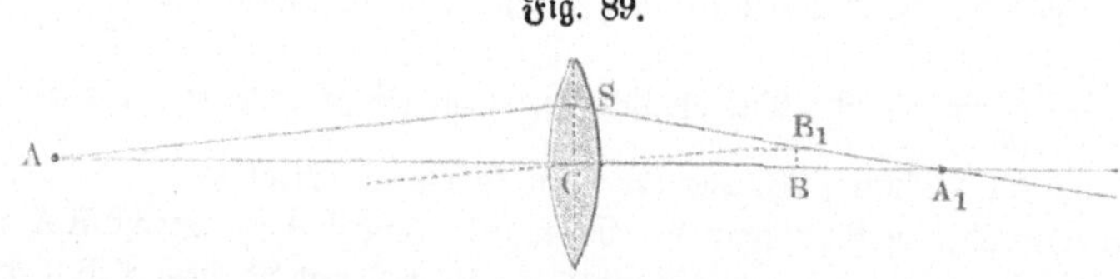

nach der Linse, verfahre rücksichtlich des letzteren nach d) der vorigen Auflösung, so ist der Durchschnittspunkt A_1 des gebrochenen Strahles mit der Hauptachse der Ort des Bildes, das also hier ein Sammelbild ist.

b) Man verfahre zuerst ähnlich, wie eben erwähnt; da aber der vom leuchtenden Punkte A (Fig. 90) ausgehende Strahl AS im gegenwärtigen

Falle nach seiner Brechung eine Richtung SB_1 hat, die mit der Hauptachse divergiert, so muß man, um das geometrische Bild A_1 zu finden, die Linie SB_1 rückwärts verlängern.

Fig. 90.

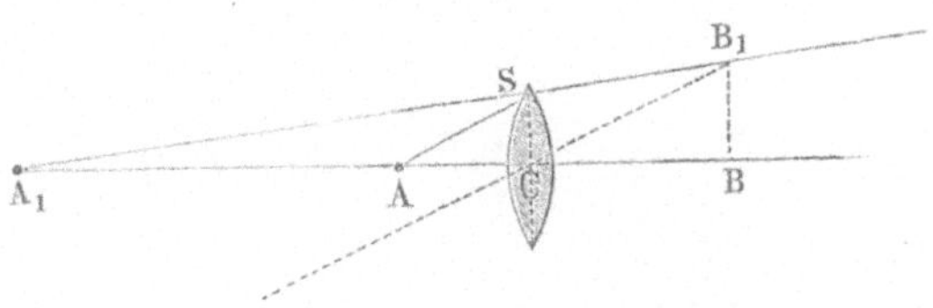

32.   a) Man ziehe (Fig. 91) vom leuchtenden Punkte A aus den Strahl AC durch den optischen Mittelpunkt, sowie den mit der Hauptachse parallelen AS, der durch die Linse nach dem Hauptbrennpunkte B gebrochen wird. Der

Fig. 91.

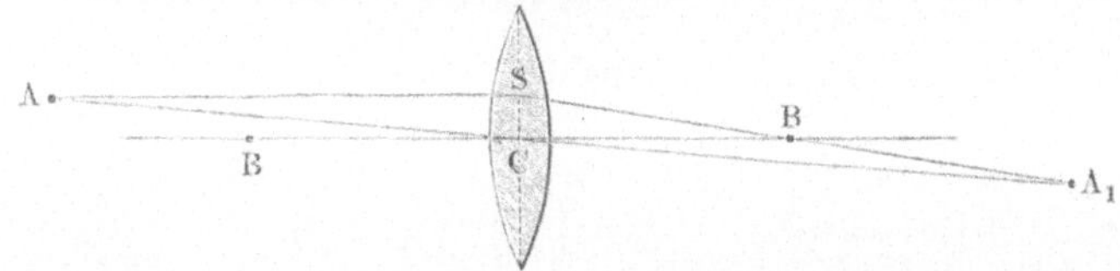

Durchschnittspunkt A_1 dieser beiden Strahlen ist der Ort des Bildes (Sammelbildes).

b) Man verfahre (Fig. 92) zuerst auf ähnliche Weise wie in Fig. 91, dann verlängere man den durch den optischen Mittelpunkt gehenden Strahl.

Fig. 92.

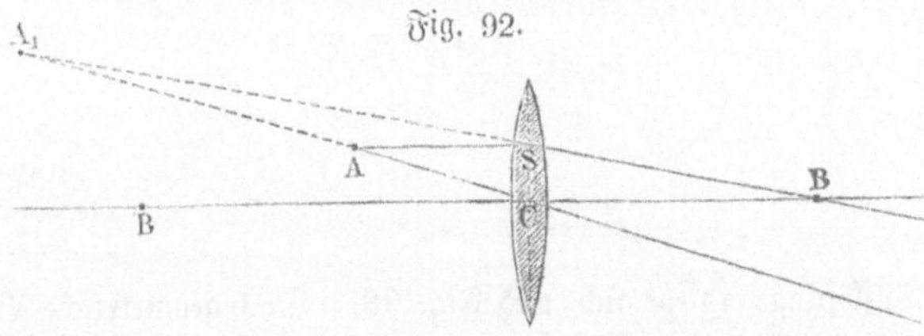

sowie den nach dem Hauptbrennpunkte gebrochenen Strahl rückwärts, um das (geometrische) Bild A_1 des Punktes A zu finden.

33.   Die vorige Aufgabe ist nur auf die Endpunkte der Linie AZ (Fig. 93 und 94, a. f. S.) anzuwenden, um das Bild $A_1 Z_1$ derselben zu finden, das

Fig. 93.

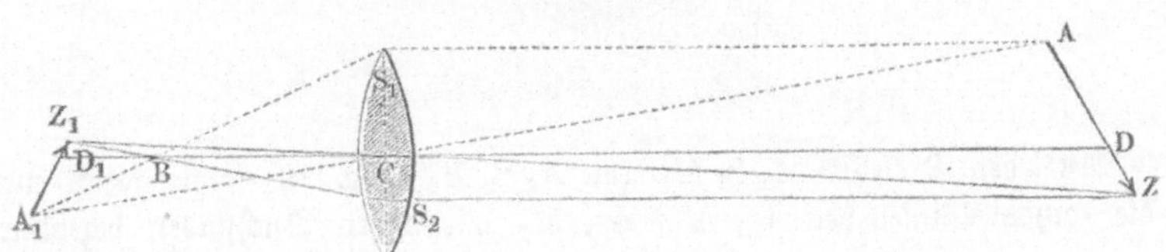

im ersten Falle ein Sammelbild hinter der Linse, im zweiten ein geometrisches vor derselben ist.

Fig. 94.

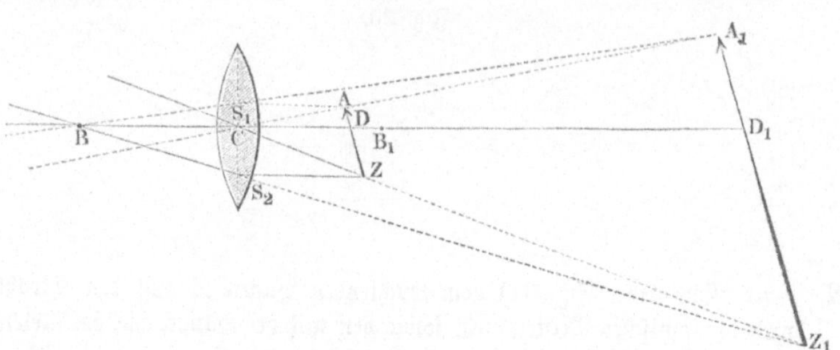

34.   Der Zerstreuungspunkt liegt (Fig. 95) im Mittelpunkte B der Linsen=krümmung auf derselben Seite der Linse, auf welcher der einfallende Strahl liegt.

Fig. 95.

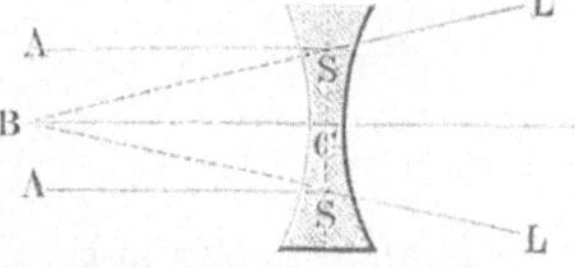

35.   Die Konstruktion ist ähnlich der in Aufgabe 30, d) und aus den Figuren 96 und 97 leicht erkennbar.

Fig. 96.   Fig. 97.

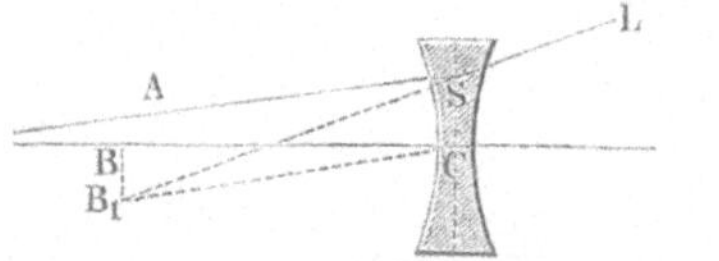
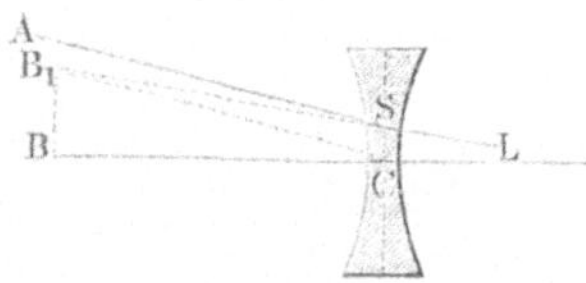

36.   Die Auflösung ergiebt sich aus Fig. 98. Das geometrische Bild $A_1 Z_1$ liegt immer zwischen der Linse und dem leuchtenden Gegenstande $A Z$ und steht aufrecht.

Fig. 98.

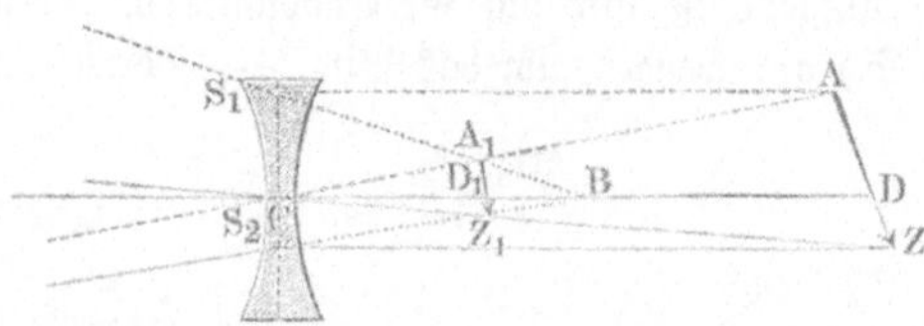

37.   Aus den Dreiecken $A_1 S_1 M_1$ und $A_2 S_2 M_2$ (Fig. 99) folgt, wenn man die spitzen Winkel bei A_1, M_1, A_2, M_2 mit diesen Buchstaben bezeichnet,

$v = A_1 + M_1, \; y = A_2 + M_2$, folglich $v + My = A_1 + M_1 + A_2 + M_2$, oder, da man wegen der vorausgesetzten Kleinheit der betreffenden Winkel $v = n \cdot w$ und $y = n \cdot x$ setzen kann, $n(w + x) = A_1$

Fig. 99.

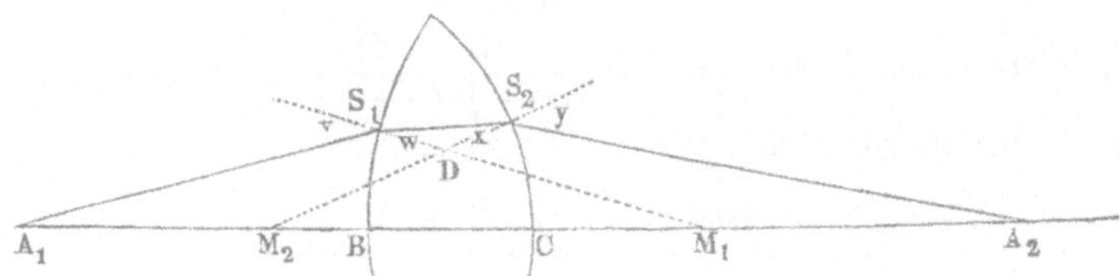

$+ M_1 + A_2 + M_2$. Aus den beiden Dreiecken $S_1 D S_2$ und $M_1 D M_2$ folgt aber $w + x = M_1 + M_2$, folglich ist $n(M_1 + M_2) = A_1 + A_2 + (M_1 + M_2)$, also

$$(n - 1)(M_1 + M_2) = A_1 + A_2.$$

Da nun $M_1 = \dfrac{BS_1}{r} \cdot \varrho, \; M_2 = \dfrac{CS_2}{\mathfrak{r}} \cdot \varrho$, worin $\varrho = \dfrac{180}{\pi}$, und wenn wie gewöhnlich die Dicke des Glases vernachlässigt werden kann, $A_1 = \dfrac{CS_2}{a}$

$\cdot \varrho, \; A_2 = \dfrac{BS_1}{\alpha} \cdot \varrho$, sowie $BS_1 = CS_2$ zu setzen ist,

$$\text{so hat man } (n - 1)\left(\frac{1}{r} + \frac{1}{\mathfrak{r}}\right) = \frac{1}{a} + \frac{1}{\alpha}.$$

38. Für Bikonvergläser von ungleichen Radien folgt aus II. der Aufgabe: $p = \dfrac{r \cdot \mathfrak{r}}{(n - 1)(r + \mathfrak{r})} = \dfrac{2\, r\, \mathfrak{r}}{r + \mathfrak{r}}$.

Für Bikonvergläser von gleichen Radien folgt $p = \dfrac{r}{2(n - 1)} = r$, d. h. der Brennpunkt eines solchen Glases ist um den Radius vom optischen Mittelpunkte entfernt. Für Plankonvergläser ist, da $r = \infty$, $p = \dfrac{r}{n - 1} = 2r$, d. h. der Brennpunkt ist um den doppelten Radius vom Glase entfernt. Für Konkavkonvergläser folgt aus II., da hier $\mathfrak{r}$ negativ und größer als r ist, $p = \dfrac{r\,\mathfrak{r}}{(n - 1)(\mathfrak{r} - r)} = \dfrac{2\, r\, \mathfrak{r}}{\mathfrak{r} - r}$.

39. 1) $\alpha = p$, d. h. die Bildweite ist gleich der Brennweite der Linse. 2) $\alpha > p$ und zwar $= \dfrac{\alpha\, p}{a - p}$. 3) $\alpha = 2p$. 4) $\alpha = \infty$. 5) α muß in diesem Falle negativ sein, d. h. das (geometrische) Bild auf derselben Seite der Linse liegen, auf welcher der leuchtende Punkt liegt (die vom leuchtenden Punkte ausgehenden Strahlen sind nach ihrem Durchgange durch die Linse divergierend, aber weniger als vorher) und der Absolutwert von α ergiebt sich aus der Formel $\dfrac{1}{a} - \dfrac{1}{\alpha} = \dfrac{1}{p}$, nämlich $\alpha = \dfrac{a\, p}{p - a}$. 6) Die Strahlen werden in diesem Falle noch mehr konvergierend und der Absolutwert von α berechnet sich aus der Formel $-\dfrac{1}{a} + \dfrac{1}{\alpha} = \dfrac{1}{p}$, nämlich $\alpha = \dfrac{a\,p}{a + p}$.

40. Aus Aufgabe 38 folgt $p = \dfrac{2 \cdot 6 \cdot 8}{6 + 8} = 6\,{}^{6}/_{7}$ cm.

41. Aus Aufgabe 38 folgt $r = \dfrac{p\,(n - 1)\,r}{r - p\,(n - 1)} = 18$ cm.

42. Aus Aufgabe 38 folgt $p = 2 \cdot 24 = 48$ cm.

43. Aus Aufgabe 39 folgt $p = \dfrac{a \cdot \alpha}{a + \alpha} = \dfrac{450 \cdot 24}{450 + 24} = 22{,}78$ cm.

44. $\dfrac{1}{25} + \dfrac{1}{200} = 0{,}563 \cdot \dfrac{2}{r}$, woraus $r = 24$. Die Höhe des Bildes beträgt $\dfrac{200}{25} \cdot 6 = 48$ cm.

45. $\dfrac{1}{10} + \dfrac{1}{x} = \dfrac{0{,}563}{12}$, woraus $x = -18{,}84$. Die Bildgröße ist $\dfrac{6 \cdot 18{,}84}{10} = 11{,}304$ cm.

46. Aus Aufgabe 39 folgt a) $\alpha = \dfrac{100 \cdot 60}{100 - 60} = 150$ cm; b) $\alpha = 100$ cm; c) $\alpha = 85{,}7$ cm; d) $\alpha = 80{,}4$ cm.

47. Nach Aufgabe 39, 6) ist in diesem Falle die Formel $-\dfrac{1}{a} + \dfrac{1}{\alpha} = \dfrac{1}{p}$ anzuwenden, woraus sich die gesuchte Vereinigungsweite $\alpha = \dfrac{a\,p}{a + p} = \dfrac{20 \cdot 60}{20 + 60} = 15$ cm ergiebt.

48. Es sei (Fig. 100 und 101) $AZ = l$ die lineare Größe des Gegenstandes, $A_1 Z_1 = \lambda$ die entsprechende seines Bildes, so hat man wegen der

Fig. 100.

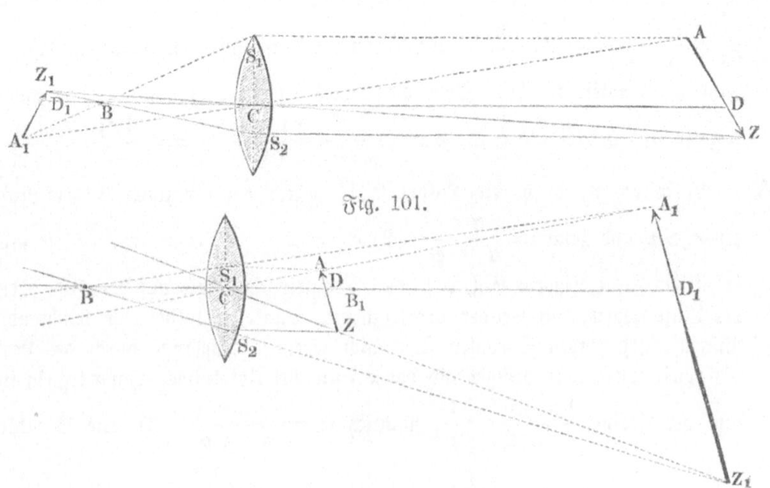

Fig. 101.

Ähnlichkeit der betreffenden Dreiecke $\dfrac{A_1 Z_1}{AZ} = \dfrac{CD_1}{CD}$, d. h. $\dfrac{\lambda}{l} = \dfrac{\alpha}{a}$.
Will man in dieser Gleichung, wie gewöhnlich, α durch a und p ausgedrückt haben, so erhält man:

1) wenn sowohl a als α positiv, d. h. Gegenstand und (Sammel-) Bild auf verschiedenen Seiten der Linse liegen, also (nach Aufgabe 39) $\alpha = \dfrac{ap}{a-p}$ ist, wie in Fig. 100, $\dfrac{\lambda}{l} = \dfrac{p}{a-p}$;

2) wenn a positiv und α negativ, d. h. Gegenstand und (geometrisches) Bild auf derselben Seite liegen, also $\alpha = \dfrac{ap}{p-a}$ ist, wie in Fig. 101, $\dfrac{\lambda}{l} = \dfrac{p}{p-a}$.

49 a. Das Bild ist $\dfrac{36}{144-36} = 1/3$ mal so groß, wie der Gegenstand, also dreimal verkleinert (siehe Auflösung 1 zu Aufgabe 47).

49 b. Da die Bildweite $= \dfrac{40 \cdot 240}{240-40} = 48\,\text{cm}$ ist, so hat man aus
$$240 : 48 = 4 : x \ldots x = 0{,}8\,\text{cm}.$$

49 c. Aus der Auflösung 2 zu Aufgabe 48 folgt die Vergrößerung $= \dfrac{4}{4-2{,}4}$ $= 2{,}5$, also die Größe des Bildes der Lichtflamme $= 2{,}5 \cdot 4 = 10\,\text{cm}$.

50. Bezeichnet l den Durchmesser der Sonne, λ den des Sonnenbildes, a die Entfernung der Sonne und p die Brennweite der Linse, so ist nach Aufgabe 47: $\dfrac{\lambda}{l} = \dfrac{p}{a-p}$, also, da hier p gegen a verschwindend klein ist, $\lambda = \dfrac{1}{a} p$. Betrachtet man l als Bogen eines Kreises vom Halbmesser a, so hat man $l : a\pi = \dfrac{32}{60} : 180$, woraus $\dfrac{l}{a} = \dfrac{32}{60} \cdot \dfrac{\pi}{180}$ folgt. Also ist
$$\lambda = \frac{32}{60} \cdot \frac{3{,}1416}{180} \cdot 30\,\text{cm} = \text{nahe } 2{,}8\,\text{mm}.$$

51. Aus $\dfrac{30}{x-30} = 5$ folgt $x = 36\,\text{cm}$.

52. Aus $\dfrac{30}{30-x} = 5$ folgt $x = 24\,\text{cm}$ (siehe Auflösung 2 zur Aufgabe 48).

53. Aus $\dfrac{x}{x-3} = 4$ folgt $x = 4\,\text{dm}$.

54. $\dfrac{2}{2-1{,}8} = 10$ mal.

55. Man braucht nur die Krümmungsradien negativ zu setzen, so daß man erhält:

für Bikonkavlinsen überhaupt:

$$p = - \frac{r \cdot \mathfrak{r}}{(n - 1)\,(r + \mathfrak{r})} = - \frac{2\,r\,\mathfrak{r}}{r + \mathfrak{r}};$$

für Bikonkavlinsen von gleichen Radien:

$$p = - \frac{r}{2\,(n - 1)} = - r;$$

für Plankonkavlinsen:

$$p = - \frac{r}{n - 1} = - 2\,r;$$

für Konvexkonkavlinsen:

$$p = - \frac{r\,\mathfrak{r}}{(n - 1)\,(\mathfrak{r} - r)} = - \frac{2\,r\,\mathfrak{r}}{\mathfrak{r} - r}.$$

Die Zerstreuungsweiten der Konkavlinsen sind also den Brennweiten der Konvexlinsen der Größe nach gleich, der Richtung nach aber entgegengesetzt.

56. Man braucht nur p negativ zu setzen, so daß man hat $\dfrac{1}{a} + \dfrac{1}{\alpha} = - \dfrac{1}{p}$, oder $\alpha = - \dfrac{a\,p}{a + p}$, worin jetzt p eine absolute (positive) Zahl bezeichnet. Aus dieser Gleichung folgt:

1) Für $a = \infty$ wird $\alpha = - p$.

2) Ist a positiv, so muß α negativ und $a > \alpha$ sein, d. h. divergierend auffallende Strahlen werden noch mehr divergierend. Ist dabei $a > p$, so ist der Absolutwert von $\alpha < p$. Ist $a = p$, so ist der Absolutwert von $\alpha = \frac{1}{2} p$. Ist $a < p$, so ist α noch kleiner als a.

3) Ist a negativ, aber sein Absolutwert

    (1) $> p$, so ist α negativ oder die Strahlen werden divergierend und $a > p$,

    (2) $= p$, so ist $\alpha = \infty$,

    (3) $< p$, so ist α positiv und größer als a, oder die Strahlen bleiben konvergierend, ihre Konvergenz ist jedoch nach der Brechung geringer als vor derselben.

57. Die Entfernung des Bildes von der Linse ist $= - \dfrac{30 \cdot 10}{30 + 10} = - 7{,}5\,\mathrm{cm}$, d. h. das Bild des Gegenstandes liegt auf derselben Seite, auf welcher der Gegenstand sich befindet, 7,5 cm weit von der Linse entfernt. Die Größe des Bildes verhält sich zu der des Gegenstandes, wie 7,5 zu 30, oder das Bild ist viermal so klein als der Gegenstand.

58. Um die Brennweite einer Konvexlinse zu finden, kann man, nachdem man sie zur Wegschaffung der Randstrahlen mit einem papiernen Rande bedeckt hat, der nur die Mitte derselben frei läßt, so verfahren:

1) Man fängt das hinter der Linse entstehende Bild der Sonne auf einer weißen Papierfläche auf, mißt die Entfernung der letzteren von der Linse und addiert dazu die Entfernung der Linsenoberfläche vom optischen Mittel-

punkte, also bei einer konvexen Linse mit gleichen Krümmungshalbmessern die halbe Dicke.

2) Oder man stellt ein gutes Fernrohr auf einen sehr fernen Gegenstand, z. B. den Mond, so ein, daß man ihn deutlich und scharf sieht, alsdann legt man dieses Fernrohr horizontal, stellt die zu prüfende Linse in der Achse des Fernrohrs auf und hinter derselben ein Papier mit scharf geschriebener oder gedruckter Schrift, das man so lange hin= und herrückt, bis man die Schrift deutlich lesen kann. Die Entfernung der Schrift von der Linse, ver= mehrt um die Entfernung der Linsenoberfläche vom optischen Mittelpunkte, ist die gesuchte Brennweite; denn das Fernrohr kann bei der ihm gegebenen Stellung seiner Gläser gegeneinander nur von solchen Gegenständen ein deutliches Bild geben, von welchen die Strahlen jedes einzelnen Punktes parallel auf das Objektiv fallen, also parallel aus der zu prüfenden Linse fahren, d. h. vom Brennpunkte derselben ausgehen.

Zur Auffindung der Zerstreuungsweite einer Konkavlinse bedeckt man den Rand derselben gleichfalls mit einem Papierstreifen, zeichnet auf einer weißen Papierfläche einen Kreis von doppeltem Durchmesser, wie derjenige des frei gelassenen Teiles der Linse, und stellt dann die Linse und das Papier mit dem Kreise so auf, daß die auf die erstere fallenden Sonnenstrahlen auf dem letzteren einen Lichtkreis bilden, der genau den gezeichneten Kreis deckt. Die Entfernung der Papierfläche von der Linse, vermehrt um die halbe Dicke der Linse, ist die gesuchte Zerstreuungsweite, was sich mittels Fig. 95 auf Seite 152 leicht erklärt.

59. Der Strahl AS (Fig. 102) geht ungebrochen in die Linse und wird an der krummen Fläche nach einem Punkte A_1 der Linsenachse gebrochen. Wir wollen nun dessen Entfernung DA_1 von der Linse zu bestimmen suchen.

Aus dem $\triangle\, MA_1S$ folgt $MA_1 = \dfrac{MS\, \sin y}{\sin A_1}$ oder, wenn $MS = MD$

$= 1$ und $\measuredangle\, A_1 = y - M$ gesetzt wird, $MA_1 = \dfrac{\sin y}{\sin (y - M)}$, also

$$DA_1 = MA_1 - MD = \frac{\sin y}{\sin (y - M)} - 1.$$

Der Winkel y, folglich auch $y - M$, läßt sich, wenn $\measuredangle\, M\, (= \measuredangle\, ASM)$ und der Brechungsquotient n gegeben sind, mittels der Gleichung $\sin y = n \sin M$ berechnen, also auch DA_1 finden. Führt man diese Rech= nung für $M = 1^0, 2^0, 3^0$ u. s. w. und $n = 1,5$ aus, so findet man, daß mit wachsendem M die Werte von DA_1 fortwährend abnehmen, und zwar für größere Winkel sehr bedeu= tend, daß sie aber für Winkel bis zu 5^0 nahe zusammenfallen, nämlich

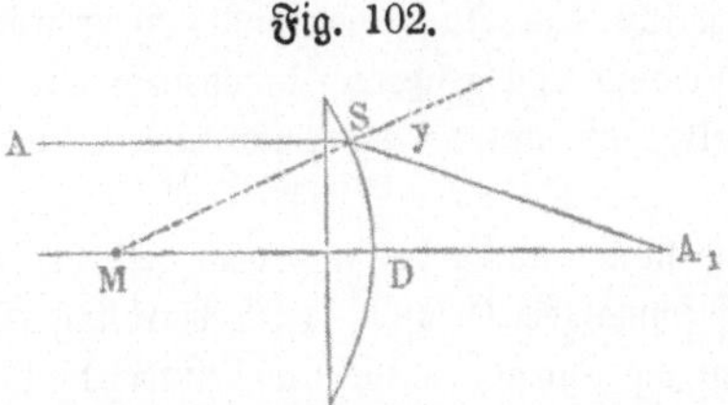

Fig. 102.

sämtlich nahe $= 2$, d. h. dem doppelten Krümmungshalbmesser gleich sind, so daß für eine Plankonvexlinse der Mittelpunktswinkel $(2\,M)$ 10^0 betragen darf, wenn parallel auffallende Strahlen im Brennpunkte vereinigt werden sollen.

60.   Das e r s t e Bild entsteht durch die Brechung, welche die Lichtstrahlen beim Durchgange durch die Linse erfahren, und ist ein reelles. Das z w e i t e Bild entsteht durch Reflexion der Lichtstrahlen von der dem Auge zugewendeten Fläche der Linse, die hier wie ein konvexer Spiegel wirkt, und ist ein bloß geometrisches (imaginäres). Das d r i t t e Bild entsteht durch Reflexion der Lichtstrahlen, die in die Linse eingedrungen sind, aber von der abgewendeten Linsenfläche, die hier als Hohlspiegel wirkt, wieder reflektiert werden; es ist ein reelles Bild.

61.   Aus $p = \dfrac{r}{n-1}$ (siehe Aufg. 38) folgt $n = \dfrac{r+p}{p} = \dfrac{16+31}{31}$ $= 1{,}516.$

62.   Aus der Formel der Aufgabe erhält man $\dfrac{r}{\mathfrak{r}} = \dfrac{1}{6}$ und aus dieser Gleichung in Verbindung mit der aus Aufgabe 38, II. sich ergebenden $(1{,}5 - 1)\left(\dfrac{1}{r} + \dfrac{1}{\mathfrak{r}}\right) = \dfrac{1}{36}$ findet sich $r = 21$ und $\mathfrak{r} = 126 \,\mathrm{cm}.$

Auflösungen zu XXIX.

---

1.   a) Als ein tiefer liegender, gefärbter Streifen, dessen Längenrichtung auf der Kantenrichtung des Prismas senkrecht steht und der oben rot, darunter orange, gelb, grün, blau, violett erscheint.

b) Als ein tiefer liegender, breiter gefärbter Streifen, der von oben nach unten zu rot, orange, gelb, grün, blau und violett erscheint. (Der Streifen erscheint aber auch gekrümmt, weil die von der Linse schief auf die vordere Prismenseite fallenden Strahlen, welche das Auge empfängt, so gebrochen werden, als gingen sie durch ein Prisma von größerem brechenden Winkel.)

c) Am oberen Ende rot und gelb, am unteren blau und violett, in der Mitte aber weiß.

d) Sie erscheint oben violett und blau, unten rot und gelb gefärbt, also umgekehrt, wie eine weiße Linie auf schwarzem Grunde. (Die Färbung rührt natürlich von dem Weiß her, worauf die schwarze Linie sich befindet.)

2.   Die Antwort ist ähnlich, wie für c) und d) der vorigen Aufgabe.

3.   Erklärt sich leicht durch Verfolgung des einfallenden Lichtstrahles AB mittels der Figur bei der Aufgabe. Die innerhalb des Prismas zerstreuten

Farbenstrahlen treten bei C, E und G zerstreut, also gefärbt, dagegen bei D, E und B parallel, also ungefärbt aus dem Prisma.

4. Aus XXVIII., 38 und Tabelle 23 findet sich

ad a) für die Strahlen nach B: $p = \dfrac{r}{2\,(n-1)} = \dfrac{r}{2 \cdot 0{,}525832} = 0{,}9509\ r$,

„ „ „ „ F: $p = \dfrac{r}{2 \cdot 0{,}533005} = 0{,}9381\ r$,

„ „ „ „ H: $p = \dfrac{r}{2 \cdot 0{,}546566} = 0{,}9148\ r$;

ad b) für die Strahlen nach B: $p = 0{,}7965\ r$,

„ „ „ „ E: $p = 0{,}7788\ r$,

„ „ „ „ H: $p = 0{,}7451\ r$.

5. Unter komplementären oder Ergänzungsfarben versteht man solche, die einander zu Weiß ergänzen. Grün ist die Ergänzungsfarbe zu Rot, Blau von Orange, Violett von Gelb und umgekehrt. S. jedoch Lehrb. §. 163.

6. Wenn ein Lichtstrahl auf ein Mittel trifft, so wird ein Teil des Lichtes an der Grenze entweder regelmäßig oder zerstreut (diffus) zurückgeworfen, ein anderer Teil geht in das Mittel über. Das in das Mittel eindringende Licht wird nun in den verschiedenen Schichten desselben, auf welche es trifft, zum Teil reflektiert, zum Teil absorbiert oder auch zum Teil durchgelassen.

Von einem im durchfallenden Lichte gefärbt erscheinenden Körper muß man daher annehmen, daß die komplementären Farbenstrahlen, d. h. diejenigen, welche die durchgelassenen zu Weiß ergänzen würden, teils von seiner Oberfläche reflektiert, teils in ihm absorbiert werden; — von einem im reflektierten Lichte farbig erscheinenden, daß die in eine, wenn auch nur sehr dünne Oberflächenschicht des Körpers eingedrungenen Lichtstrahlen zum Teil absorbiert oder durchgelassen, zum Teil reflektiert werden, und zwar so, daß die absorbierten und durchgelassenen die Ergänzungsfarben der reflektierten sind.

7. a) Erklärt sich unmittelbar aus voriger Aufgabe.

b) Fällt das (weiße) Licht zuerst auf das rote Glas, so absorbiert dieses die grünen Strahlen und läßt bloß die roten durch; diese aber werden vom grünen Glase nicht durchgelassen. Der umgekehrte Fall findet statt, wenn das Licht zuerst auf das grüne Glas fällt.

8. Die Luft reflektiert am meisten die blauen und violetten Strahlen des weißen Sonnenlichtes, so daß direkt von der Sonne vorzugsweise die roten und gelben, von den übrigen Punkten des Himmelsgewölbes aber die blauen Strahlen zu uns gelangen. Morgens und abends hat aber das Sonnenlicht einen längeren Weg in der Atmosphäre zurückzulegen, als bei höherem Stande der Sonne, weshalb morgens und abends die blauen Strahlen in größerem Maße durch Reflexion verloren gehen und vorherrschend die roten und gelben Strahlen zu uns gelangen.

9. Die Empfindung des Blau wird durch schnellere Schwingungen der Netzhaut erzeugt, als die, wodurch die Empfindung des Rot entsteht. Blau verhält sich also zum Rot, wie ein höherer Ton zu einem niederen; aber wie die Saiten des Kontrabasses, um vernommen zu werden, weiter schwingen müssen, wie die der Violine, so müssen auch die Schwingungen, welche Rot erzeugen sollen, energischer sein, als die, welche die Empfindung des Blau verursachen. Bei langsamer Beleuchtung werden daher die langsamen Schwingungen der roten Farbe nicht mehr empfunden, während die rascher aufeinander folgenden Schwingungen des blauen Lichtes noch wahrgenommen werden.

10.　　Das Licht des Mondes ist blau, das der Kerze rot; denn der eine der beiden Schatten ist eine Stelle, welche vom Monde allein, der andere Schatten eine Stelle, welche nur vom Kerzenlicht beschienen wird.

11.　　Ist u (Fig. 83) gleich 30^0, so ist, wenn der in das Prisma eintretende rote Strahl auf KB senkrecht stehen soll und wir den Einfallswinkel mit α bezeichnen:

$$\frac{sin\ \alpha}{sin\ 30} = 1{,}526,$$

woraus $\alpha = 49^0\,43{,}7'$.

Der Brechungswinkel β aber ist $49^0\,43{,}7' - 30^0 = 19^0\,43{,}7'$.

Der Brechungswinkel β' des violetten Strahles findet sich aus der Gleichung:

$$\frac{sin\ 49^0\,43{,}7'}{sin\ \beta'} = 1{,}547;$$

woraus $\beta' = 29^0\,33{,}1'$.

Der Winkel γ', unter dem der violette Strahl auf die zweite Prismenfläche KB fällt, ist $= 30 - \beta' = 0^0\,26{,}9'$.

Der Brechungswinkel δ' des violetten Strahles findet sich aus der Gleichung:

$$\frac{sin\ \delta'}{sin\ \gamma'} = 1{,}547;$$

danach ist $\delta' = 0^0\,41{,}6'$.

Der Ablenkungswinkel n des r o t e n Strahles $= 49^0\,43{,}7 - u = 19^0\,43{,}7'$. $(u = 30^0.)$

Der Ablenkungswinkel n' des v i o l e t t e n Strahles ist $= \alpha + \delta - u = 20^0\,25{,}3'$.

12.　　a) Der Brechungswinkel β des r o t e n Lichtes findet sich aus der Gleichung:

$$\frac{sin\ 42^0\,12'}{sin\ \beta} = 1{,}6,$$

woraus $\beta = 24^0\,49{,}4'$ und $\gamma = 57^0\,14' - 24^0\,49{,}4' = 32^0\,24{,}6'$.

Ferner findet sich δ aus der Gleichung:

$$\frac{sin\ \delta}{sin\ 32^0\,24{,}6'} = 1{,}6,$$

wonach $\delta = 59^0\,2{,}6'$.

Alsdann ist der Ablenkungswinkel n für r o t e s Licht $42^0\,12' + 59^0\,2{,}6' - 57^0\,14' = 44^0\,0{,}6'$.

b) Der Brechungswinkel β' des **violetten** Lichtes findet sich aus der Gleichung:

$$\frac{\sin 42^0\,12'}{\sin \beta'} = 1{,}64,$$

woraus $\beta' = 24^0\,10{,}8'$ und $\gamma' = 57^0\,14' - 24^0\,10{,}8' = 33^0\,3{,}2'$.

Ferner findet sich δ' aus der Gleichung:

$$\frac{\sin \delta'}{\sin 33^0\,3{,}2'} = 1{,}64,$$

wonach $\delta' = 63^0\,26{,}5'$.

Ferner ist der Ablenkungswinkel n' für violettes Licht gleich $42^0\,12'$ $+ 63^0\,26{,}5' - 57^0\,14' = 48^0\,24{,}5'$.

13. Aus Fig. 103 ergiebt sich $\frac{1}{2}\,w = AME - DAM = 2\,\beta - \alpha$,

Fig. 103.

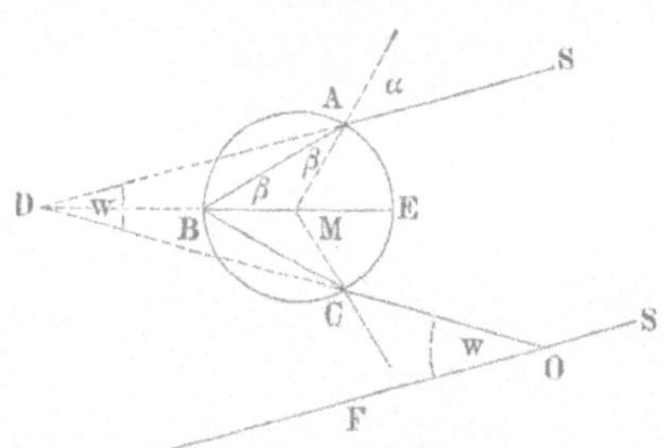

also $w = 4\,\beta - 2\,\alpha$, sowie $\sin \beta = \dfrac{\sin \alpha}{n}$, worin n das Brechungsverhältnis eines aus Luft in Wasser übergehenden Lichtstrahles bezeichnet.

14.

Einfallsw. α	Brechungsw. β	Ablenkungsw. w
0^0	0^0	0^0
10	7 30'	10
20	14 54	19 36'
30	22 5	28 20
40	28 54	35 36
50	35 10	40 40
58	39 37	42 28
$59^0\,23'$	40 12	42 2
60	40 37	42 28
70	44 57	39 48
80	47 46	31 4
90	48 45	15

15. Da das Auge nur aus jenen Tropfen ein Bild des Punktes S erhalten kann, auf welche Strahlen unter einem Einfallswinkel von $59^0\,23'$ fallen und unter einem Ablenkungswinkel von $42^0\,2'$ reflektiert werden, — da ferner wegen der vorausgesetzten großen Entfernung des Punktes S alle diese

Strahlen dem durch das Auge O (Fig. 103) gehenden Strahl SOF parallel betrachtet werden können, also bezüglich jedes Tropfens, der Licht ins Auge zu reflektieren vermag, $\angle DOF = w = 42^0\,2'$ sein muß, so ergiebt sich, daß alle Bilder des Punktes S in einem Kreise liegen müssen, durch dessen Mittelpunkt die Linie SOF geht und dessen Halbmesser im Punkte O unter einem Winkel von $42^0\,2'$ erscheint. Dabei ist jedoch auf die Farben-zerstreuung noch keine Rücksicht genommen.

16.   Setzt man an die Stelle des leuchtenden Punktes S die Sonne mit ihrem scheinbaren Durchmesser von beiläufig $32'$, so muß, wieder von der Farbenzerstreuung abgesehen, statt der kreisförmigen Lichtlinie ein ringför-miger Streifen von $32'$ Breite gesehen werden. Denn unter den unzähligen, von zwei gegenüberliegenden Punkten S_1 und S_2 des Sonnenrandes (Fig. 104)

Fig. 104.

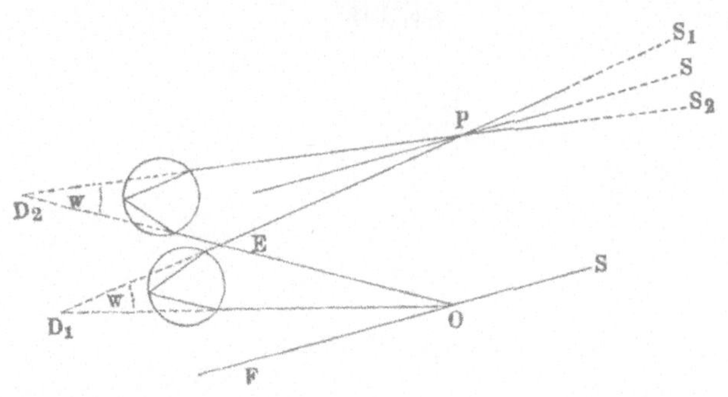

ausgehenden Strahlenbündeln muß es zwei geben, welche (nach ihrer Kreuzung im Punkte P) bei D_1 und D_2 Regentropfen so treffen, daß sie unter dem Ablenkungswinkel $w = 42^0\,2'$ ins Auge reflektiert werden. Aus den beiden Dreiecken $D_1 EO$ und $D_2 EP$ folgt aber, weil $\angle D_1 = D_2$ und $\angle E = E$, auch $\angle D_1 OD_2 = D_1 PD_2 = 32'$ (in der Figur mußte dieser Winkel vielmal größer dargestellt werden).

17.   Berechnet man wieder, wie in Aufgabe 14, aus der Relation $w = 4\beta - 2\alpha$, mit Hilfe der Gleichung $\sin\beta = \dfrac{\sin\alpha}{\left(\dfrac{109}{81}\right)}$ für alle möglichen Werte des Einfallswinkels α die zugehörigen Ablenkungswinkel w, wovon hier nur die folgenden stehen mögen:

Einfallsw. α_1	Brechungsw. β_1	Ablenkungsw. w_1
58^0	$39^0\,15'\,45''$	$41^0\;3'$
$58^0\,40'$	$39^0\,24'$	$40^0\,16'$
59	$39\;46\;\;4$	$41\;\;4$

so ergiebt sich, daß der violette Lichtbogen einen scheinbaren Halbmesser von $40^0\,16'$ hat, daß also durch den leuchtenden Punkt ein verschieden gefärbter ringförmiger Streifen von $42^0\,2' - 40^0\,16' = 1^0\,46'$ Breite entsteht, deſſen äußerer Rand rot, deſſen innerer violett erſcheint (während der Zwiſchenraum orange, gelb, grün und blau gefärbt ſich darſtellt). Übrigens iſt einleuchtend, daß die verſchieden gefärbten Strahlen ihrer großen Divergenz wegen nicht aus dem nämlichen Tropfen ins Auge gelangen können. Die Figur 105 erläutert, welche Lage zwei Tropfen haben müſſen, damit aus dem

Fig. 105.

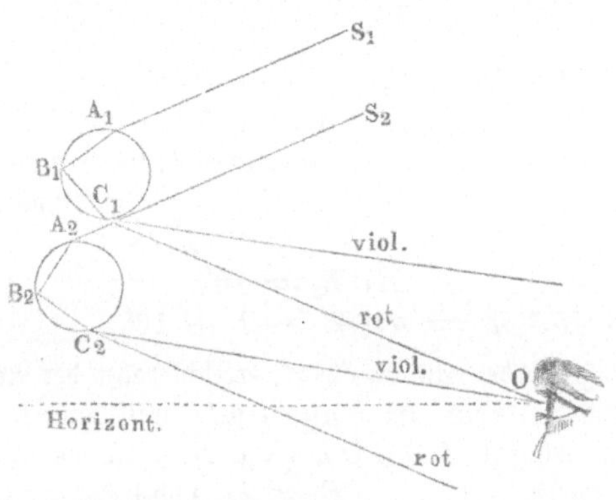

einen ein roter, aus dem andern ein violetter Strahl ins Auge gelangt, wobei zu bemerken iſt, daß bei richtiger Darſtellung der Winkel $C_1 O C_2 = 1^0\,46'$ ſein müßte.

18. Setzt man an die Stelle des leuchtenden Punktes der vorigen Aufgabe die Sonne mit ihrem ſcheinbaren Durchmeſſer von 32′, ſo muß von jedem Punkte der Sonne ein dem vorhin beſchriebenen ähnlicher ringförmiger Streifen mit den Spektralfarben entſtehen. Stellt (Fig. 106) $R\,V$ einen nach

Fig. 106.

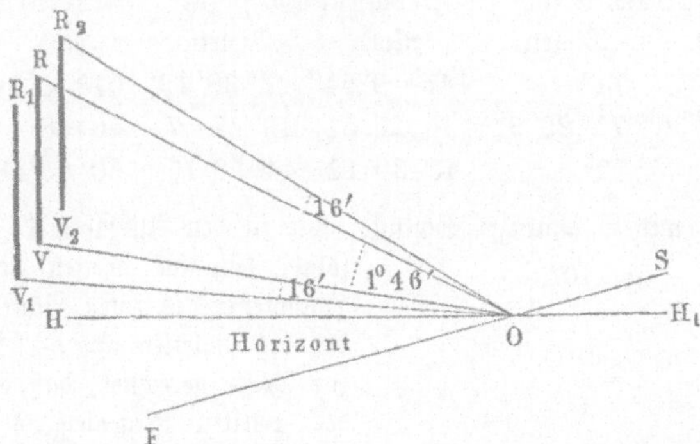

dem Krümmungsmittelpunkte gerichteten Durchſchnitt desjenigen Streifens dar, der dem vom Mittelpunkte der Sonne herkommenden Strahlenbündel ſeine Entſtehung verdankt, ſowie $R_1 V_1$ und $R_2 V_2$ dasselbe bezüglich der von zwei entgegengeſetzten Punkten des Sonnenrandes kommenden Strahlen=

11*

bündel (welche drei Durchschnitte als in eine Linie zusammenfallend zu denken sind), so ergiebt sich die Breite des Regenbogens, nämlich $\angle V_1 O R_2$ $= V_1 O V + V O R + R O R_2 = 16' + 1^0 46' + 16' = 2^0 18'$.

Das Rot liegt an der äußeren (konvexen), das Violett auf der inneren (konkaven) Seite des Regenbogens.

Denken wir uns die Figur 106 als einen vertikalen Durchschnitt durch den höchsten Punkt des Regenbogens, so stellt $H O R_2$ seine scheinbare Höhe dar. Nun ist

$$\angle H O R_2 = H O R + R O R_2$$
$$H O R = F O R - H O F$$
$$= w - h, \text{ wenn } h \text{ die scheinbare Höhe des}$$
$$\text{Sonnenmittelpunktes bezeichnet,}$$
$$= 42^0 2' - h,$$
$$R O R_2 = 16',$$

folglich $\angle H O R_2 = 42^0 2' - h + 16'$.

Die größte Höhe, nämlich $42^0 2'$, erreicht daher der Regenbogen, wenn der untere Rand der Sonne im Horizont steht, weil dann $h = 16'$ ist.

19.   In dem Fünfeck $A B C D E$ (Fig. 107) ist die Summe der Polygonwinkel $= 540^0$, $\angle C = \angle B = 2\beta$ und $\angle A = \angle D = 180^0 + \beta - \alpha$, also ist $\gamma = 540^0 - 2 . 2\beta - 2 . (180^0 + \beta - \alpha) = 180^0 + 2\alpha - 6\beta$.

20.   Berechnet man ähnlich, wie in den Aufgaben 14 und 16, aus der in voriger Aufgabe gefundenen Relation die Ablenkungswinkel γ für die verschiedenen Einfallswinkel α zwischen 0^0 und 90^0, so findet man, wie früher das Brechungsverhältnis n für rote Strahlen $= \dfrac{108}{81}$, für violette $= \dfrac{109}{81}$ annehmend:

| Einfallsw. α für | | Brechungsw. β für | | Ablenkungsw. w für | |
Rot.	Violett.	Rot.	Violett.	Rot.	Violett.
71^0	71^0	$45^0\ 9'\ 54''$	$44^0\ 38'\ 19''$	$51^0\ 0'\ 16''$	$54^0\ 10'\ 6''$
$71^0\ 49'\ 55''$	$71^0\ 26'\ 9''$	$45\ 26\ 51$	$49\ 47\ 7$	$50\ 58$	$54\ 10$
72^0	72^0	$45\ 30\ 12$	$44\ 58\ 15$	$50\ 58\ 48$	$54\ 10\ 30$

woraus mittels ähnlicher Schlüsse, wie in den Aufgaben 15, 16 und 17

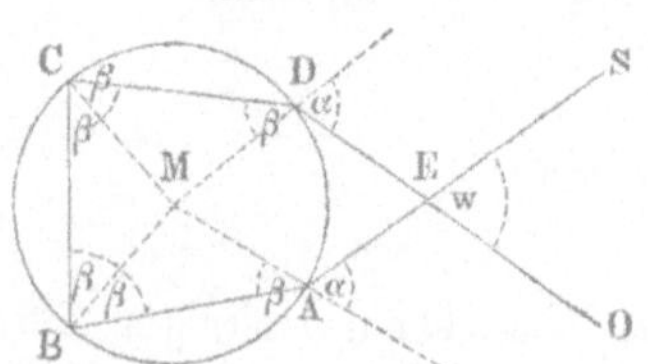

Fig. 107.

folgt, daß im zweiten Regenbogen der Halbmesser des roten Lichtes $= 50^0 58'$, der des violetten $= 54^0 10'$, beide bis zur Mitte gerechnet, daß also die Breite des zweiten Regenbogens $= (54^0 10' - 50^0 58') + 32' = 3^0 44'$ ist, wenn der scheinbare Durchmesser der Sonne $= 32'$ gesetzt wird. Die beiden Regenbogen sind um ungefähr $50^0 58' - 16' - 42^0 2' = 8^0 40'$ voneinander entfernt.

Die größere Lichtschwäche des zweiten gegen den Hauptregenbogen erklärt sich aus dem größeren Lichtverlust bei der zweifachen Reflexion der Strahlen in den Tropfen.

21. Bezeichnet β_r den Brechungswinkel ESR (Fig. 108) des roten Strahles,

β „ „ ESG des mittleren (grünen „

β_v „ „ ESV „ violetten „

so ist der totale Zerstreuungswinkel $RSV = \beta_v - \beta_r$, der Ablenkungs-

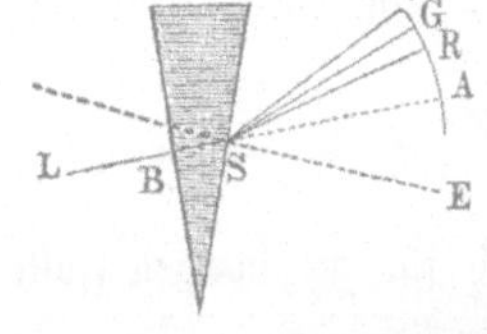
Fig. 108.

winkel ASG des grünen Strahles $= \beta - \alpha$. Nun ist, wenn die Winkel α, β_r, β, β_v sehr klein sind, also ihren Sinus proportional angenommen werden können, der Definition des Brechungsverhältnisses gemäß $\beta_r = n_r \cdot \alpha$, $\beta = n \cdot \alpha$, $\beta_v = n_v \cdot \alpha$, folglich, wenn man diese Werte in den vorhergehenden Ausdrücken substituiert,

die totale Farbenzerstreuung $= (n_v - n_r) \cdot \alpha$,
die Ablenkung des mittleren Strahles $= (n - 1) \cdot \alpha$.

22. Da der Lichtstrahl LB in diesem Falle ungebrochen oder fast ungebrochen in das Prisma geht, also der Einfallswinkel des auf die zweite Seite des Prismas treffenden Strahles dem brechenden Winkel des Prismas gleich oder nahe gleich ist, so hat man nach voriger Aufgabe

die totale Farbenzerstreuung $= (n_v - n_r) u$,
die Ablenkung des mittleren Strahles $= (n - 1) u$.

23. Aus Fig. 108 ergiebt sich unmittelbar: die Ablenkung des roten Strahles ist gleich dem Ablenkungswinkel des mittleren Strahles weniger dem Zerstreuungswinkel zwischen dem mittleren und roten Strahl, also $= (n - 1) u - (n - n_r) u = (n_r - 1) u$. Die Ablenkung des violetten Strahles ist $= (n - 1) u + (n_v - n) u = (n_v - 1) u$.

24. Bestimmen wir zuerst die Ablenkung w des mittleren Strahles. Aus dem $\triangle D_1 D_2 L_1$ (Fig. 109), wovon w_1 ein Außenwinkel ist, ergiebt sich

Fig. 109.

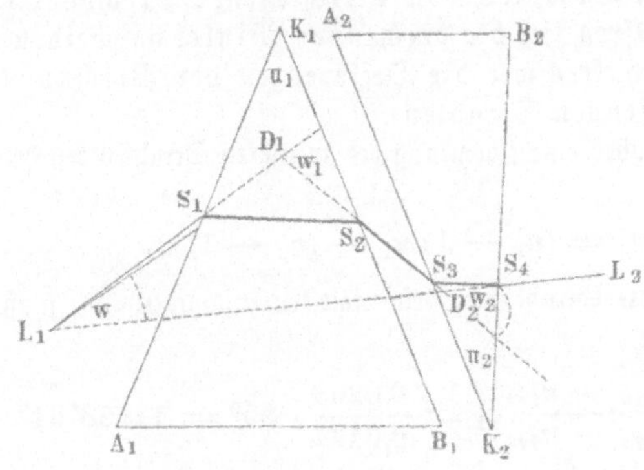

$w = w_1 - \llcorner D_1 D_2 L_1$, also, da $D_1 D_2 L_1 = w_2$ ist, wie $w = w_1 - w_2$. Nun ist aber der Aufgabe 22 gemäß $w_1 = (n_1 - 1)\, u_1$ und $w_2 = (n_2 - 1)\, u_2$, folglich

$$w = (n_1 - 1)\, u_1 - (n_2 - 1)\, u_2.$$

Auf ähnliche Weise erhält man mittels Aufgabe 23:

$$wr = w_{1r} - n_{2r} = (n_{1r} - 1)\, u_1 - (n_{2r} - 1)\, u_2$$
$$w_v = w_{1v} - w_{2v} = (n_{1v} - 1)\, u_1 - (n_{2v} - 1)\, u_2.$$

25. Damit der mittlere Strahl ungebrochen austrete, muß (siehe Auflösung der vorigen Aufgabe)

$$w = (n_1 - 1)\, u_1 - (n_2 - 1)\, u_2 = 0, \text{ also } \frac{u_1}{u_2} = \frac{n_2 - 1}{n_2 - 1} \text{ sein.}$$

Überhaupt gilt und läßt sich in ähnlicher Weise auch für die übrigen Fälle aus der Auflösung der vorigen Aufgabe darthun:

Damit irgend ein Farbenstrahl ungebrochen aus der Prismenverbindung austrete, müssen sich die brechenden Winkel umgekehrt verhalten wie die Überschüsse der Brechungsquotienten des betreffenden Farbenstrahls über Eins. Dabei bleibt aber noch eine Farbenzerstreuung bestehen, die sich aus der Differenz der Farbenzerstreuungen der beiden Bestandprismen (Aufgabe 22) für den Fall eines größeren Zerstreuungsvermögens des zweiten Prismas ergiebt

$$z = (n_{2v} - n_{2r})\, u_2 - (n_{1v} - n_{1r})\, u_1.$$

26. Damit der rote Strahl mit dem violetten zusammenfalle, muß $w_r = w_v$, also (siehe Auflösung 24)

$$(n_{1r} - 1)\, u_1 - (n_{2r} - 1)\, u_2 = (n_{1v} - 1)\, u_1 - (n_{2v} - 1)\, u_2$$

sein, woraus folgt

$$\frac{u_1}{u_2} = \frac{n_{2v} - n_{2r}}{n_{1v} - n_{1r}}.$$

Überhaupt gilt und folgt auch für die übrigen Fälle aus Auflösung zu 24:
Damit zwei Strahlen von verschiedener Brechbarkeit zusammenfallen, müssen sich die brechenden Winkel der beiden Prismen umgekehrt verhalten wie die Differenzen der Brechungsquotienten der betreffenden Strahlen.

Dabei bleibt aber eine Ablenkung des mittleren Strahles bestehen, die nach Aufgabe 24 ist

$$w = (n_1 - 1)\, u_1 - (n_2 - 1)\, u_2.$$

27. Damit der rote Strahl mit dem violetten zusammenfalle, muß, wie aus Aufgabe 26 folgt,

$$u_2 = \frac{n_{1v} - n_{1r}}{n_{2v} - n_{2r}}\, u_1 = \frac{0{,}0208}{0{,}0434} \cdot 25^0 = 11^0\, 58'\, 54''.$$

Die noch verbleibende Ablenkung des mittleren Strahles ist nach der Auflösung zu 24

$$w = (n_1 - 1)\, u_1 - (n_2 - 1)\, u_2 = 0{,}5330 \cdot 25^0$$
$$- \; 0{,}6420 \cdot 11^0\,58'\,54'' = 5^0\,38'.$$

28. Weil die Farbenverteiluug im Crownglasspektrum und im Flintglasspektrum nicht proportional ist, d. h. die durch analoge Fraunhofersche Linien begrenzten Teile der beiden Spektra nicht in gleichem Verhältnisse stehen (vergl. Tab. 24).

29. Aus $Z = \dfrac{n_v - n_r}{n - 1}$ folgt $n_v - n_r = (n - 1)\, Z$, also (nach 22) der Zerstreuungswinkel $(n_v - n_r)\, u = (n - 1)\, Z\, u = 0{,}642 \cdot 0{,}052 \cdot 10^0 = 20{,}04$ Minuten.

30. Die Auflösung der Aufgabe 26 ergiebt die beiden für den vorliegenden Fall geltenden Bedingungsgleichungen

$$\frac{u_1}{u_2} = \frac{n_{2v} - n_{2r}}{n_{1v} - n_{1r}} \quad \text{und} \quad w = (n_1 - 1)\, u_1 - (n_2 - 1)\, u_2, \text{ woraus}$$

$$u_1 = \frac{w\,(n_{2v} - n_{2r})}{(n_1 - 1)\,(n_{2v} - n_{2r}) - (n_2 - 1)\,(n_{1v} - n_{1r})};$$

$$u_2 = \frac{w\,(n_{1v} - n_{1r})}{(n_1 - 1)\,(n_{2v} - n_{2r}) - (n_2 - 1)\,(n_{1v} - n_{1r})}; \text{ oder,}$$

wenn man Zähler und Nenner beider Quotienten durch $(n_1 - 1)\,(n_2 - 1)$ dividiert und berücksichtigt, daß der Aufgabe gemäß $\dfrac{n_{1v} - n_{1r}}{n_1 - 1} = Z_1$, sowie

$$\frac{n_{2v} - n_{2r}}{n_2 - 1} = Z_2 \text{ ist, } u_1 = \frac{w \cdot Z_2}{(n_1 - 1)\,(Z_2 - Z_1)}$$

und $u_2 = \dfrac{w \cdot Z_1}{(n_2 - 1)\,(Z_2 - Z_1)}$, also, wenn man die entsprechenden Werte der Aufgabe substituiert, $u_1 = 18^0\,13'\,4''$; $u_2 = 8^0\,53'\,40''$.

31. a) Nach XXX, 15, b) muß

$$p = \frac{p_1 p_2}{p_2 - p_1} \quad \text{oder} \quad \frac{1}{p} = \frac{1}{p_1} - \frac{1}{p_2} \quad \cdots \cdots \cdots \quad \text{(I)}$$

sein, welche Gleichung sich auf die mittleren Strahlen bezieht, wofür gewöhnlich die der Linie E im Spektrum genommen werden. Ebenso bestehen für die roten und violetten, den Linien B und H entsprechenden Strahlen die Gleichungen

$$\frac{1}{p_r} = \frac{1}{p_{1r}} - \frac{1}{p_{2r}}; \quad \frac{1}{p_v} = \frac{1}{p_{1v}} - \frac{1}{p_{2v}}.$$

Bezeichnen r_1 und $\mathfrak{r}_1$ die Krümmungshalbmesser der Konvexlinse, r_2 und $\mathfrak{r}_2$ die der Konkavlinse, so gehen diese letzteren Formeln durch entsprechende Substitutionen (nach Aufg. XXVIII, 38, Formel II) über in

$$\frac{1}{p_r} = (n_{1r} - 1)\left(\frac{1}{r_1} + \frac{1}{\mathfrak{r}_1}\right) - (n_{2r} - 1)\left(\frac{1}{r_2} + \frac{1}{\mathfrak{r}_2}\right)$$

und

$$\frac{1}{p_v} = (n_{1v} - 1)\left(\frac{1}{r_1} + \frac{1}{\mathfrak{r}_1}\right) - (n_{2v} - 1)\left(\frac{1}{r_2} + \frac{1}{\mathfrak{r}_2}\right).$$

Damit aber die roten und violetten Strahlen zusammenfallen, muß

$$\frac{1}{p_v} = \frac{1}{p_r}, \text{ folglich } (n_{1v} - n_{1r})\left(\frac{1}{r_1} + \frac{1}{\mathfrak{r}_1}\right) = (n_{2v} - n_{2r})\left(\frac{1}{r_2} + \frac{1}{\mathfrak{r}_2}\right)$$

sein, also, wenn man zugleich (wieder XXVIII, 38, Formel II)

$$\frac{1}{r_1} + \frac{1}{\mathfrak{r}_1} = \frac{1}{(n_1 - 1)\, p_1} \text{ und } \frac{1}{r_2} + \frac{1}{\mathfrak{r}_2} = \frac{1}{(n_2 - 1)\, p_2} \text{ setzt,}$$

$$\frac{n_{1v} - n_{1r}}{n_1 - 1} \cdot \frac{1}{p_1} = \frac{n_{2v} - n_{2r}}{n_2 - 1} \cdot \frac{1}{p_2} \text{ oder } \frac{p_1}{p_2} = \frac{\dfrac{n_{1r} - n_{1v}}{n_1 - 1}}{\dfrac{n_{2v} - n_{2r}'}{n_2 - 1}},$$

oder, wenn Z_1 das Zerstreuungsvermögen des Spiegelglases, Z_2 das des Flintglases bezeichnet (Aufgabe 29),

$$\frac{p_1}{p_2} = \frac{Z_1}{Z_2} \quad \cdots \cdots \cdots \cdots \cdots \quad \text{(II)}$$

Bedingung für den Achromatismus ist also, daß sich die Brennweite der konvexen Spiegelglaslinse zur Zerstreuungsweite der konkaven Flintglaslinse wie die Zerstreuungsvermögen der beiden Glassorten verhalten.

Aus den beiden Bedingungsgleichungen (I) und (II) folgt nun

$$p_1 = \left(1 - \frac{Z_1}{Z_2}\right) p, \, p_2 = \left(\frac{Z_2}{Z_1} - 1\right) p; \text{ also, wenn man die Werte}$$

der Aufgabe substituiert, $p_1 = \left(1 - \dfrac{0{,}0394}{0{,}0670}\right) \cdot 48 = 19{,}7712$ cm;

$$p_2 = \left(\frac{0{,}0670}{0{,}0394} - 1\right) \cdot 48 = 23{,}624 \text{ cm.}$$

b) Für die plankonvexe Spiegelglaslinse folgt aus Formel (II) der Aufgabe 38 in XXVIII $(n_1 - 1)\dfrac{1}{r_1} = \dfrac{1}{p_1}$ und daraus $r_1 = (n - 1)\, p_1$ $+ 0{,}533 \cdot 19{,}7712 = 10{,}538$; für die plankonkave Flintglaslinse erhält man aus Aufgabe 53 in XXVIII. ebenso $r_2 = (n_2 - 1)\, p_2 = 0{,}642 \cdot 33{,}624 = 21{,}588$ cm. Für die angenommenen Glassorten müßte also der Krümmungshalbmesser der plankonkaven Flintglaslinse 2,05 mal so groß sein, wie der der plankonvexen Spiegelglaslinse.

32. Damit der mittlere Strahl ungebrochen austrete, muß, wie aus der Auflösung zu 25 folgt,

$$u_2 = \frac{n_1 - 1}{n_2 - 1} \cdot u_1 = \frac{0{,}5330}{0{,}6420} \cdot 25 = 20^0\, 45'\, 20'' \text{ sein.}$$

Der Aufgabe 20 gemäß findet sich aber für die beiden vorliegenden Prismen die totale Farbenzerstreuung

im Crownglasprisma $= (n_{1v} - n_{1r}) u_1 = 0{,}0208 \cdot 25^0 = 31{,}2$ Minuten,

im Flintglasprisma $= (n_{2v} - n_{2r}) u_2 = 0{,}0434 \cdot 20{,}75^0 = 54$ Minuten.

Folglich verbleibt der Prismenverbindung noch eine totale Farbenzerstreuung von $54 - 31{,}2 = 22{,}8$ Minuten.

33. Aus der Auflösung der Aufgabe 25 erhält man die hier geltenden Bedingungsgleichungen

$$\frac{u_1}{u_2} = \frac{n_2 - 1}{n_1 - 1} \quad \text{und} \quad z = (n_{2v} - n_{2r}) u_2 - (n_{1v} - n_{1r}) u_1,$$

woraus sich ergiebt

$$u_1 = \frac{z \, (n_2 - 1)}{(n_1 - 1)(n_{2v} - n_{2r}) - (n_2 - 1)(n_{1v} - n_{1r})}$$

$$u_2 = \frac{z \, (n_1 - 1)}{(n_1 - 1)(n_{2v} - n_{2r}) - (n_2 - 1)(n_{1v} - n_{1r})};$$

dividiert man Zähler und Nenner dieser beiden Quotienten durch $(n_1 - 1) \cdot (n_2 - 1)$ und berücksichtigt, daß nach Aufgabe 29

$$\frac{n_{1v} - n_{1r}}{n_1 - 1} = Z_1 \quad \text{und} \quad \frac{n_{2v} - n_{2r}}{n_2 - 1} = Z_2$$

ist, so erhält man

$$u_1 = \frac{z}{(n_1 - 1)(Z_2 - Z_1)} = \frac{20}{0{,}533 \cdot 0{,}0076} = 1359{,}5 \text{ Minuten}$$
$$= 22^0\, 39'\, 30'',$$

$$u_2 = \frac{z}{(n_2 - 1)(Z_2 - Z_1)} = \frac{20}{0{,}642 \cdot 0{,}0276} = 1129 \text{ Minuten}$$
$$= 18^0\, 49'.$$

34. Ist KAB (Fig. 110) ein auf der Kante des Crownglasprismas senkrechter Schnitt und $L_1 S_1$ der unter einem Einfallswinkel von 45^0 die Seite

Fig. 110.

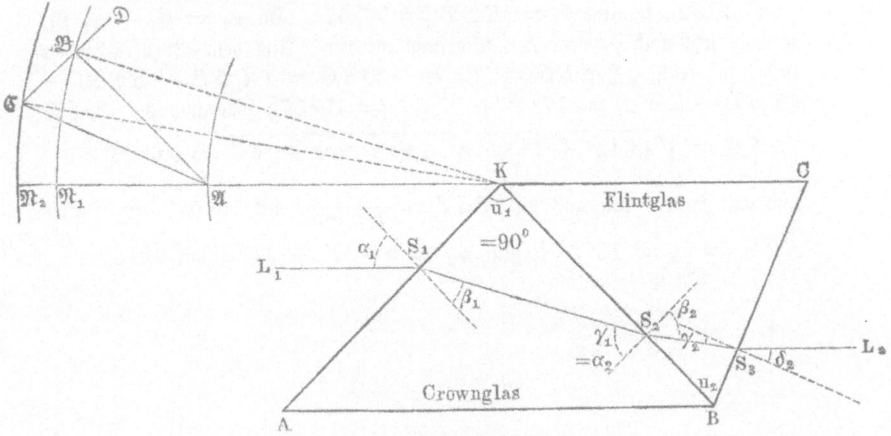

KA treffende der Fraunhoferschen Linie E entsprechende Lichtstrahl, so ziehe man durch K eine Linie $\| L_1 S_1$, trage auf ihr die Strecken $KA = 1$, $K\mathfrak{N}_1 = 1{,}533$, $K\mathfrak{N}_2 = 1{,}642$ ab, und beschreibe aus K Kreisbogen durch die Punkte $\mathfrak{A}$, $\mathfrak{N}_1$ und $\mathfrak{N}_2$. Sodann fälle man $\mathfrak{AB}$ senkrecht auf die Prismenseite KA, $\mathfrak{BC}$ senkrecht auf die Seite KB, ziehe $S_1 S_2 \| K\mathfrak{B}$ und $S_2 S_3 \| K\mathfrak{C}$, $S_2 S_3$ in unbestimmter Länge, da die Lage der Prismenseite BC noch nicht bestimmt ist. Zieht man jetzt $\mathfrak{AC}$ und BC darauf senkrecht, so ist durch diese die Größe des brechenden Winkels u_2 gefunden und man kann beweisen, daß die mit $L_1 S_1$ parallel gezogene $S_3 L_2$ der ausfahrende Strahl ist.

Beweis. Aus dem $\triangle K\mathfrak{AB}$ folgt $\dfrac{\sin K\mathfrak{AB}}{\sin K\mathfrak{BA}}$ oder $\dfrac{\sin \mathfrak{N}_1 \mathfrak{AB}}{\sin K\mathfrak{BA}} = \dfrac{1{,}533}{1}$

oder, da $\angle \mathfrak{N}_1 \mathfrak{AB} = \alpha_1$ und $K\mathfrak{BA} = \beta_1$ ist, $\dfrac{\sin \alpha_1}{\sin \beta_1} = 1{,}533$, also ist $S_1 S_2$ der im ersten Prisma gebrochene Strahl. Ebenso folgt aus $\triangle K\mathfrak{BC}$, weil $\angle K\mathfrak{BD} = \gamma_1$ (oder α_2) und $\angle K\mathfrak{CB} = \beta_2$, $\dfrac{\sin \alpha_2}{\sin \beta_2} = \dfrac{1{,}642}{1{,}533}$, woraus sich ergiebt, daß $S_2 S_3$ die Richtung des aus dem ersten Prisma ins zweite übergehenden Lichtstrahles darstellt. Aus dem $\triangle K\mathfrak{AC}$ folgt nun $\dfrac{\sin \mathfrak{N}_2 \mathfrak{AC}}{\sin K\mathfrak{CA}}$ oder $\dfrac{\sin \delta_2}{\sin \gamma_2} = 1{,}642$, folglich ist die der $L_1 S_1$ parallele Linie $S_3 L_2$ die Richtung des aus dem Doppelprisma fahrenden mittleren Lichtstrahles.

Berechnung des Winkels u_2. Wir folgen dabei dem Gange der Konstruktion. Mittels des Winkels $\alpha_1 = \mathfrak{N}_1 \mathfrak{AB} = 45^0$ findet sich aus $\sin \beta_1 = \dfrac{\sin 45^0}{1{,}533}$ der Winkel $\beta_1 = K\mathfrak{BA} = 27^0 28'$ und daraus der $\angle \gamma_1$ oder $\alpha_2 = K\mathfrak{BD} = 90^0 - 27^0 28' = 62^0 32'$. Aus dem $\triangle K\mathfrak{BC}$ ergiebt sich $\dfrac{\sin K\mathfrak{CB}}{\sin K\mathfrak{BD}}$ oder $\dfrac{\sin \beta_2}{\sin \alpha_2} = \dfrac{1{,}533}{1{,}642}$, also $\sin \beta_2 = \dfrac{1{,}533}{1{,}642} \cdot \sin 62^0 32'$, folglich $\beta_2 = K\mathfrak{CB} = 55^0 57'$. Da $u_2 = \beta_2 + \gamma_2$ ist, so muß jetzt noch γ_2 oder $K\mathfrak{CA}$ gesucht werden. Aus dem Vorhergehenden findet sich leicht $\angle \mathfrak{AKC} = \mathfrak{AKB} - \mathfrak{BKC} = (\mathfrak{N}_1 \mathfrak{AB} - K\mathfrak{BA}) - (K\mathfrak{BD} - K\mathfrak{CB}) = 17^0 32' - 6^0 35' = 10^0 57'$, sodann aus $\triangle \mathfrak{ACK}$

$$\mathfrak{AC} = \sqrt{1{,}642^2 + 1^2 - 2 \cdot 1{,}642 \cdot \cos 10^0 57'} = 0{,}6826$$

und jetzt ergiebt sich aus $\sin K\mathfrak{CA} = \dfrac{1}{0{,}6826} \cdot \sin 10^0 57'$ der Winkel $K\mathfrak{CA} = \gamma_2 = 16^0 8'$, folglich $u_2 = 55^0 57' + 16^0 8' = 72^0 5'$.

Auflösungen zu XXX.

1. Nahe Gegenstände erscheinen dem Auge deshalb undeutlich, weil die von einem Punkte des Gegenstandes ins Auge fallenden Strahlen sich nicht auf der Netzhaut, sondern erst hinter derselben vereinigen, auf der Netzhaut also von jedem Punkte des Gegenstandes Zerstreuungskreise entstehen, die nur einen unvollkommenen Lichteindruck machen. Gelangen aber die Lichtstrahlen des Gegenstandes nur durch eine sehr feine Öffnung (z. B. in einem Kartenblatt) ins Auge, so wird jener Zerstreuungskreis sehr klein, so daß von jeder Stelle der Netzhaut ein bestimmter, irgend einem Punkte des Gegenstandes entsprechender Lichteindruck zu unserm Bewußtsein gelangt. Natürlich wird der Gegenstand weniger hell, wohl aber wegen des größeren Sehwinkels größer erscheinen, als in der gewöhnlichen Sehweite.

2. Durch jede der beiden Öffnungen gelangt von jedem Punkte des Gegenstandes ein dünnes Lichtbündel ins Auge. Ist der Gegenstand nahe, so geben die beiden Lichtbündel, welche von irgend einem Punkte desselben ausgehen, zwei Bilder auf der Netzhaut, weil sie eine solche Konvergenz haben, daß sie sich erst hinter der Netzhaut schneiden würden. Befindet sich der Gegenstand in der mittleren Sehweite, so findet die Vereinigung gerade auf der Netzhaut statt. Bei weiterer Entfernung des Gegenstandes schneiden sich die Lichtbündel im Auge vor der Netzhaut und treten dann wieder getrennt auf die Netzhaut.

Es geht daraus hervor, daß ein Auge beim Sehen durch eine nahe vor ihm befindliche feine Öffnung im normalen Zustande ist.

3. Befindet sich wie gewöhnlich die Sammellinse sehr nahe am Auge, so ist die Entfernung des zu betrachtenden Gegenstandes von der Linse $= 25\,\mathrm{cm}$ und die Entfernung des imaginären Bildes desselben $= D$, man hat also in der allgemeinen Formel $\frac{1}{a} + \frac{1}{\alpha} = \frac{1}{p}$ (Aufgabe 39 in XXVIII) im gegenwärtigen Falle $a = 25\,\mathrm{cm}$, $\alpha = -\,D$ zu setzen, so daß man erhält: $\frac{1}{25} - \frac{1}{D} = \frac{1}{p}$, woraus folgt $p = \frac{25\,.\,D}{D - 25}$.

4. Man findet, da auch hier $a = 25\,\mathrm{cm}$, $\alpha = -\,D$, aber auch p negativ zu setzen ist, aus $\frac{1}{25} - \frac{1}{D} = -\,\frac{1}{p}$, $p = \frac{25\,.\,D}{25 - D}$, welche Formel sich aus der vorher gefundenen ergiebt, wenn man in dieser p negativ annimmt.

5. Eine Sammellinse, deren Brennweite $= \dfrac{25 \cdot 60}{60 - 25} =$ nahe 43 cm ist.

6. Eine Zerstreuungslinse, deren Zerstreuungsweite $= \dfrac{25 \cdot 12}{25 - 12} =$ nahe 23 cm ist.

7. Bezeichnet φ (Fig. 111) den Sehwinkel, unter welchem ein Gegenstand

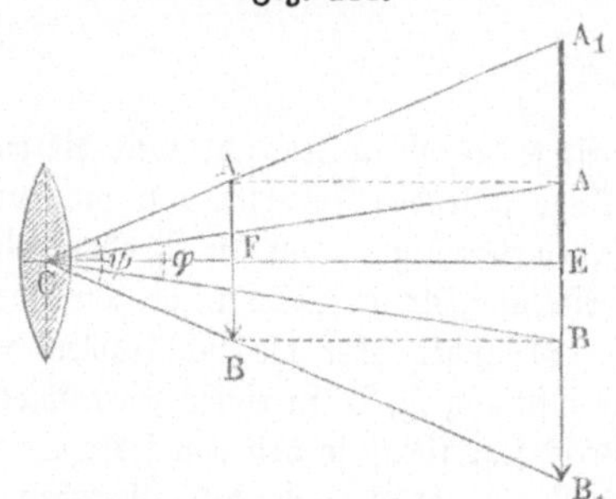
Fig. 111.

AB einem in C befindlichen unbewaffneten Auge in der mittleren Sehweite CE erscheint, sowie ψ den Sehwinkel, unter welchem das Bild des Gegenstandes in der deutlichen Sehweite gesehen wird, wenn man denselben durch eine dicht vor das Auge gebrachte Lupe in der Entfernung CF betrachtet, so drückt $\dfrac{\psi}{\varphi}$ (annähernd) die lineare Vergrößerung durch die Lupe aus. Es ist aber, wenn $CF = a$ und $CE = D$ gesetzt wird, $tg \; ^1/_2 \, \psi = \dfrac{^1/_2 \, AB}{a}$, $tg \; ^1/_2 \, \varphi = \dfrac{^1/_2 \, AB}{D}$, also $\dfrac{tg \; ^1/_2 \, \psi}{tg \; ^1/_2 \, \varphi} = \dfrac{D}{a}$, demnach näherungsweise $\dfrac{\psi}{\varphi} = \dfrac{D}{a}$ (vergl. Aufg. 48 in XXVIII), oder, wenn für a sein Wert aus der Gleichung $\dfrac{1}{a} - \dfrac{1}{D} = \dfrac{1}{p}$, nämlich $a = \dfrac{Dp}{D + p}$ gesetzt wird, $= \dfrac{D + p}{p} = \dfrac{D}{p} + 1$. Häufig wird jedoch nur $\dfrac{D}{p}$ als lineare Vergrößerung angenommen, was für den Fall genau ist, wenn der betrachtete Gegenstand im Brennpunkte sich befindet, wenn also das Auge für parallel auffallende Strahlen adaptiert ist.

8. a) $\dfrac{25 + 5}{5} = 6.$ b) $\dfrac{12}{5} + 1 = 3,4.$ c) $\dfrac{65}{5} = 13.$

9. Für ein normales Auge, dessen mittlere Sehweite $= 25$ cm ist, ist die Linearvergrößerung $= \dfrac{25 + 1,4}{1,4} =$ nahe 19, die Flächenvergrößerung $= 19^2 = 361.$

10. Mittels der Lupe gelangt, wenn der Öffnungsdurchmesser der Pupille mit δ bezeichnet wird, $\dfrac{d^2}{\delta^2}$ mal soviel Licht ins Auge, wie ohne dieselbe; das Bild auf der Netzhaut aber wird, wenn n die Linearvergrößerung bezeichnet, n^2 mal so groß, wie es ohne die Lupe sein würde, also ist $H = \dfrac{d^2}{\delta^2 n^2}$, oder, wenn man für n (nach Aufgabe 7) seinen Wert $\dfrac{D}{p}$ setzt, wo D die mittlere Sehweite des Auges bezeichnet, $H = \dfrac{d^2 p^2}{\delta^2 D^2}$. Nimmt man (nach Prechtl) $\delta = 0,15\,\text{cm}$, so ist $H = \dfrac{d^2 p^2}{0,0225 \cdot D^2}$, also für ein normales Auge von 25 cm mittlerer Sehweite $H = \dfrac{d^2 p^2}{14}$, oder im vorliegenden Falle $= \dfrac{2^2 \cdot (0,75)^2}{14} = 0,16$ (woraus die Notwendigkeit einer guten und nötigenfalls künstlichen Beleuchtung des Objektes hervorgeht).

11. Da ihr Brechungsvermögen größer, ihr Farbenzerstreuungsvermögen aber kleiner ist, als bei Glaslinsen, so geben sie bei gleichen Krümmungen eine stärkere Vergrößerung und mehr Deutlichkeit der Bilder. Bei gleichen Vergrößerungen sind die Krümmungen der Saphir und noch mehr die der Diamantlinsen geringer, als die der Glaslinsen, gestatten also eine größere Öffnung, wodurch das Gesichtsfeld und die Helligkeit größer werden.

12. Die durch Linsen bewirkten Vergrößerungen verhalten sich (Aufgabe 7) umgekehrt wie ihre Brennweiten. Nun ist aber, wenn r die gleichen Krümmungshalbmesser bezeichnet, nach Aufl. zu 38 in XXVIII. und Tabelle 21 des Anhanges die Brennweite

für Bikonverlinsen aus Crownglas $= \dfrac{r}{2\,(1{,}533 - 1)} = \dfrac{r}{1{,}066}$,

„   „   „ Saphir $= \dfrac{r}{2\,(1{,}768 - 1)} = \dfrac{r}{1{,}536}$,

„   „   „ Diamant $= \dfrac{r}{2\,(2{,}47 - 1)} = \dfrac{r}{2{,}94}$,

folglich verhalten sich die Vergrößerungen der fraglichen Linsen zueinander, wie $11 : 15 : 29$.

13. Siehe Auflösung 58, Kapitel XXVIII, S. 156.

14. Aus der Endformel der Aufg. 37 und der Aufg. 27 in XXVIII. folgt für den vorliegenden Fall

$$\left(\frac{m}{n} - 1\right) \cdot \frac{2}{r} = \frac{1}{a} + \frac{1}{\alpha} \text{ und daraus } r = \frac{2\,(m - n)\,a\alpha}{n\,(a + \alpha)}$$

$$= \frac{2\,(1{,}533 - 1{,}336) \cdot 25 \cdot 1{,}5}{1{,}336\,(25 + 1{,}5)} = \frac{2 \cdot 0{,}197 \cdot 25 \cdot 1{,}5}{1{,}336 \cdot (25 + 1{,}5)} = 0{,}417\,\text{cm}.$$

15. a) Die auf die erste Linse mit der Brennweite f_1 fallenden, der Achse parallelen Strahlen würden sich in deren Brennpunkt B_1 (Fig. 112 a. f. S.) vereinigen, wenn die zweite Linse, deren Brennpunkt B_2 ist, nicht vorhanden wäre, sie fallen also konvergierend auf die zweite Linse, und die Entfernung ihres wirklichen Vereinigungspunktes B von dieser, d. h. die Brennweite f der Linsenverbindung findet sich aus der allgemeinen Formel $\dfrac{1}{a} + \dfrac{1}{\alpha} = \dfrac{1}{p}$,

wenn man darin, der Aufgabe 39, 6 im Abschnitt XXVIII entsprechend,
$a = -(f_1 - d)$, $a = f$ und $p = f_2$ setzt, also aus der Formel $-\dfrac{1}{f_1 - d}$

Fig. 112.

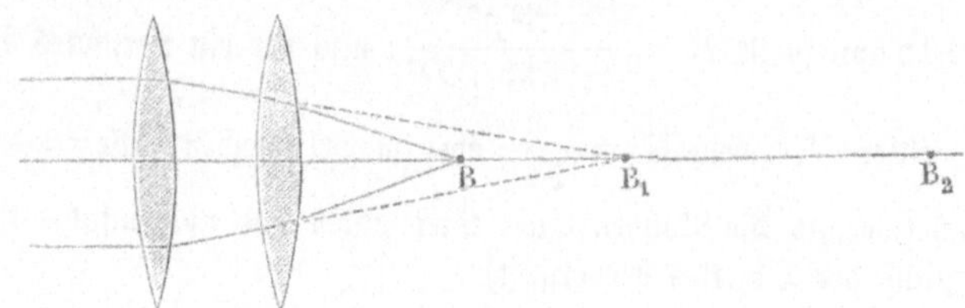

$$+ \frac{1}{f} = \frac{1}{f_2} \text{ oder } \frac{1}{f_1 - d} + \frac{1}{f_2} = \frac{1}{f}, \text{ woraus } f = \frac{(f_1 - d)\,f_2}{(f_1 - d) + f_2}$$

$$= \frac{(20 - 5)\,.\,30}{(20 - 5) + 30} = 10 \text{ cm folgt. (Vergleiche Aufgabe 47 in XXVIII.)}$$

Der Punkt B in Fig. 112 kann leicht aus der Lage der Punkte B_1 und B_2 durch Konstruktion nach Aufg. 30, e) in XXVIII. gefunden werden.

b) Ist die zweite Linse eine konkave, die unmittelbar auf der ersten liegt, so ist in der vorhergehenden Formel f_2 negativ und $d = 0$ zu setzen, wodurch man erhält $f = \dfrac{f_1 f_2}{f_2 - f_1} = \dfrac{20\,.\,30}{30 - 20} = 60$ cm.

16. Nach der vorhergehenden Aufgabe ist die Brennweite der Doppellupe $= \dfrac{12\,.\,10}{12 + 10} = 5{,}45$ cm, folglich die lineare Vergrößerung für ein normales Auge (nach Aufgabe 7) $= \dfrac{25}{5{,}45} = 4{,}68$.

17. Bei einem solchen zusammengesetzten Mikroskop ist sowohl die sphärische als die chromatische Aberration geringer als bei einem ebenso stark vergrößernden einfachen, nicht bloß, weil die Krümmungshalbmesser der beiden Linsen des ersteren größer sind als die der letzteren, sondern auch, weil bei jenem die von der einen Linse herrührenden Aberrationen zum Teil von der andern aufgehoben werden. Eine solche Linsenverbindung gestattet also bei gleicher Deutlichkeit der Bilder eine größere Öffnung, gewährt also mehr Helligkeit und ein größeres Gesichtsfeld.

18. Die Entfernung a des Sammelbildes $A_1 Z_1$ vom Objektiv findet sich (Aufg. 39 in XXVIII) $= \dfrac{a_1 p_1}{a_1 - p_1} = \dfrac{5{,}5\,.\,5{,}4}{5{,}5 - 5{,}4} = 297$ mm, das Sammelbild ist also $\dfrac{a}{a_1} = \dfrac{297}{5{,}5} = 54$ mal so groß wie der Gegenstand vor dem Objektiv (XXVIII, 47). Damit nun dieses Sammelbild durch das Okular deutlich gesehen werde, müssen die davon ausgehenden Strahlen im Okular so gebrochen werden, als kämen sie von Punkten, die um $D = 250$ mm vom Okular entfernt sind, die Entfernung a_2 des Okulars vom Sammelbilde $A_1 Z_1$ ist also

$$= \frac{D\,p_2}{D + p_2} = \frac{250 \cdot 21{,}6}{250 + 21{,}6} = 19{,}9 \text{ mm,}$$

folglich das geometrische Bild $A_2 Z_2$ des Okulars $\dfrac{D}{a_2} = \dfrac{250}{19{,}9} = 12{,}6$ mal so groß wie das Sammelbild $A_1 Z_1$ des Objektivs, und demnach die Vergrößerung überhaupt $= \dfrac{\alpha}{a_1} \cdot \dfrac{D}{a_2}$, oder, wenn man $\dfrac{D\,p_2}{D + p_2}$ für a_2 setzt,

$$= \frac{\alpha}{a_1} \cdot \frac{D + p_2}{p_2} = 54 \cdot 12{,}6 = 680{,}4.$$

Gewöhnlich wird p_2 statt a_2 gesetzt, also angenommen, das Sammelbild falle gerade in die Brennweite des Okulars und das Auge sei für parallele Strahlen adaptiert. Dann ist die Vergrößerung des Mikroskopes

$$= \frac{\alpha}{a_1} \cdot \frac{D}{p_2} = \frac{297}{5{,}5} \cdot \frac{250}{21{,}6} = 624.$$

Die Länge des Mikroskopes ist $= \alpha + a_2$, oder unter der zuletzt erwähnten Annahme $= \alpha + p_2 = 318{,}6$ mm.

19.   Man bringt das Mikrometer an die Stelle des Objekts vor dem Objektiv, so daß die geteilte Linie im Gesichtsfelde die Lage des Durchmessers einnimmt; alsdann giebt die Teilung die Größe dieses Durchmessers des Gesichtsfeldes unmittelbar an. Dividiert man den Durchmesser des Diaphragmas durch den Durchmesser des Gesichtsfeldes, so erhält man die Vergrößerung des Objektivs, welche Zahl noch mit der nach 7. zu findenden Vergrößerung des Okulars zu multiplizieren ist.

20.   Es sei (Fig. 113) $C_1 S$ die Konvexlinse, $C_2 m$ die Konkavlinse, $A_1 Z_1$ das Sammelbild, welches die vor der Konvexlinse befindliche (in der Figur aber

Fig. 113.

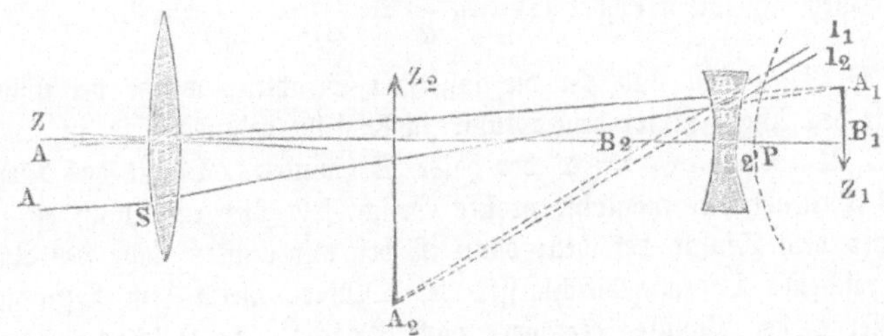

weggelassene) Linie $A Z$ hinter der Linse geben würde, wenn die Konkavlinse nicht vorhanden wäre. Um den Gang der vom Punkte A herkommenden Strahlen $A C_1$ und $A S$ nach ihrer Brechung in den beiden Linsengläsern zu finden, verfahre man nach den Aufgaben 30 und 35 in XXVIII. Die beiden aus dem Konkavglas fahrenden Strahlen $m l_1$ und $n l_2$ verlängere man rückwärts bis zu ihrem Durchschnittspunkte A_2, so ist dieser das geometrische Bild des Punktes A. Auf gleiche Weise bestimmt sich auch das Bild Z_2 des Punktes Z.

21. 1) Da das konkave Okular (Fig. 114) innerhalb der Brennweite $C_1 B_1$ des konvexen Objektivs so liegen muß, daß es vom Brennpunkte desselben um seine Zerstreuungsweite entfernt ist, so ist die **Länge** des Fernrohrs $= C_1 B_1 - C_2 B_1 = p_1 - p_2 = 13 - 2{,}6 = 10{,}4$ cm.

2) Die Vergrößerung findet man aus der Vergleichung der beiden Sehwinkel, unter welchen ein Gegenstand dem Auge **ohne** und **durch** das Fernrohr erscheint.

Ohne Fernrohr erscheint ein weit entfernter Gegenstand dem hinter dem Okular befindlichen Auge unter nahe demselben Winkel, wie einem im Punkte C_1 des Objektivs befindlichen. Es sei dieser Winkel $A C_1 Z = A_1 C_1 Z_1 = 2\varphi$. Mittels des Fernrohrs erscheint er unter dem Winkel $A_2 C_2 Z_2 = A_1 C_2 Z_1 = 2\psi$. Die Vergrößerung ist also $\dfrac{\psi}{\varphi}$.

Fig. 114.

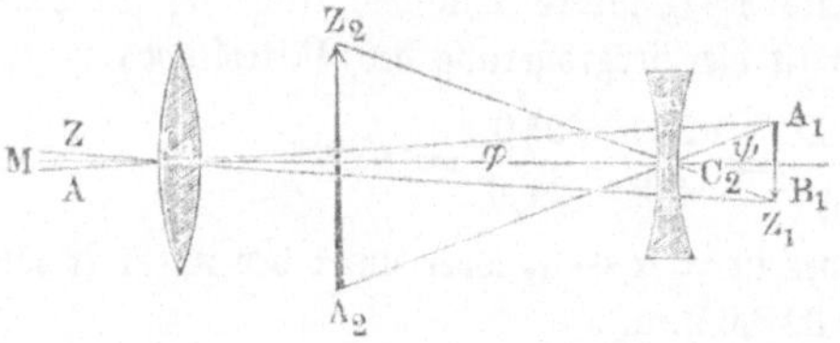

Da nun

$$tg\ \psi = \frac{A_1 . B_1}{C_2 B_1} = \frac{A_1 B_1}{p_2},$$

$$tg\ \varphi = \frac{A_1 B_1}{C_1 B_1} = \frac{A_1 B_1}{p_1}$$

und da, wegen der Kleinheit der Winkel ψ und φ,

$$\frac{tg\ \psi}{tg\ \varphi} = \frac{\psi}{\varphi} \text{ ist,}$$

so ergiebt sich die Vergrößerung $\dfrac{\psi}{\varphi} = \dfrac{p_1}{p_2} = \dfrac{13}{2{,}6} = 5$.

3) Sind Am und Zn die äußersten Strahlen, welche bei unverrückter Lage des Auges hinter dem Okular in dasselbe gelangen, so ist der Winkel $A C_1 M = m C_1 C_2 = \varphi$ der halbe Sehwinkel. Damit das Auge durch das Fernrohr ein möglichst großes Gesichtsfeld übersehe, muß es sich dicht hinter dem Okular befinden; dann ist bei unverrückter Lage des Auges der ausreichende Öffnungsdurchmesser des Okulars gleich dem Öffnungsdurchmesser δ der Pupille, der hier, nach **Prechtl**, zu 0,26 cm angenommen werden kann. Man hat demnach aus dem Dreieck $C_1 C_2 m \dots \, tg\ \varphi$

$$= \frac{C_2 m}{C_2 C_1} = \frac{0{,}5 . \delta}{p_1 - p_2} = \frac{0{,}5 . 0{,}26}{13 - 2{,}6} = 0{,}0125, \text{ also } \varphi = \text{ nahe } 43 \text{ Mi-}$$

nuten, folglich das ganze Gesichtsfeld bei unverrückter Lage des Auges $=$ nahe 86 Minuten.

Wenn, wie gewöhnlich, der Öffnungsdurchmesser des Okulars größer ist, als der der Pupille, so kann man durch Hin- und Herbewegen des Auges ein größeres Gesichtsfeld übersehen.

22. Durch ähnliche Erwägungen, wie bei voriger Aufgabe, findet sich:

1) Die Länge des Fernrohres $= p_1 + p_2 = 39 + 1{,}3 = 40{,}3$ cm.

2) Seine Vergrößerung $= \dfrac{p_1}{p_2} = \dfrac{39}{1{,}3} = 30.$

3) Bezeichnet φ den halben Sehwinkel und d den Öffnungsdurchmesser des Okulars, so ist $tg\ \varphi = \dfrac{0{,}5 \cdot d}{p_1 + p_2}$, oder, da der Öffnungsdurchmesser d des Okulars gleich der Hälfte seiner Brennweite genommen werden kann,

$$tg\ \varphi = \frac{0{,}5 \cdot 0{,}5\, p_3}{p_1 + p_2} = 0{,}00806,$$ also der halbe Sehwinkel $\varphi = 27{,}7$ Minuten und der ganze Sehwinkel $2\,\varphi = 54{,}4$ Minuten.

23. Weil bei starker Vergrößerung sein Gesichtsfeld ein sehr kleines und bei gleicher Vergrößerung ein viel kleineres ist, als bei einem Fernrohr mit konvexem Okular. So würde man z. B., wenn man im Fernrohr der vorigen Aufgabe statt des konvexen Okulars ein konkaves von derselben Brennweite nehmen (natürlich aber an die gehörige Stelle innerhalb der Brennweite des Objektives setzen) wollte, ein Fernrohr erhalten, dessen Vergrößerung zwar dieselbe wie in voriger Aufgabe, nämlich $\dfrac{p_1}{p_2} = 30$, dessen Gesichtsfeld aber nur 23,9 Minuten betrüge, wie sich aus $tg\ \varphi = \dfrac{0{,}5 \cdot 0{,}26}{39 - 1{,}3} = 11{,}95$ Minuten ergiebt.

24. Die Vergrößerung ist (Fig. 115 a. f. S.) nahe $= \dfrac{\measuredangle\ A_3\, C_4\, B_3}{\measuredangle\ A_1\, C_1 . B_1} = \dfrac{\psi}{\varphi}$ (siehe Aufgabe 21).

Nun ist $\qquad tg\ \psi = \dfrac{A_3\, B_3}{B_3\, C_4}$ . . . . (I)

Aus den ähnlichen Dreiecken $A_3\, B_3\, C_3$ und $A_2\, B_2\, C_3$ folgt aber

$$A_3\, B_3 = \frac{A_2\, B_2}{B_2\, C_3} \cdot B_3\, C_3,$$

worin wegen der Ähnlichkeit der Dreiecke $A_2\, B_2\, C_2$ und $A_1\, B_1\, C_2$

$$A_2\, B_2 = \frac{A_1\, B_1}{B_1\, C_2} \cdot B_2\, C_2 \text{ ist.}$$

Durch Substitution dieser Ausdrücke in die Gleichung (I) ergiebt sich

$$tg\ \psi = \frac{A_1\, B_1 . B_2\, C_2 . B_3\, C_3}{B_1\, C_2 . B_2\, C_3 . B_3\, C_4}.$$

Ferner ist $\qquad tg\ \varphi = \dfrac{A_1\, B_1}{B_1\, C_1},$

folglich $\dfrac{tg\ \psi}{tg\ \varphi}$, oder wegen der Kleinheit der Winkel

$$\frac{\psi}{\varphi} = \frac{B_1\, C_1 . B_2\, C_2 . B_3\, C_3}{C_1\, C_2 . B_2\, C_3 . B_3\, C_4}.$$

Nun ist $B_1\, C_1 = p_1 = 52$; also $B_1\, C_2 = d_1 - B_1\, C_1 = 58 - 52 = 6,$

Fig. 115.

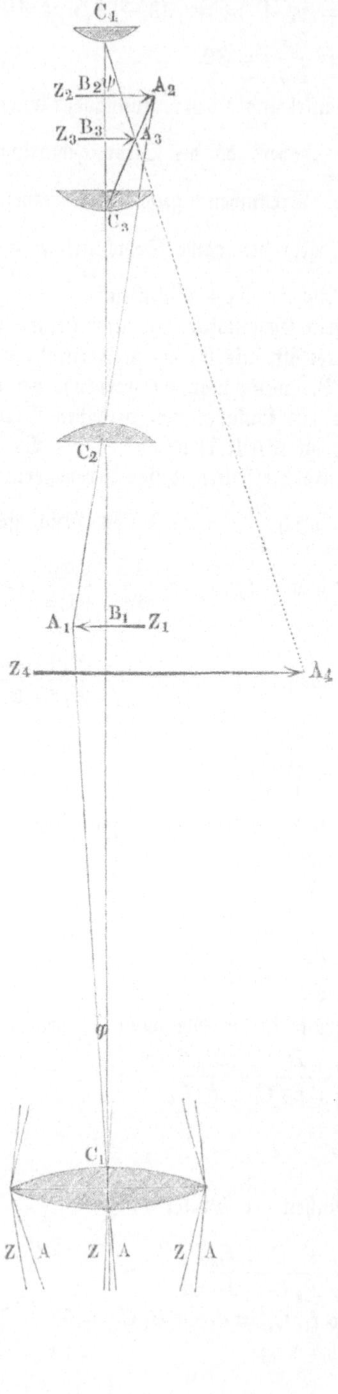

$$B_2 C_2 = \frac{B_1 C_2 \cdot p_2}{B_1 C_2 - p_2} = \frac{6 \cdot 4}{6 - 4} = 12,$$

also $B_2 C_3 = B_2 C_2 - d_2 = 12 - 9 = 3,$

$$B_3 C_3 = \frac{B_2 C_3 \cdot p_3}{B_2 C_3 + p_3} = \frac{3 \cdot 4}{3 + 4} = 1,71.$$

Der Aufgabe gemäß ist $B_3 C_4 = p_4 = 2,7$. Folglich ist die Vergröße=rung des Fernrohrs

$$\frac{\psi}{\varphi} = \frac{52 \cdot 12 \cdot 1,71}{6 \cdot 3 \cdot 2} = \text{nahe } 22$$

und die Distanz der beiden Linsen des Okulars, nämlich $C_3 C_4 = d_3 = B_3 C_3 - p_4 = 4,41$ cm.

Richtet man das Fernrohr nach einem in gleiche Teile geteilten Maß=stabe (oder einem andern gleich geteil=ten Gegenstande, z. B. einem Ziegel=dache), sieht dann mit dem einen Auge durch das Fernrohr, mit dem andern Auge neben dem Fernrohr vorbei, und beobachtet, daß n mit dem freien Auge gesehene Maßstabteile dieselbe Größe haben wie m Maßstabteile des im Fernrohr gesehenen Bildes, so ist die

Vergrößerung $= \dfrac{n}{m}$. (Das Verfahren

setzt indessen gleiche Sehweite der bei=den Augen voraus.)

Die Entfernung des Bildes von der Lupe, welches durch den zweiten Hohlspiegel erzeugt wird, findet sich aus der Gleichung:

$$\frac{1}{x} - \frac{1}{25} = \frac{1}{10}, \text{ also } x = 7,14.$$

Dieses Bild ist von dem Brennpunkte des großen Spiegels um $60 - 2,14 = 57,86$ cm entfernt. Das von dem ersten Spiegel erzeugte und in dessen Brennpunkte erscheinende Bild hat eine Entfernung y von dem zweiten Spiegel, welche aus der Gleichung

$$\frac{1}{y} + \frac{1}{57,86 + y} = \frac{1}{3}$$

gefunden wird: $y = 3,15$ cm.

Die Brennpunkte der zwei Spiegel sind um 0,15 cm voneinander entfernt und die Mitten der zwei Spiegel selbst um 63,15 cm.

27. Da die auf den Hohlspiegel fallenden Strahlen, wenn der Planspiegel nicht vorhanden wäre, in der Brennweite, also in einer Entfernung von 90 cm sich vereinigen würden, durch den Planspiegel aber die Richtung der Strahlen nur so verändert wird, daß die Strahlenachse senkrecht auf die Achse des Hohlspiegels zu stehen kommt, so muß der Planspiegel 90 — 15 = 75 cm vom Hohlspiegel entfernt sein.

Auflösungen zu XXXI.

---

1. Ist $N\,S$ (Fig. 116) die Richtung des magnetischen Meridians, $n\,s$ die Magnetnadel, und stellt $s\,a$ die Kraft f dar, so giebt die auf die Nadel rechtwinkelige Komponente $s\,b$ die gesuchte Kraft, und diese ist

Fig. 116.

also $= f\,sin\,\alpha = f\,sin\,30^0 = \frac{1}{2}f$.

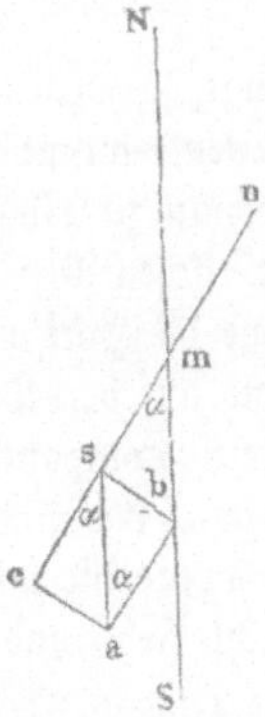

2. Den Pendelgesetzen gemäß hat man

$$f_1 : f_2 = 80^2 : 90^2 = 64 : 81.$$

3. $\left(\frac{110}{5}\right)^2 : \left(\frac{112}{4}\right)^2 = 484 : 784.$

4. $\dfrac{484}{cos\,70} : \dfrac{784}{cos\,30} = 0,48 : x$, woraus $x = 0,307$.

(Das gleichförmige magnetische Feld des Erdmagnetismus auf St. Helena wirkt auf einen Pol von der Magnetismusmenge 1, wie ein Magnetpol mit der Magnetismusmenge 0,307 in der Entfernung von 1 cm.)

5. $f : \varphi = 500^2 : 450^2 = 2500 : 2025.$

6. Aus $f : (\varphi + f) = 40^2 : 50^2$ folgt $\dfrac{\varphi}{f} = \,^9/_{16} = 0,56.$

7.   Bezeichnet f die Intensität der magnetischen Einwirkung der Erde auf die Nadel, f_1 die des Poles des Magnetstabes in der Entfernung von 7 cm und f_2 diejenige in der Entfernung von 14 cm, so hat man:

$$1)\ f : (f + f_1) = 20^2 : 55^2,\ \text{also}\ f_1 = 6{,}56\, f.$$

$$2)\ f : (f + f_2) = 20^2 : 32{,}5^2,\ \text{also}\ f_2 = 1{,}64\, f,$$

woraus folgt:

$$f_1 : f_2 = 6{,}56 : 1{,}64 = 4 : 1.$$

Während also die Entfernung des Poles wächst, nimmt die Kraft, mit welcher er auf die Magnetnadel wirkt, mit dem Quadrat der Entfernung ab.

8.   Die Torsion des Fadens beträgt im ersten Falle der Aufgabe 150^0 — 15^0, im zweiten 336^0 — 12^0; die Torsion, durch welche der Magnet um 1^0 aus dem magnetischen Meridian abgelenkt wurde, ist also im ersten Falle $= \dfrac{150^0 - 15^0}{15} = 9^0$, im zweiten Falle $= \dfrac{330^0 - 12^0}{12} = 27^0$, der Magnet ist also dreimal so stark geworden.

(Es ist hierbei vorausgesetzt: 1. daß sich die Torsionskräfte verhalten wie die Torsionswinkel, was den desfalls angestellten Versuchen entspricht, sowie 2. daß die Kraft, welche eine abgelenkte Magnetnadel in den magnetischen Meridian zurückzuführen strebt, dem Ablenkungswinkel proportional ist, was nur für kleine Winkel, bei denen die Sinus mit den Bogen vertauscht werden können, genau ist.)

9.   I. Die Ebene der Fig. 117 sei die Ebene des magnetischen Meridians, SN ihr Durchschnitt mit dem Horizont, sn eine in ihr liegende Inklinationsnadel, VV eine Vertikale durch deren Mitte. Stellt na die Richtung und relative Größe der totalen magnetischen Erdkraft J dar, welche auf den Pol n wirkt, so ist $nb = J\cos i$ die horizontale, $nc = J\sin i$ die vertikale Komponente derselben*).

II. Wird dieselbe Nadel als Deklinationsnadel aufgehängt, so wird durch die Art der Aufhängung die Wirkung der vertikalen Komponente aufgehoben, und die horizontale sucht die Nadel im magnetischen Meridian zu erhalten. Bei einer Ablenkung der Deklinationsnadel ns aus dem magnetischen Meridian um den horizontalen Winkel α, wie in Fig. 118, deren Ebene die Horizontalebene darstellt, in welcher die Nadel liegt, kann man sich die auf den Pol n wirkende magnetische Horizontalkraft $nb = J\cos i$ aus zwei Komponenten zusammengesetzt denken, wovon die eine $nd = nb\cos\alpha = J\cos i\cos\alpha$ mit der Richtung der Kraft nb den Winkel α einschließt, während die andere $ne = nb\sin\alpha = J\cos i\sin a$ auf der ersten senkrecht steht und die Nadel in den magnetischen Meridian zurückzudrehen strebt.

---

*) Für die Bestimmung der Richtung der Nadel genügt es, bloß die Einwirkung der magnetischen Erdkraft auf einen Pol ins Auge zu fassen, da die Einwirkung auf die übrigen Punkte der Nadel eine Drehung in demselben Sinne zur Folge hat.

III. Hängt man endlich die Magnetnadel *sn* wieder als Inklinationsnadel auf und dreht ihre (vertikale) Schwingungsebene um den Winkel α aus dem magnetischen Meridian, so ist (Fig. 119) die Richtung der Nadel gegen den Durchschnitt HH ihrer vertikalen Schwingungsebene mit der Horizontalebene um einen Winkel x geneigt, der sich auf folgende Weise bestimmt: Die totale magnetische Kraft J, welche auf den Pol n wirkt, läßt sich dem vorhergehenden gemäß aus drei Komponenten zusammengesetzt denken, wovon die erste $nc = J \sin i$ (siehe I.) in vertikaler, die zweite $nd = J \cos i \cos \alpha$ (siehe II.) in horizontaler Richtung wirkt, die dritte $ne = J \cos i \cos \alpha$ (siehe II.) aber auf den beiden ersten senkrecht steht (und daher in Fig. 119 nicht darstellbar ist). Die letzte dieser drei Komponenten wird durch die Art der Aufhängung der Inklinationsnadel aufgehoben, die beiden ersten aber setzen

Fig. 117   Fig. 118.   Fig. 119.

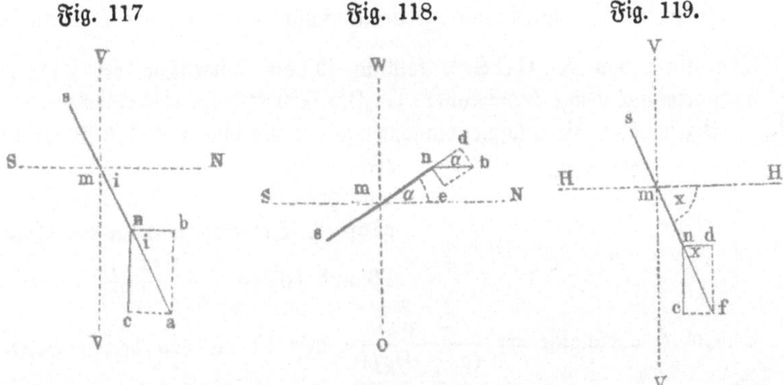

sich zu einer Resultierenden nf zusammen, deren Neigung x gegen die Horizontalebene sich ergiebt aus $tg\ x = \dfrac{nc}{nd} = \dfrac{J \sin i}{J \cos i \cos \alpha}$ oder $cotg\ x = cotg\ i \cos \alpha$.

10. Aus der in voriger Aufgabe gefundenen Gleichung $cotg\ x = cotg\ i \cos \alpha$ folgt, da im vorliegenden Falle $\alpha = 90^0$ ist, $cotg\ x = 0$, also $x = 90^0$, d. h. die Inklinationsnadel steht vertikal.

11. Man giebt der Schwingungsebene der Inklinationsnadel eine solche Lage, daß die Nadel vertikal steht, alsdann steht der magnetische Meridian auf ihrer Schwingungsebene senkrecht.

12. Befindet sich die Inklinationsnadel im magnetischen Meridian, so wirkt auf sie die ganze magnetische Erdkraft; steht dagegen ihre Schwingungsebene senkrecht auf dem magnetischen Meridian, so ist nur die vertikale Komponente jener Kraft auf die Richtung der Nadel von Einfluß (Aufgabe 10). Diese vertikale Komponente ist aber $= nc$ (Fig. 117), wenn na die ganze magnetische Erdkraft darstellt. Da sich nun die auf eine Magnetnadel wirkenden Kräfte wie die Quadrate der Schwingungen verhalten, welche die Nadel in gleicher Zeit macht, so hat man $\dfrac{nc}{na} = \dfrac{30^2}{32^2}$, oder, da $\dfrac{nc}{na} = \sin i$ ist, $\sin i = 0{,}879$, woraus $i = 16\frac{1}{2}^0$ folgt.

13. $\dfrac{3 \cdot 4}{5^2} = 0{,}48$ Dyn.

14. $\dfrac{9 \cdot 16}{36} = 4$ Dyn.

15. $\dfrac{40 \cdot x}{25} = 32$; woraus $x = 20$ Einheiten.

16.   Das magnetische Moment der einen Hälfte des Stabes ist $= \mu\lambda$, das der andern Hälfte $= (-\mu)(-\lambda) = \mu\lambda$, also $M = 2\mu\lambda = \mu l$, wenn l die ganze Länge des Stabes. Die Diemension des magnetischen Momentes ist also: $C^{3/2} G^{1/2} S^{-1} \cdot C = C^{5/2} G^{1/2} S^{-1}$.

     Zwei gleiche Magnetismusmengen m wirken in der Entfernung r mit der Kraft $K = \dfrac{m^2}{r^2}$ aufeinander; daraus folgt $m = r \cdot \sqrt{K}$. Nun ist die Dimension von $K : C\,G\,S^{-2}$, folglich ist die Dimension der Einheit der Magnetismusmenge $(r = \text{cm}) : C \cdot C^{1/2} G^{1/2} S^{-1} = C^{3/2} G^{1/2} S^{-1}$.

17.   Bezeichnet v die Magnetismusmenge des Nordpoles N des Magnetstabes (Fig. 120), so ist die davon abhängige, am Hebelarm $= 1$ der Nadel ns angreifende Drehkraft (zufolge der Aufgaben 13 und 16) $= \dfrac{vm}{(e - {}^1/_2\, l^2)}$ und die vom

Fig. 120.

Südpol S abhängige $= \dfrac{-vm}{(e + {}^1/_2\, l)^2}$, also ist die von beiden Polen abhängige, am Hebel $= 1$ der Nadel angreifende Drehkraft $F = \dfrac{vm}{(e - {}^1/_2\, l)^2} + \dfrac{-vm}{(e - {}^1/_2\, l)^2} = \dfrac{vm\,[(e + {}^1/_2\, l)^2 - (e + {}^1/_2\, l)^2]}{(e - {}^1/_2\, l)^2\,(e + {}^1/_2\, l)^2} = \dfrac{2\,vmel}{(e^2 - {}^1/_4\, l^2)^2}$, mithin, wenn e so groß ist, daß man im Nenner ${}^1/_4\, l^2$ gegen e^2 vernachlässigen darf, $F = \dfrac{2\,vml}{e^3}$, oder, wenn man der vorigen Aufgabe gemäß $2\,vl = M$, d. h. dem magnetischen Moment des Stabes gleich setzt, $F = \dfrac{Mm}{e^3}$, d. h. die Kraft, welche, am Hebelarm 1 der Nadel angreifend, denselben Einfluß auf ihre Drehung ausübt, wie die in den verschiedenen Punkten der Nadel angreifenden Kräfte, ist $F = \dfrac{Mm}{e^3}$ mal so groß wie die Einheit der magnetischen Kraft, die in Aufgabe 13 angenommen wurde.

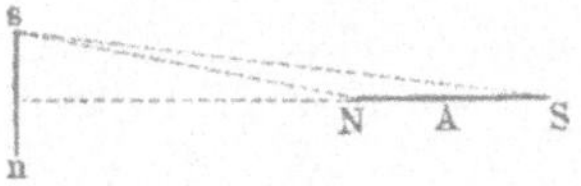

18.   Ist m das magnetische Moment der Nadel ns (Fig. 121 a), so ist die Drehkraft, welche der Magnetstab NS vermöge seines magnetischen Moments M in der Entfernung e darauf äußert, bei senkrechter Richtung der Nadel auf der des Stabes (nach voriger Aufgabe) $= \dfrac{Mm}{e^3}$, also, wenn die Nadel um den Winkel α von der vorigen Lage abgelenkt und in die

Lage $n_1 s_1$ gelangt ist, $= \dfrac{Mm}{e^3} \cos \alpha$. (Denn ist $s_1 a$ die ganze Drehkraft,

so ist, wenn die Nadel die Lage $n_1 s_1$ hat, nur die auf der Richtung der

Fig. 121 a.

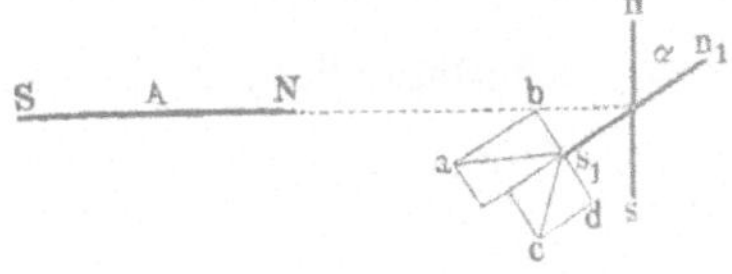

Nadel senkrechte Komponente $s_1 b =$ $s_1 a \cos \alpha$ wirksam, die andere Komponente in der Richtung der Nadel aber ohne Einfluß auf die Drehung.)

Bezeichnet nun T eine Kraft, welche am Hebelarm $= 1$ einer Nadel vom magnetischen Moment $= 1$

gerade so auf die Nadel wirkt, wie die horizontale Komponente des Erdmagnetismus, so ist die Kraft, mittels welcher eine auf der Richtung des magnetischen Meridians senkrecht stehende Deklinationsnadel vom magnetischen Moment m durch den Erdmagnetismus gedreht wird, $= T m$, also, wenn eine solche Nadel, wie in vorliegender Aufgabe, mit dem magnetischen Meridian den Winkel α bildet, $= T m \sin \alpha$. (Denn ist $s_1 c = T m$ die Kraft, mit welcher die auf dem magnetischen Meridian senkrecht stehende Nadel durch den Erdmagnetismus gedreht wird, so ist $s_1 d = s_1 c \sin \alpha$ die für die Drehung allein wirksame Komponente derselben, wenn die Nadel die Lage $n_1 s_1$ hat.)

Damit die Nadel bei gleichzeitiger Einwirkung des Magnetstabes und des Erdmagnetismus ihre Lage $n_1 s_1$ beibehalte, muß $s_1 b = s_1 d$, d. h. $\dfrac{Mm}{e^3} \cos \alpha$

$= T m \sin \alpha$ sein, woraus $\dfrac{M}{T} = e^3 \, tg \, \alpha$, also im vorliegenden Falle

$\dfrac{M}{T} = 530^3 \, tg \, 11^0 \, 20' = 8\,593\,220$ folgt, d. h. die vom Magnetstabe

ausgeübte Drehkraft ist $8\,593\,220$ mal so groß, wie die von der horizontalen Komponente des Erdmagnetismus bewirkte.

19. Die Intensität H eines magnetischen Feldes an einer bestimmten Stelle wird durch die Kraft gemessen, welche es daselbst auf einen Magnetpol von der Stärke 1 ausübt. Sei f die Kraft, mit welcher das Feld an der betreffenden Stelle auf einen Magnetpol von der Stärke m wirkt, so ist:

Fig. 121.

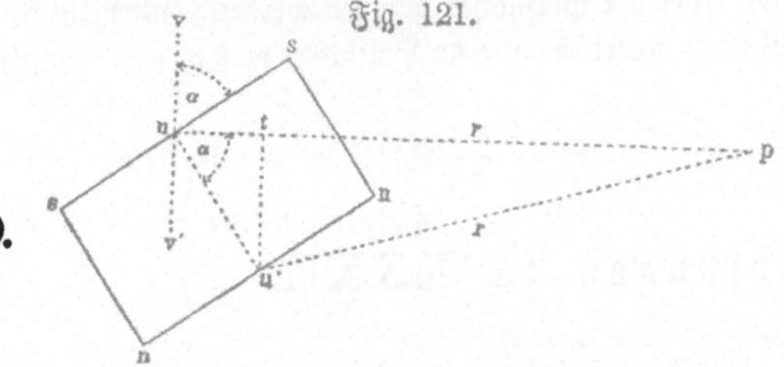

$f = m \cdot H$, oder $C\,G$ $S^{-2} = C^{3/2}\,G^{1/2}\,S^{-1}$ $\cdot H$, woraus $H = C^{-1/2}$ $G^{1/2}\,S^{-1}$.

20. Es sei $s n$ (Fig. 121) ein sehr kurzer, aber breiter Magnetstab, dessen magnetische Massen $(+ m)$ und $(- m)$ auf

den Polflächen $n n$ und $s s$ verbreitet gedacht werden; der Durchmesser der Polflächen sei erheblich größer als die Länge L. Die magnetische Scheibe kann aus lauter nebeneinander liegenden, auf den Polflächen senkrecht stehenden Magnetstäbchen (Elementarmagneten) zusammengesetzt angesehen werden.

Ist m die magnetische Masse auf einer Polfläche, so ist die auf der Flächeneinheit befindliche $\frac{m}{s}$, wo s die Größe der Polfläche in qcm bedeutet.

Die auf einem kleinen Flächenstückchen df befindliche Magnetismusmenge ist alsdann:

$$\frac{m}{s}\,df.$$

Das Potential dU des Elementarmagnetes uu' (mit den Endflächen df) in Bezug auf p ist:

$$dU = \frac{m}{s}\,df\left(\frac{1}{r} - \frac{1}{r_1}\right) = \frac{m}{s}\,df\,\frac{r - r_1}{r\,r_1}.$$

Nun läßt sich (wegen der Kleinheit von L) $r\,r_1$ durch r^2 und $r - r_1$ durch die Projektion L auf $p\,u$ ersetzen. Man erhält alsdann:

$$dU = \frac{m}{s}\,df\,\frac{L\cos\alpha}{r^2}.$$

Es ist aber auch $df . \cos\alpha$ die Projektion des kleinen Flächenstückchens df bei u auf die Linie $v\,v_1$, die auf $p\,u$ senkrecht steht.

Zieht man um p als Mittelpunkt eine Kugelfläche mit dem Radius 1, so schneiden die von p nach dem (kreisförmigen) Umfange von df gehenden Linien eine Kugelkappe $d\Omega$ aus dieser Kugelfläche aus, welche gleich

$$\frac{df . \cos\alpha}{r^2}\ \text{ist.}$$

Daraus folgt:

$$dU = \frac{m}{s}\,L \cdot d\Omega$$

und

$$U = \frac{m\,L}{s} \cdot \Omega,$$

wo Ω die Kugelkappe bedeutet, welche aus der um p mit dem Radius 1 beschriebenen Kugelfläche von den Linien ausgeschnitten wird, welche von p nach den Umfangspunkten einer der Polflächen gezogen werden können, d. h. es ist Ω der körperliche Winkel, unter dem eine Polfläche von p aus erscheint.

Auflösungen zu XXXII.

1. Da die Kräfte, welche den Faden zu drehen streben, den Windungen desselben proportional sind, so verhalten sich die Abstoßungskräfte wie $25 : (146 + 10)$, d. h. nahezu wie $5^2 : 12{,}5^2$, während sich die Entfernungen nahezu wie $25 : 10$,

d. h. wie 12,5 : 5 verhalten, also die Abstoßungskräfte umgekehrt, wie die Quadrate der Entfernungen.

2.   a) Aus $\dfrac{6 \cdot x}{2^2} = 12$ folgt $x = 8$.   b) $y = \dfrac{9 \cdot 4}{3^2} = 4$ Dyn.

c) $C^{3/2} G^{1/2} S^{-1}$ (siehe XXXI, 16).

3.   Da die Schlagweite einer Batterie der Dichtigkeit der angehäuften Elektrizität proportional ist, so hat man $\dfrac{100}{4} : \dfrac{160}{8} = 1 : x$, also $x = 0,8$ cm.

4.   Bezeichnet y die gesuchte, gebundene Elektrizitätsmenge auf der ersten Belegung, so muß $y = m\,e$ sein, und wenn man für e seinen Wert $m\,E$ setzt, $y = m^2 E = 0,99^2 E = 0,9801 E$, d. h. nahe $^{49}/_{50}\, E$ ist gebunden und $^1/_{50}\, E$ ist frei.

Aus $E - \varepsilon = m^2 E$ folgt die Kondensationskraft $\dfrac{E}{\varepsilon} = \dfrac{1}{1 - m^2}$ und im vorliegenden Falle $= 50$, d. h. die Menge der gesamten Elektrizität ist 50 mal so groß wie die der freien.

5.   Bezeichnet man die Gesamtladung der oberen Belegung im Anfange des Versuches mit E, und die auf der unteren Belegung gebundene Menge der entgegengesetzten Elektrizität mit e, so ist die auf der oberen Platte im Anfange des Versuches gebundene Menge $= E - \varepsilon_1$, dagegen die auf der unteren Platte gebundene Menge, nach Ableitung der Elektrizität der oberen Platte, $= e - \varepsilon_2$, und man hat dann nach voriger Auflösung die drei Gleichungen:

$$e = m E; \quad m - \varepsilon_1 = m^2 E; \quad e - \varepsilon_2 = m^2 e,$$

woraus nach Elimination von E und e folgt: $m = \dfrac{\varepsilon_2}{\varepsilon_1}$.

6.   Wäre die Spannung (abstoßende Kraft) an einer Stelle des Konduktors größer als an einer andern, so würden die Elektrizitätsteilchen sich an der ersten voneinander entfernen und nach der zweiten hindrängen, bis überall gleiche Spannung herrschte.

Die Spannung hängt nicht bloß von der Dichte der Elektrizität, sondern auch von der Gestalt der Oberfläche ab; ist diese an einer Stelle stärker gekrümmt, so bilden die Verbindungslinien der Elektrizitätsteilchen spitzere Winkel miteinander, die abstoßenden Kräfte werden also bei gleicher Entfernung andere Resultierenden haben, wie an Stellen flacher Krümmung. — Je größer das Potential an einer Stelle des Konduktors wäre, um so mehr Arbeit kostete es, eine elektrische Einheit aus dem Unendlichen bis an diese Stelle zu bringen; dies setzt aber eine größere abstoßende Kraft — Spannung — an dieser Stelle voraus, welche sich nicht bloß gegen eine außerhalb des Konduktors befindliche Elektrizitätsmenge richtet, sondern auch gegen die Elektrizitätsteilchen auf dem Konduktor selbst — die Elektrizität fließt von Orten höheren zu solchen niederen Potentials hin, bis überall gleiches Potential herrscht. — Die Spannung mißt man mittels eines Elektrometers; verbindet man dieses durch einen langen, dünnen Draht mit den verschiedenen Stellen eines geladenen Konduktors, so erhält man stets denselben Ausschlag.

7. Die Menge der auf einer Kugel befindlichen Elektrizität wirkt so, als ob sie im Mittelpunkte vereinigt wäre. Ist nun auf der Oberfläche einer Kugel von 1 cm Halbmesser die Einheit der Elektrizität verbreitet, so kann man diese in den Mittelpunkt verlegen, das Potential $m : r$ ist alsdann $1 : 1 = 1$.

8. Die Kapazitäten von Kugeln sind ihren Halbmessern proportional. Eine Kugel von 100 cm Radius braucht 100 Einheiten, um auf die Kapazität 1 zu kommen; denn das Potential ist $= m : r$; soll dies den Wert 1 haben, so muß $m = r$ sein. — Die Erde hat einen Halbmesser von 6,3 Millionen Meter oder von 630 Millionen Zentimeter, also ist ihre Kapazität 630 Millionen (in elektrostatischen Einheiten).

9. Die elektrische Dichte ist $\varrho = \dfrac{Q}{F}$, wo Q die Elektrizitätsmenge (in elektrostatischen Einheiten) und F die Größe der Oberfläche in Quadratzentimetern. — Für die elektrische Dichte auf einer Kugel vom Halbmesser 1 gilt, wenn die Zahl der elektrischen Einheiten Q ist, $\varrho = Q : 4 \pi r^2$. Eine Kugel vom Halbmesser 1 hat also die Dichte $Q : 4 \pi$.

10. Werden zwei Kugeln durch einen dünnen Draht miteinander verbunden, so verteilen sich die Ladungen so, daß gleiches Potential entsteht, d. h. sie verteilen sich im Verhältnis der Kapazitäten und daher im Verhältnis der Halbmesser. Ist der Halbmesser der einen Kugel zweimal so groß wie der der andern, so hat sie nach der Verbindung auf ihrer Oberfläche die doppelte Menge Elektrizität, wie die andere. Die Dichten dagegen verhalten sich umgekehrt wie die Radien, denn bei gleicher Dichte müßte die erste viermal soviel Elektrizität haben. Allgemein: Sind D_1 und D_2 die Dichten, R_1 und R_2 die Halbmesser, Q_1 und Q_2 die Elektrizitätsmengen, so gilt zunächst $D_1 : D_2$ $= \dfrac{Q_1}{4 \pi R_1^2} : \dfrac{Q_2}{4 \pi R_2^2}$. Da aber jedenfalls beide Kugeln auf gleiches Potential kommen, so muß auch $Q_1 : Q_2 = R_1 : R_2$; also $D_1 : D_2 = \dfrac{R_1}{4 \pi R_1^2} : \dfrac{R_2}{4 \pi R_2^2}$ oder $D_1 : D_2 = R_2 : R_1$.

11. Die elektrischen Dichten an den verschiedenen Stellen eines Konduktors verhalten sich umgekehrt, wie die zugehörigen Krümmungshalbmesser. Je stärker die Krümmung an einer Stelle, um so kleiner der Krümmungshalbmesser und um so größer die Dichte. — Eine Scheibe hat überall gleiche Dichte, weil überall der Krümmungshalbmesser derselbe ($= \infty$) ist. Die Dichten mißt man mittels eines Probescheibchens. Legt man dieses an eine Stelle des Konduktors, so bildet es hier die Oberfläche und nimmt alle hier befindliche Elektrizität auf. Wird das Probescheibchen nach der Reihe auf verschiedene Stellen eines geladenen Konduktors gelegt und jedesmal mit dem Elektrometer verbunden, so erhält man verschiedene Ausschläge.

12. Die Anziehung beträgt: $24 . 8 : 4^2 = 12$ Dyn.

13. Nach der Berührung sind noch 16 positive Elektrizitätseinheiten vorhanden; jede der zwei kleinen Kugeln (Punkte) nimmt 8 Einheiten an; also beträgt die Größe der Abstoßung $8 . 8 : 4^2 = 4$ Dyn.

14. $\dfrac{660}{4 \cdot \pi \cdot 6^2} = 1,46$ (ungefähr).

15. Es sei x die Dichte der auf der Kupferplatte zurückbleibenden freien negativen Elektrizität, so ist, die Oberfläche der Platte als Flächeneinheit angenommen, $d - x$ die von ihr abgegebene Menge. Damit nun die Spannungsdifferenz der beiden Metalle bestehen bleibe, muß die Zinkplatte dieselbe Menge negativer Elektrizität abgeben, also um ebensoviel an positiver zunehmen. Es wird also eine Menge $= 2(d - x)$ negative Elektrizität an den Leiter abgegeben, und diese verteilt sich auf der Oberfläche desselben; man hat daher $2(d - x) = nx$, folglich $x = \dfrac{2d}{n+2}$, sowie, wenn y die Dichte der freien positiven Elektrizität auf der Zinkplatte bezeichnet,

$$y = d + \left(d - \frac{2d}{n+2}\right) = \frac{2(n+1)d}{n+2}.$$ Für $n = \infty$ wird $x = 0$ und $y = 2d$. (Auf einer Scheibe ist die Dichte an allen Stellen annähernd dieselbe; Spannung und Dichte sind hier proportional!)

16. Die Dichtigkeit der Elektrizität auf der Kupfermasse mit x, die auf der Zinkmasse mit y bezeichnet, erhält man aus den Formeln der vorigen Aufgabe, da hier $d = 1$, $n = 2$ ist, $x = \frac{1}{2}$, $y = \frac{3}{2}$.

17. $x = \dfrac{1,06 \cdot 96}{1,6} = 63,6\,\text{m}$.   (Über Ohm vergl. Kr. S. 106.)

18. Da sich die Widerstände gerade wie die Längen und umgekehrt wie die Querschnitte verhalten, so gilt, wenn w_1 und w_2 die beiden Widerstände bedeuten:

$$w_1 : w_2 = \frac{x}{0,25^2 \cdot \pi} : \frac{40}{0,5^2\,\pi} = \frac{x}{0,25^2} : \frac{40}{0,5^2}.$$

Da die Widerstände gleich sein sollen, so ist:

$$x = \frac{40 \cdot 0,25^2}{0,5^2} = 10\,\text{m}.$$

19. $\dfrac{22,65 \cdot 18,12}{3,02} = 135,9\,\text{qm}$.

20. $\dfrac{13,6 \cdot 6}{63,6 \cdot \frac{1}{4}\,\pi\,(2,5)^2} = 2,6\,\text{Ohm}$.

Der spezifische Leitungswiderstand des Eisens in bezug auf Kupfer ist $96 : 16 = 6$.

21. $\dfrac{12 \cdot 12,8 + 18 \cdot 6}{63,6 \cdot 2,5} = 1,65\,\text{Ohm}$ (der Leitungswiderstand des Neusilbers in bezug auf Kupfer ist $96 : 7,5 = 12,8$).

22. Sind w_1 und w_2 die Widerstände zweier Drähte, so sind ihre Leitungsfähigkeiten $\dfrac{1}{w_1}$ und $\dfrac{1}{w_2}$; ihre Gesamtleitungsfähigkeit, wenn sie parallel geschaltet werden, ist also $\dfrac{1}{w_1} + \dfrac{1}{w_2}$ und ihr Gesamtwiderstand

$$\frac{1}{\dfrac{1}{w_1} + \dfrac{1}{w_2}} = \frac{w_1 \cdot w_2}{w_1 + w_2}.$$

Drei parallel geschaltete Drähte haben den Gesamtwiderstand

$$\frac{w_1 \cdot w_2 \cdot w_3}{w_1 w_2 + w_1 w_3 + w_2 w_3}.$$

23. $\dfrac{1{,}42 \cdot 2{,}37}{1{,}42 + 2{,}37} = 0{,}89$ Ohm.

24. Da die Gesamtbewickelung des Ringes in zwei Hälften zerfällt, welche parallel geschaltet sind, so ist der Widerstand der Ringbewickelung $\frac{1}{4}$ Ohm, denn die Länge ist halb so groß, wie die der ganzen Drahtlänge und die Dicke doppelt so groß, wie die des Drahtes (wegen der Parallelschaltung).

25. Der Widerstand des ersten Drahtes beträgt:

$$\frac{2{,}5}{63{,}6 \cdot 1{,}5} = 0{,}026 \text{ Ohm}$$

und der des zweiten:

$$\frac{1{,}5}{63{,}6 \cdot 1{,}8} = 0{,}013 \quad \text{„}$$

Der Gesamtwiderstand ist $\dfrac{0{,}026 \cdot 0{,}013}{0{,}026 + 0{,}013} = 0{,}0087$ Ohm.

Die Stromstärke im ersten Zweige ist:

$$\frac{1 \cdot 0{,}013}{0{,}039} = 0{,}333 \ldots \text{ Ampère}$$

und im zweiten:

$$\frac{1 \cdot 0{,}026}{0{,}039} = 0{,}666 \ldots \quad \text{„}$$

26. Der Widerstand des ersten Drahtes ist:

$$\frac{15}{63{,}6 \cdot \frac{1}{4}\pi\,(2{,}5)^2} = 0{,}048 \text{ Ohm;}$$

der des zweiten:

$$\frac{12 \cdot 6}{63{,}6 \cdot \frac{1}{4}\pi \cdot 2^2} = 0{,}361 \quad \text{„}$$

und der des dritten:

$$\frac{9 \cdot 12{,}8}{63{,}6 \cdot \frac{1}{4}\pi \cdot (1{,}6)^2} = 0{,}900 \quad \text{„}$$

Der Gesamtwiderstand bei Hintereinanderschaltung ist also $= 1{,}309$ Ohm. Die Länge eines Neusilberdrahtes von $1{,}75$ mm Dicke, welcher $1{,}309$ Ohm Widerstand besitzt, ist also

$$= \frac{1{,}309 \cdot \frac{1}{4}\pi\,(1{,}75)^2 \cdot 63{,}6}{12{,}8} = 15{,}63 \text{ m.}$$

27. Der Strom, welcher durch den ersten Zweig fließt, hat

$$\frac{4 \cdot 0{,}9}{1{,}309} = 2{,}750 \text{ Ampère};$$

derjenige, welcher durch den zweiten fließt, hat

$$\frac{4 \cdot 0{,}361}{1{,}309} = 1{,}103 \text{ Ampère}$$

und derjenige, welcher durch den dritten Zweig fließt, hat

$$\frac{4 \cdot 0{,}048}{1{,}309} = 0{,}147 \text{ Ampère}.$$

Der Gesamtwiderstand ist:

$$\frac{0{,}048 \cdot 0{,}361 \cdot 0{,}900}{0{,}048 \cdot 0{,}361 + 0{,}048 \cdot 0{,}9 + 0{,}361 \cdot 0{,}9} = 0{,}04 \text{ Ohm}.$$

28. Der Widerstand des eingeschalteten Drahtes beträgt

$$\frac{225}{63{,}6 \cdot 0{,}75} = 4{,}72 \text{ Ohm}.$$

Der Strom hat ursprünglich $\dfrac{3}{1{,}5} = 2$ Ampère, und nach Einschaltung des

Drahtes $\dfrac{3}{1{,}5 + 4{,}72} = 0{,}48$ Ampère.

29. Der Widerstand im ganzen Kreise beträgt ursprünglich $\dfrac{4}{7} = 0{,}571$ Ohm;

der Widerstand des Kupferdrahtes allein ist $\dfrac{16}{63{,}6 \cdot 1{,}25} = 0{,}201$ Ohm.

Der Widerstand des Neusilberdrahtes beträgt $\dfrac{12 \cdot 12{,}8}{63{,}6 \cdot 3{,}5} = 0{,}690$ Ohm.

Der Gesamtwiderstand des Kupfer- und Neusilberdrahtes beträgt

$$\frac{0{,}201 \cdot 0{,}690}{0{,}201 + 0{,}690} = 0{,}156 \text{ Ohm}.$$

Der Widerstand im ursprünglichen Stromkreise, abzüglich desjenigen des Kupferdrahtes, ist $0{,}571 - 0{,}201 = 0{,}370$ Ohm und mit Zufügung des Gesamtwiderstandes von Kupfer- und Neusilberdraht $0{,}370 + 0{,}156$

$= 0{,}526$ Ohm. Also beträgt die Stromstärke $\dfrac{4}{0{,}526} = 7{,}605$ Ampère.

Der Strom ist gewachsen um $0{,}605$ Ampère.

Der im Kupferdraht laufende Zweigstrom hat

$$\frac{7{,}605 \cdot 0{,}690}{0{,}201 + 0{,}690} = 5{,}889 \text{ Ampère}$$

und der im Neusilberdraht laufende

$$\frac{7{,}605 \cdot 0{,}201}{0{,}891} = 1{,}716 \qquad \text{„}$$

30. $\dfrac{20}{0,39} = 51$ bis 52 Glühlampen.

31. $\dfrac{20}{1,12} = 17$ bis 18 Glühlampen.

32. $\dfrac{1000}{50} = 20$ Bogenlampen.

33.   a) $\dfrac{7420}{10 \cdot 2^2\, \pi} = 59,1$ S.-E.

(Der Widerstand des Quecksilbers ist $16 : 1,6 = 10$ mal so groß wie der des Eisens.)

   b) $\dfrac{7420 \cdot 6}{4} = 11\,130$ J.-E.

34. Ist l die Länge des Drahtes in Metern und d seine Dicke in Milli-metern, so hat man die beiden Gleichungen

$$\frac{l}{60 \cdot {}^1/_4\, \pi\, d^2} = 100 \quad\text{und}\quad \frac{1}{4}\left(\frac{d}{10}\right)^2 \cdot \pi\, 100\, l \cdot 8,8 = 1000;\ \text{woraus}$$

$$l = 825,7\,\text{m} \quad\text{und}\quad d = 0,1753\,\text{mm}.$$

35. $8 : 6 = 1,6 : x$; woraus $x = 1,2$ Volt.

36. $\dfrac{352}{10} = 35,2$ Ohm.

37.   a) Das Kohlenlicht braucht $10 \cdot 120 = 1200$ Volt-Ampère, oder $1200 : 736 = 1,63$ Pferdekräfte.   b) $\dfrac{100}{82} \cdot 1,63 = 2$ (ungefähr).

38. Es sei bei einer bestimmten Kombination der gegebenen Elemente die elektromotorische Kraft der Kette $= E$, der Widerstand in der Kette W und in der Leitung ebenfalls W. Dann ist $J = \dfrac{E}{W + W} = \dfrac{E}{2\,W}$. Macht man die Kette n mal so kurz, d. h. schaltet man je n Elemente parallel, so wird der Widerstand n^2 mal so klein, denn die Länge der Flüssigkeit in der Kette wird n mal so klein und ihr Querschnitt n mal so groß, also ist jetzt

$$E_1 = \frac{E : n}{\dfrac{W}{n^2} + W} = \frac{E}{\left(n + \dfrac{1}{n}\right)W}. \quad \text{Nun wird aber eine Summe, wie}$$

$\left(n + \dfrac{1}{n}\right)$ ein Minimum, wenn das Produkt der Posten $n \cdot \dfrac{1}{n}$ eine kon-stante Zahl (hier 1) ergiebt. (Kr. Gr. S. 373 und Leitf. S. 321.) Der Nutzeffekt beträgt 50 Proz., denn nur die eine Hälfte des Stromes geht durch die Leitung, die andere aber durch die Kette.

39. Die elektromotorische Kraft ist 4 mal, der innere Widerstand $4 : 6 = {}^2/_3$ mal so groß, wie der eines einzelnen Elementes.

40. Der innere Widerstand wird dem äußeren gleich, wenn je 12 Elemente hintereinander und diese zwei Batterieen parallel geschaltet werden, denn es ist alsdann der innere Widerstand $\dfrac{2 \cdot 12}{2} = 12$ Ohm.

41.

$$\frac{12 \cdot 1,2}{12 \cdot 2 + 12} = \frac{14,4}{36} = 0,4 \text{ Ampère.}$$

$$\frac{6 \cdot 1,2}{6 \cdot 2 : 2 + 12} = \frac{7,2}{16} = 0,4 \quad \text{„}$$

$$\frac{4 \cdot 1,2}{4 \cdot 2 : 3 + 12} = \frac{4,8}{14,67} = 0,33 \quad \text{„} \quad \text{(ungefähr).}$$

$$\frac{3 \cdot 1,2}{3 \cdot 2 : 4 + 12} = \frac{3,6}{13,5} = 0,27 \quad \text{„} \quad \text{„}$$

$$\frac{2 \cdot 1,2}{2 \cdot 2 : 6 + 12} = \frac{2,4}{12,67} = 0,19 \quad \text{„} \quad \text{„}$$

$$\frac{1,2}{2 : 12 + 12} = \frac{1,2}{12,167} = 0,09 \quad \text{„} \quad \text{„}$$

Beträgt also der äußere Widerstand 12 Ohm, so thut man am besten, die 12 Elemente entweder hintereinander, oder je sechs hintereinander und die beiden Gruppen parallel zu schalten. Es ist hier nicht zu erreichen, daß der innere Widerstand gleich dem äußeren wird.

42.   Der Widerstand des Eisendrahtes beträgt

$$\frac{12 \cdot 6}{63,6 \cdot \frac{1}{4} \pi \, (0,75)^2} = 2,56 \text{ Ohm.}$$

Der innere Widerstand kommt dem äußeren am nächsten, wenn man die Elemente zu je 4 hintereinander schaltet; er wird alsdann $= 1,67$. Die Stromstärke ist dabei 1,135 Ampère.

43.   a) Der innere Widerstand ist gleich dem äußeren:

$$J = \frac{3 \cdot 1,9}{2 \cdot {}^3/_4 \cdot 0,24} = 15,833 \ldots$$

b) Der innere Widerstand ist gleich $^3/_{10}$ von dem Gesamtwiderstande:

$$J_1 = \frac{3 \cdot 1,9}{{}^3/_4 \cdot 0,24 + {}^7/_3 \cdot {}^3/_4 \cdot 0,24} = 9,5.$$

c) $J = 1^2/_3 \, J_1$.

d) Die Elektrizitätsmengen, welche im ersten Falle durch den inneren und äußeren Kreis laufen, sind einander gleich (7,9166 . .).

e) Die Elektrizitätsmengen, welche im zweiten Falle durch den inneren und äußeren Kreis laufen, verhalten sich wie 3 : 7, oder wie 9,5 . $^3/_{10}$: 9,5 . $^7/_{10} = 2,85 : 6,65$.

f) Die im inneren Kreise laufenden Elektrizitätsmengen verhalten sich in den zwei Fällen, wie

$$7,9166 : 2,85 = 2,77$$

und im äußeren, wie

$$7,9166 : 6,65 = 1,19.$$

Die verbrauchten Zinkmengen verhalten sich, wie

$$15,833 : 9,5 = 1,66.$$

Es wird also im ersten Falle $1^2/_3$ mal soviel Zink verbraucht und nur eine $1^2/_{10}$ so große Elektrizitätsmenge in den äußeren Kreis geschickt, wie im zweiten, der demnach praktisch vorteilhafter ist. Auch ist die Erwärmung im inneren Kreise im ersten Falle 2,77 mal so groß wie im zweiten.

Man macht deshalb bei Batterieen und Dynamos den äußeren Widerstand stets etwas größer als den inneren, kann aber nie ganz soviel Strom in den äußeren Kreis bekommen, als wenn der innere Widerstand gleich dem äußeren ist. Giebt nämlich x an, wievielmal der äußere Widerstand größer sein müßte, als der innere, wenn die Elektrizitätsmenge im äußeren Kreise diejenige für gleichen inneren und äußeren Widerstand erreichen sollte, so müßte

$$\frac{E\,x}{w\,(1+x)^2} = \frac{E}{2\,(2\,w)}, \text{ also } x = 1 \text{ sein.}$$

44. Ist der äußere Widerstand so groß, daß der innere dagegen vernachlässigt werden kann, so hängt die Stromstärke lediglich von dem äußeren Widerstande ab und ist diesem proportional. Schaltet man nun etwa sechs Leitungen nach sechs weit entfernten Orten von einer Batterie parallel ab, so wird der äußere Widerstand sechsmal so klein, also die Stromstärke sechsmal so groß, weshalb jede Leitung soviel Strom erhält, als ob bloß eine da wäre. Selbstverständlich wird dabei sechsmal soviel Zink in derselben Zeit aufgelöst.

45. Mittels eines Volt= und eines Ampèremeters bestimmt man die elektromotorische Kraft und die Stromstärke des Elementes und dividiert mit der Zahl der Ampère in die der Volt. — Oder man bestimmt den inneren Widerstand mittels der Telephonbrücke (oder auch) wohl mittels des Elektrodynamometers).

46. Man bedient sich der Methode von Mance: In den einen Zweig $B\,C$ (Fig. 122) einer Art Wheatstone=schen Brücke wird das Element E, dessen Widerstand x sei, eingefügt. Mit den Punkten B und D wird ein Taster T zum Öffnen und Schließen der Leitung $B\,T\,D$ verbunden. In $A\,D$ und $D\,C$ sind Normalwiderstände und in R ist ein Rheostat eingefügt, der so lange verändert wird, bis der Ausschlag der Galvanometernadel unverändert bleibt, einerlei ob man den Taster niederdrückt oder losläßt. In diesem Falle fließt durch den Zweig $B\,T\,D$ kein Strom und die Spannung in B ist gleich der in D.

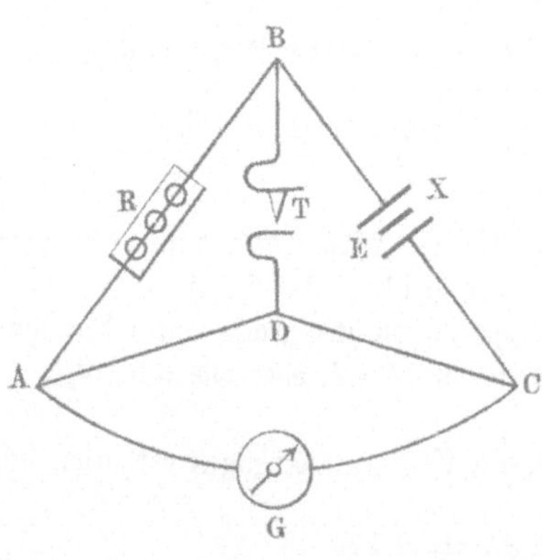

Es ist alsdann, wenn die Widerstände von $A\,D$, $D\,C$ und R bezüglich r_1, r_2 und w sind:

$$r_1 : r_2 = w : x, \text{ oder } x = \frac{r_2\,w}{r_1}.$$

47.   Ist die Horizontalintensität H des Erdmagnetismus für einen Ort be=
kannt, so gilt für die Stromstärke in absolutem Maße ($G^{1/2}\,C^{1/2}\,S^{-1}$):

$$J = \frac{r\,H}{2\,\pi}\,tg\,\varphi,$$

wenn der Strom den Ausschlag φ an der Tangentenbussole bewirkt. Nun
ist 1 Ampère $= {}^{1}\!/_{10}\,J = 10^{-1}\,G^{1/2}\,C^{1/2}\,S^{-1}$, folglich, wenn A die Zahl
der Ampère bedeutet:

$$A = 10\,\frac{r\,H}{2\,\pi}\,tg\,\varphi = 1{,}592\,r\,H\,.\,tg\,\varphi.$$

Unter dem Reduktionsfaktor einer Tangentenbussole versteht man
nun das Produkt $1{,}592\,r\,H$, d. i. der Wert von A, wenn $\varphi = 45^{0}$. Man
pflegt nun den Halbmesser des Ringes an der Tangentenbussole so zu nehmen,
daß $1{,}592\,.\,r\,.\,H = 10$. Für einen Ort, an welchem $H = 0{,}2$, wird
alsdann $r = 31{,}41$ cm.

48. $10\,.\,tg\,23 = 4{,}2447$ Ampère.

49.   Ein Strom von 1 Ampère liefert in der Minute $0{,}1740\,.\,60 = 10{,}44$ ccm
Knallgas. Ein Strom also, welcher in der Minute $55{,}8$ ccm Knallgas
erzeugt, hat $\dfrac{55{,}8}{10{,}44} = 5{,}34$ Ampère.

50. $\dfrac{55{,}8\,.\,75}{10{,}44\,.\,76\,(1 + 0{,}003665\,.\,15)} = 5$ Ampère (beinahe).

51.   Die Äquivalentzahl des Silbers ist $107{,}7$. Die Menge des aus=
geschiedenen Knallgases in Milligrammen beträgt in der Minute (Nr. 49)
$0{,}0933\,.\,60$, also des Wasserstoffs $^{1}\!/_{9}\,.\,0{,}0933\,.\,60 = 0{,}0622$. Danach
erhält man in der Minute $0{,}0622\,.\,107{,}7 = 66{,}9894$ (genauer 67,1) mg
Silber.

Die Äquivalentzahl des Kupfers ist $^{1}\!/_{2}\,.\,63{,}2 = 31{,}6$, also beträgt die
in der Minute durch ein Ampère abgeschiedene Kupfermenge $31{,}6\,.\,0{,}0622$
$= 19{,}6552$ (genauer 19,69) mg Kupfer.

52. $A = 10\,.\,tg\,35 = 7$ Ampère (ungefähr). Also werden $7\,.\,20$,
$67{,}1 = 9394$ mg $= 9{,}394$ g Silber abgeschieden.

53. $A = 10\,\dfrac{r\,H}{2\,\pi}\,tg\,\varphi$. Nun ist $A = \dfrac{460{,}7}{67{,}1\,.\,45}$, aber auch $= 1{,}592$

$.\,19{,}98\,.\,\dfrac{15{,}04}{608}\,.\,H$, also beide Werte gleich gesetzt, giebt:

$$H = \frac{460{,}7\,.\,608}{1{,}592\,.\,19{,}98\,.\,15{,}04\,.\,67{,}1\,.\,45} = 0{,}1941\;(G^{1/2}\,C^{-1/2}\,S^{-1}).$$

54.   Bezeichnet man die Stärke des ersten Stromes mit s_1, die des zweiten
mit s_2, so verhält sich $s_1 : s_2 = tg\,30^{0} : tg\,45^{0}$,
$$\text{sowie } s_1 : s_2 = 49{,}7 \;:\; v$$
also auch $tg\,30^{0} : tg\,45^{0} = 49{,}7 : v;$

folglich, da $tg\,45^{0} = 1$ ist, $v = \dfrac{49{,}7}{tg\,30^{0}} = 86{,}08$ ccm.

55. Auf dieselbe Weise, wie in vorhergehender Auflösung, berechnen sich die Gasmengen, welche durch einen Strom entwickelt werden, der die Nadel um 45° ablenkt, aus 1) = 85,2; aus 2) = 85,3; aus 3) = 85,7; aus 4) = 86,1; aus 5) = 85,2; also im Mittel aus den fünf Beobachtungen = 85,5 ccm bei 755 mm Luftdruck und 12° C. Temperatur; folglich ist

$$v_1 = 85,5 \cdot \frac{755}{760} \cdot \frac{1}{1 + 0,003665 \cdot 12} = 80,8 \, \text{ccm}.$$ Der Strom hat

80,8 : 10,44 = 7,7 Ampère.

56. Die in voriger Aufgabe gefundene Zahl $v_1 = 81,2$ giebt in Einheiten der vorliegenden Aufgabe die Stärke eines Stromes an, der die Nadel der Tangentenbussole, für welche jene Zahl gefunden wurde, um 45° ablenkt. Nun ist $s : 81,2 = tg\ 21° : tg\ 45°$, also $s = 81,2 \cdot tg\ 21° = 31,2$. Der Strom hat 2,99 Ampère.

57. In einer Minute werden $\dfrac{144}{24 \cdot 60} = 0,1\,\text{g} = 100\,\text{mg}$ Silber nieder=

geschlagen, folglich hat der Strom $\dfrac{100}{67,1} = 1,5$ Ampère (ungefähr).

58. Ist das elektrochemische Äquivalent des Silbers = 0,0011180 mg, des Kupfers = 0,0003261 mg und das des Knallgases = 0,1740 ccm, so gilt:

$$\frac{2,268 \cdot 0,0003261}{0,001118} = 0,6614\,\text{g Kupfer und}$$

$$\frac{2,268 \cdot 0,1740}{0,001118} = 352,8\,\text{ccm Knallgas}.$$

59. $\dfrac{50 \cdot 1,8}{50 \cdot x + 15} = 3;\quad x = 0,33\ldots$ Ohm.

Die fünfzig Elemente haben 16,5 Ohm inneren Widerstand.

60. $tg\ 9° : tg\ 5° = \dfrac{E}{435} : \dfrac{E}{435 + x}$ folgt

$$x = \frac{435\ (tg\ 9 - tg\ 5)}{tg\ 9} = 787,5\ \text{Ohm}.$$

61. $\dfrac{x}{0,24 + 5} = 0,36$, also $x = 1,9$ Volt (ungefähr).

(Die elektromotorische Kraft kann auch direkt durch geaichte Spannungs= messer, Elektrometer u. s. w. bestimmt werden.)

62. Die Nadel zeigt auf Null, wenn die Spannung in A gleich der in C ist, d. h. wenn der Spannungsabfall von C über N bis A gleich dem von A über B bis C, oder wenn $V_1 : V_2 = W_1 : W_2$, falls V_1 und V_2 die elektromotorischen Kräfte der beiden Elemente und W_1 und W_2 die Wider= stände der Kreise sind, in denen die Elemente liegen (CNA und ABC). Fügt man zu W_1 noch 2 Ohm und zu W_2 noch 3,6 Ohm, so gilt, wenn wieder die Nadel auf Null zeigt: $V_1 : V_2 = W_1 + 2 : W_2 + 3,6$ oder $V_1 : V_2 = 2 : 3,6$. Hieraus ergiebt sich $V_2 = \dfrac{3,6}{2} V_1 = 1,8\,V_1$, und da $V_1 = 1,04$ Volt, so ist $V_2 = 1,872$ Volt.

63. $J = \dfrac{r\,H}{2\,\pi\,n} \cdot tg\ \varphi$, wenn n die Zahl der Windungen auf dem Ringe der Bussole bedeutet. Nun ist: $E = J \cdot W$; ferner sind 16,9 Ohm $= 16,9 \cdot 10^9$ Einheiten des absoluten ($G.$- $C.$- $S.$-) Systems. Ferner ist zu beachten, daß man fünf hintereinander geschaltete Elemente hat, daher:

$$E = \frac{11 \cdot 0,18}{2 \cdot 3,14 \cdot 10 \cdot 5} \cdot 16,9 \cdot 10^9 = \frac{1,98}{314} \cdot 169 \cdot 10^8 = 1,065 \cdot 10^8$$

absolute Einheiten oder 1,065 Volt. (In betreff der Maße vergl. Kr. Gr. S. 371 und Leitf. S. 320.)

64. $tg\ 65 : tg\ 32 = x + 2,04 : x + 0,04$ $(tg\ 65 - tg\ 32) \cdot x = 2,04$ $\cdot tg\ 32 - 0,04\ tg\ 65$, woraus

$$x = \frac{2,04 \cdot tg\ 32 - 0,04 \cdot tg\ 65}{tg\ 65 - tg\ 32} = 0,7824\ \text{Ohm}.$$

65. Bedeutet x den inneren Widerstand des Elementes samt dem der Bussole, so ist $\dfrac{E}{x} = 10 \cdot tg\ 33$ und $\dfrac{E}{x + 0,85} = 10 \cdot tg\ 9$, denn der Widerstand des Neusilberdrahtes beträgt $\dfrac{4 \cdot 12,8}{63,6 \cdot {}^{1}/_{4}\,\pi\,(1,1)^2} = 0,85$ Ohm. Hieraus folgt:

$$x = \frac{0,85 \cdot tg\ 9^0}{tg\ 33^0 - tg\ 9^0} = 0,27417\ \text{Ohm}.$$

Da der Widerstand der Bussole 0,04 ist, so ist der innere des Elementes 0,23417 Ohm. Nun ist aber

$$E = 10 \cdot tg\ 33 \cdot 0,23417 = 1,52\ \text{Volt}.$$

66. Mit Beachtung, daß 1 Ampère gleich $^{1}/_{10}$ der absoluten Stromeinheit, erhält man: $\dfrac{0,036 \cdot 48 \cdot 2\,\pi \cdot 10}{100} = 1,085.$

67. $10 \cdot \dfrac{10}{2\,\pi \cdot 48} \cdot 0,23 \cdot tg\ 35^0 = 0,0534\ \text{Ampère}.$

68. $J = \dfrac{30 \cdot 0,195}{2\,\pi \cdot 50}\ sin\ 65^0 = 0,016885$

$$J_1 = \dfrac{30 \cdot 0,195}{2\,\pi \cdot 50}\ sin\ \ 9^0 = 0,002914$$

in absoluten Einheiten, oder $J = 0,16885$ Ampère und $J_1 = 0,02914$ Ampère. Das Verhältnis beider ist 5,8 : 1.

69. Ein Voltampère erzeugt in der Sekunde 0,24 Grammkalorien (Kr. Gr. S. 375).

Der Spannungsabfall auf einer Strecke von 5 Ohm Widerstand bei 0,24 Ampère findet sich aus der Gleichung $0,24 = \dfrac{x}{5} = 1,2$ Volt; also hat man $1,2 \cdot 0,24 = 0,288$ Voltampère in der Sekunde. Diese erzeugen in 20 Minuten $0,288 \cdot 0,24 \cdot 1200 = 82,944$ Grammkalorien.

70. Die Batterie hat $6 \cdot 1{,}8 = 10{,}8$ Volt; da der äußere Widerstand gleich dem inneren sein soll, so ist jeder $= 6 \cdot 0{,}75 = 4{,}5$ Ohm, der Gesamtwiderstand also 9 Ohm. Hieraus findet sich die Stromstärke $= 10{,}8 : 9 = 1{,}2$ Ampère. Die Wärmemenge in 10 Minuten beträgt also $10{,}8 \cdot 1{,}2 \cdot 0{,}24 \cdot 600 = 1866{,}24$ Grammkalorien. Da der innere Widerstand gleich dem äußeren ist, so erhält jeder die Hälfte der Wärmemenge, also 933,12 Grammkalorien.

71. Die Zahl der Volt ist $3 \cdot 1{,}8 = 5{,}4$; der innere Widerstand ist $= 3 \cdot 0{,}75 : 2 = 1{,}125$ Ohm. Der Gesamtwiderstand also 5,625 Ohm und die Stromstärke $5{,}4 : 5{,}625 = 0{,}96$ Ampère. Die Zahl der Grammkalorien in 10 Minuten beträgt also $5{,}4 \cdot 0{,}96 \cdot 0{,}24 \cdot 600 = 746{,}496$ Grammkalorien (rund 746,5). Davon entfallen auf die Batterie $746{,}5 \cdot 1{,}125 : 5{,}625 = 149{,}3$ und auf den äußeren Kreis $746{,}5 \cdot 4{,}5 : 5{,}625 = 597{,}2$ Grammkalorien.

72. Wenn OA (Fig. 123) den Maximalwert einer Wechselstrom-EMK vorstellt, so findet man leicht den zu irgend einer Zeit geltenden Momentan-

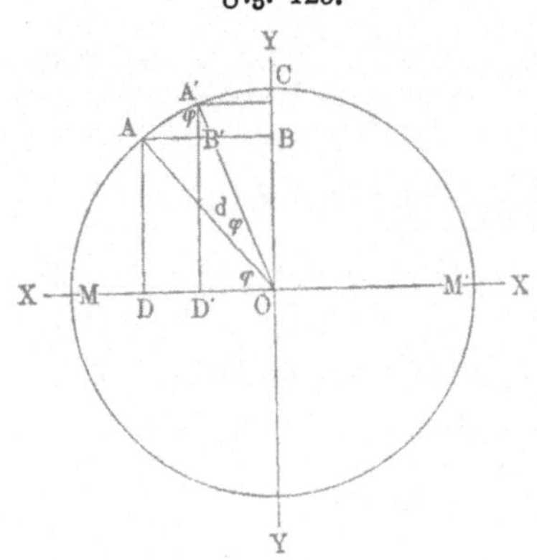

Fig. 123.

wert auf folgende Weise: Wir nehmen an, die EMK habe den Wert Null zur Zeit $t = o$ und vollende eine volle Periode (von Null über das positive Maximum, durch Null, über das negative Maximum und zurück nach Null) in der Zeit T, welche also eine volle Umdrehung 2π darstellt; dann ist der Drehungswinkel, welcher der Zeit t_1 entspricht, gleich $\dfrac{2\pi t_1}{T}$. Wird dieser Winkel mit φ bezeichnet, so ist, wenn E den Maximalwert der EMK und e ihren Momentanwert zur Zeit t_1 bezeichnet:

$$e = E \cdot \sin \frac{2\pi t_1}{T} = E \cdot \sin \varphi.$$

Ebenso gilt, wenn J den Maximal- und i den Momentanwert zur Zeit t_1 bezeichnet:

$$i = J \cdot \sin \frac{2\pi t_1}{T} = J \cdot \sin \varphi.$$

Zur Zeit $T = o$ ist $\varphi = o$ und zur Zeit $\dfrac{T}{4}$ ist $\varphi = 90^0$. Bedeutet nun OA (Fig. 124) den Maximalwert einer EMK oder einer Stromstärke, so kann man die Momentanwerte leicht finden, wenn man OA sich gleichförmig um seinen Endpunkt O in der Zeit T sich einmal umdrehen läßt.

Nimmt man YY als die Projektionsachse, so ist zur Zeit t_1, wo $\varphi = \dfrac{2\pi t_1}{T}$ der Momentanwert von OA gleich OB. Fällt OA in die XX-Achse, welche senkrecht auf YY steht, so ist der Momentanwert, d. i. die Projektion von OA auf YY, gleich Null, während der Maximalwert $OC = OA$ eintritt, wenn $\alpha = 90^0$ ist.

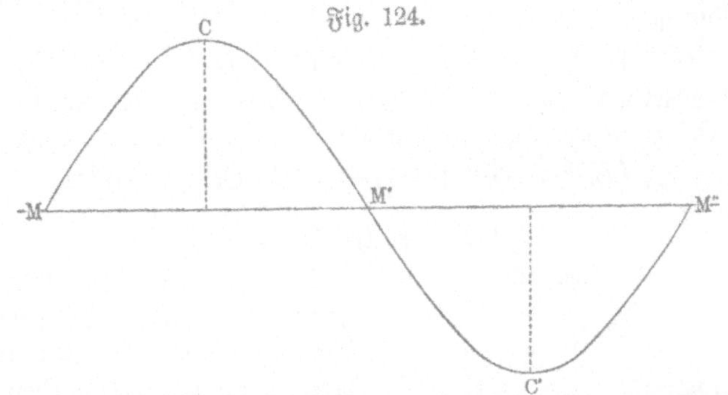
Fig. 124.

Bezeichnet man $\dfrac{2\pi}{T}$, d. i. die Winkelgeschwindigkeit der Drehung oder den Winkel, welcher einer Sekunde entspricht, mit ω, so ist zur Zeit t:

$$e = E\,sin\,(\omega t) \quad \text{und} \quad i = I\,sin\,(\omega t).$$

Fig. 124 zeigt die Sinuskurve.

73. Der Mittelwert e_m einer Wechselstrom-EMK ist die Summe der Einzel-werte der EMK während einer halben Periode oder das Doppelte von der Summe der Einzelwerte während einer Viertelperiode, dividiert durch die Anzahl der Einzelwerte. Wir zerlegen einen rechten Winkel in eine große Zahl gleicher Teile, von denen wir jeden mit $d\varphi$ bezeichnen, dann ist die Anzahl der Teile $= \dfrac{1/2\,\pi}{d\varphi}$. Nun ist für den Winkel φ

$$e = E\,sin\,\varphi;$$

also ist der Mittelwert:

$$e_m = \frac{1}{1/2\,\pi}\, E \sum_{0}^{1/2\pi} sin\,\varphi\; d\varphi.$$

Es ist aber $sin\,\varphi = AB' : AA'$ und $d\varphi = AA' : r$, wo r der Radius des Kreises; folglich ist $sin\,\varphi\; d\varphi = AB' : r = DD' : r$, und

$$e_m = \frac{2}{\pi}\, E \sum_{0}^{1/2\pi} (DD' : r) = \frac{2}{\pi}\, E\, \frac{OM}{r} = \frac{2}{\pi}\, E = 0{,}637\; E.$$

Für den mittleren Wert der Stromstärke gilt ebenso:

$$i_m = \frac{2}{\pi}\, I = 0{,}637\; I.$$

74. Der effektive oder wirksame Wert der Stärke oder der EMK eines Wechselstromes ist gleich der Quadratwurzel aus dem mittleren Quadrat der Stromstärken oder der EMKe:

$$i_w = \sqrt{(i^2)_m} \quad \text{und} \quad e_w = \sqrt{(e^2)_m}.$$

Alle innerhalb einer Periode vorkommenden Stromstärken (oder $EMKe$) kann man in je zwei zerlegen, die aufeinander senkrecht stehen, wie OJ' und OJ'' (Fig. 125). Die zugehörigen Momentanwerte sind Oi' und Oi''.

Nun ist:

$$\overline{Oi'}^2 + \overline{Oi''}^2 = \overline{OJ'}^2 - \overline{J'i'}^2 + \overline{OJ''}^2 - \overline{J''i''}^2.$$

Beachtet man, daß $\triangle OJ'i' \cong OJ''i''$, woraus folgt, daß $Oi' = J''i''$ und $Oi'' = J'i'$, so ist, wenn man $OJ' = OJ''$ mit I bezeichnet:

$$\tfrac{1}{2}\left(\overline{Oi'}^2 + \overline{Oi''}^2\right) = I^2 - \tfrac{1}{2}\left(\overline{Oi'}^2 + \overline{Oi''}^2\right),$$

woraus:

$$\tfrac{1}{2}\left(\overline{Oi'}^2 + \overline{Oi''}^2\right) = \tfrac{1}{2}\,I^2.$$

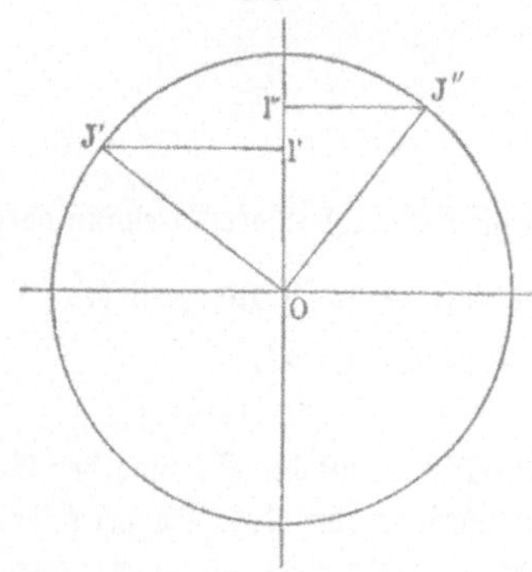

Fig. 125.

Teilt man nun den Halbkreis in eine große Anzahl gleicher Teile, und nimmt immer je 2 Stromstärken zusammen, deren Maximalwerte aufeinander senkrecht stehen, addiert und dividiert durch die Anzahl der Teile, so wird, wenn i_w die wirksame Stromstärke vorstellen soll:

$$i_w = \sqrt{(i^2)_m} = \frac{I}{\sqrt{2}} = 0{,}707\,I.$$

Desgleichen ist, wenn e_w die wirksame EMK bedeutet:

$$e_w = \sqrt{(e^2)_m} = \frac{E}{\sqrt{2}} = 0{,}707\,E.$$

Weiter ergiebt sich:

$$i_m : i_w = 0{,}9 \quad \text{und} \quad e_m : e_w = 0{,}9.$$

75. Ein Gleichstrom von der $EMK\ E$ und der Stromstärke I giebt denselben Effekt, wie ein Wechselstrom, wenn die Maximalwerte des letzteren gleich $E\sqrt{2}$ und $I\sqrt{2}$ sind; die wirksamen Größen des Wechselstromes sind alsdann E und I, und die erzeugte Wärme $E\,.\,I$ ist ebenso groß wie beim Gleichstrom.

76. Die Stromstärke wird in der Sekundärspule zweimal so klein und die EMK zweimal so groß wie in der Primärspule. Sind J_1 und J_2 die Stromstärken, sowie R_1 und R_2 die Widerstände in der Primär= bezw. Sekundärspule, so gilt für gleiche in einer Sekunde entstehende Wärmemengen:

$$J_1^2\,.\,R_1 = J_2^2\,.\,R_2.$$

Da nun $J_1 = 2\,J_2$, so muß $R_2 = 4\,R_1$ sein. Der Sekundärdraht hat die doppelte Länge wie der Primärdraht; hat er dabei den halben Querschnitt, so ist $R_2 = 4\,R_1$; das Kupfergewicht beider Spulen und damit der Erwärmungsgrad ist derselbe.

77. Auf die zehnfache Erstreckung. — Wird ein Strom auf die zehnfache EMK hinauf transformiert, so beträgt die Stromstärke (annähernd) $\tfrac{1}{10}$ von der, welche die Primärspule in eine mit ihr verbundene Leitung schicken würde. Giebt man nun der an die Sekundärspule angeschalteten Leitung die zehnfache Länge und einen zehnmal kleineren Querschnitt, so wird die entstehende

Wärme in einer Sekunde in der Sekundärleitung ebenso groß, wie in der Leitung, welche man sich an die Primärspule geschaltet denken kann. Das Kupfergewicht beider Leitungen ist dasselbe und somit auch der Erwärmungsgrad. Man kann also die höhere Spannung mit denselben Kupferkosten und demselben Erwärmungsgrad (bezw. Energieverlust) zehnmal weiterleiten, als die niedere. Vorteil der Transformierung auf hohe Spannung! Am Ende der Fernleitung muß man alsdann wieder auf niedere „Gebrauchsspannung" (etwa 110 oder 100 Volt) herabtransformieren.

Auflösungen zu XXXIII.

1. Aus $2:3 = 16:x$ folgt $x = 24\,$g.

2. Aus $(16 + 2):10 = 16:x$ folgt $x = 8,88 \ldots$ g O.
Aus $18:10 = 2:y$ folgt $y = 1,11 \ldots$ g H.

3. Aus $46:10 = 18:x$ folgt $x = 3,91\,$g.

4. Aus $(23 + 35,5):10 = 23:x$ folgt $x = 3,93\,$kg Na.
Aus $58,5:10 = 35,5:y$ folgt $y = 6,07\,$kg Cl.

5. Aus $(12 + 2.16):10 = 12:x$ folgt $x = 2,73\,$g C.
Aus $44:10 = 2.16:y$ folgt $y = 7,27\,$g O.

6. Aus $(40 + 12 + 3.16):100 = 44:x$ folgt $x = 44\,$g.
Aus $100:100 = 56:y$ folgt $y = 56\,$g.

7. Aus $(2.1 + 32 + 4.16):100 = 32:x$ folgt $x = 32,65\,$g.

8. Aus $39,1 + 14 + 3.16):100 = 3.16:x$ folgt $x = 47,48\,$g O.
Aus $101:100 = 14:y$ folgt $y = 13,86\,$g N.
Aus $101:100 = 39,1:z$ folgt $z = 38,71\,$g K.

9. Aus $216:100 = 16:x$ folgt $x = 7,41\,$g O.
Aus $216:100 = 200:y$ folgt $y = 92,59\,$g Hg.

10. Aus $245,2:200 = 96:x$ folgt $x = 78,3\,$g.

11. $\dfrac{78,3}{1,43} = 54,76$ Liter.

12. Aus $(3.87):100 = (2.16):x$ folgt $x = 12,26\,$g.

13. Aus $(2.16):(10.1,43) = (3.87):x$ folgt $x = 116,63\,$g.

14. Aus $87:100 = \dfrac{16}{1,43}:x$ folgt $x = 12,86$ Liter.

15. Aus $87:100 = 98:x$ folgt $x = 112,6\,$g.

16. Aus $87:100 = 151:x$ folgt $x = 173,6\,$g.

17. Aus $65,2:x = 2:25$ folgt $x = 815\,$g.

18. a) Aus $65,2:1000 = \dfrac{2}{0,09}:x$ folgt $x = 340,83$ Liter.

b) Aus $65,2:1000 = 98:x$ folgt $x = 1503,1$ Liter.

19. 1 Liter atmosphärische Luft enthält 0,21 Liter Sauerstoff. Nun wiegt 1 Liter Luft 1,3 g, folglich 1 Liter Sauerstoff $1,3 \times 1,1$ g, also 0,21 Liter Sauerstoff wiegen $1,3 \times 1,1 \times 0,21 = 0,3$ g, daher ergiebt sich aus $(5.16):0,3 = 62:x$, $x = 0,23\,$g Phosphor.

20.   Aus $101 : 500 = 63 : x$ folgt $x = 311,9$ g.

      Aus $101 : 500 = 136 : x$ folgt $x = 673,2$ g.

21.   Aus $101 : 500 = 98 : x$ folgt $x = 485,15$ g.

22.   Aus $71 : (10 . 3,17) = 87 : x$ folgt $x = 38,84$ g.

23.   Zu den in voriger Aufgabe gefundenen $38,84$ g Mangansuperoxyd sind, wie man aus $87 : 38,84 = 4 . (35,5 + 1) : x$ findet, $65,2$ g Chlorwasserstoff erforderlich. Dieser Chlorwasserstoff ist aber in der angewandten Salzsäure mit einer Wassermenge verbunden, die sich der Aufgabe gemäß aus $38 : 65,2 = 62 : y$, nämlich zu $106,4$ g berechnet. Die erforderliche Salzsäure ist also $106,4 + 65,2 = 171,6$ g.

      Aus $71 : 198 = 31,7 : x$ folgt $x = 88,4$ g $Mn\,Cl_2 + 4\,H_2O$.

24.   Aus $71 : 10 . 3,17 = 2 . 58,5 : x$ folgt $x = 52,24$ g.

25.   Aus $71 : 10 . 3,17 = 87 : x$ folgt $x = 38,84$ g.

26.   Aus $71 : 10 . 3,17 = 2 . 98 : x$ folgt $x = 87,51$ g.

27.   Aus $73 : 10 . 1,63 = 2 . 58,5 : x$ folgt $x = 26,12$ g.

28.   Aus $73 : 10 . 1,63 = 98 . x$ folgt $x = 21,88$ g.

29.   Aus $100 : 80 = 44 : x$ folgt $x = 35,2$ g.

30.   a) Aus $44 : 10 . 1,977 = 100 : x$ folgt $x = 44,93$ g.

      b) Man findet durch ähnliche Schlüsse wie in Aufgabe 23 die erforderliche Menge Salzsäure $= 53,5 + 32,8 = 86,3$ g.

      c) Aus $44 : 219 = 19,77 : x$ folgt $x = 98,4$ g $Ca\,Cl_2 + 6\,H_2O$.

31.   Aus $63 : 64 = 20 : x$ folgt $x = 20,32$ g SO_2.

      Aus $\dfrac{0,773 . 20,32}{2,217}$ folgt $x = 7$ Liter SO_2 (ungefähr).

      Aus $63 : 196 = 20 : y$ folgt $y = 62,2$ g H_2SO_4.

      Aus $63 : 249 = 20 : z$ folgt $z = 79$ g $Cu\,SO_4 + 5\,H_2O$ (nahezu).

32. $7,9$ g $= 5,9$ Liter NO.

      $66,6 \ldots$ g HNO_3.

      $81,3$ $Cu\,(NO_3)_2 + 3\,H_2O$.

Die Gleichung lautet (abgesehen vom Kristallwasser):
$$3\,Cu + 8\,HNO_3 = 3\,Cu\,(NO_3)_2 + 2\,NO + 4\,H_2O.$$

33. $10,4$ g $= 7,4$ Liter H_2S.

      $85,3$ g $Fe\,SO_4 + 7\,H_2O$.

34. $4,8$ g $= 6,3$ Liter NH_3.

      8 g $Ca\,O$.

      16 g $Ca\,Cl_2$.

35. $29,7$ g $Cu\,(NO_3)_2$.

      27 g $Ag\,NO_3$.

      30 g HNO_3.

36. $4,9$ g KOH.

      $10,3$ g Ag_2O.

      $9,6$ g Ag.

      $0,7$ g O.

37. $1,4$ g $N_4H . Cl$.

      $8,6$ g $Pt\,Cl_4$.